乡村振兴之
科技兴农系列

山林果园散养土鸡
新技术

彩色图解+视频升级版

魏刚才　段佩玲　常守海　主编

U0231526

化学工业出版社

北京

图书在版编目（CIP）数据

山林果园散养土鸡新技术：彩色图解+视频升级
版/魏刚才，段佩玲，常守海主编. —北京：化学
工业出版社，2023.11

（乡村振兴之科技兴农系列）

ISBN 978-7-122-44207-9

Ⅰ.①山… Ⅱ.①魏…②段…③常… Ⅲ.①鸡-饲养
管理 Ⅳ.①S831.4

中国国家版本馆CIP数据核字（2023）第177229号

责任编辑：邵桂林　　　　　　　　装帧设计：韩　飞
责任校对：田睿涵

出版发行：化学工业出版社
　　　　　（北京市东城区青年湖南街13号　邮政编码100011）
印　　装：北京缤索印刷有限公司
850mm×1168mm　1/32　印张11　字数313千字
2024年1月北京第1版第1次印刷

购书咨询：010-64518888　　　　售后服务：010-64518899
网　　址：http://www.cip.com.cn
凡购买本书，如有缺损质量问题，本社销售中心负责调换。

定　　价：69.80元　　　　　　　　版权所有　违者必究

编写人员名单

主　　编　魏刚才　段佩玲　常守海

副 主 编　高延敏　王　伟　张　辉　邓海龙

参　　编（按姓名笔画排列）

马彦敏（河南省南乐县农业农村局）

王　伟（河南省潢川县农业综合行政执法大队）

王明武（河南省获嘉县农业农村局）

王珂文（河南省获嘉县乡镇动物防疫检疫中心站）

邓海龙（河南省潢川县农业综合行政执法大队）

印　虓（河南省南乐县农业农村局）

任　源（河南省濮阳经济技术开发区农业综合执法办公室）

张　昕（河南省濮阳经济技术开发区农业综合执法办公室）

张　辉（河南省潢川县农业综合行政执法大队）

段佩玲（郑州铁路职业技术师范学院）

高延敏（河南省延津县农业农村局动物疫病预防控制中心）

常守海（河南省新乡市农业农村局畜产品质量监测检验中心）

魏刚才（河南科技学院）

前　言

　　随着生活质量的改善，人们的消费观念发生了较大变化，开始崇尚自然、追求健康和注重安全。山林果园散养土鸡是从农业的可持续发展出发，依据生态学和生态经济学原理，结合草山草坡、林地、果园、农田等可放牧地的特点，充分利用土地、空间和自然界饲料资源，将传统的养鸡方式与现代科学技术有机结合，来生产优质鸡蛋和鸡肉，满足市场需要，提高综合生产效益。我国有大量山地、林地、果园、草场以及农田，土鸡（地方品种鸡）又具适应能力强等特点，因此山林果园散养土鸡具备良好条件，可充分利用丰富的自然资源，以较低的成本生产出优质的禽蛋、禽肉产品。

　　我国的土鸡养殖虽然具有悠久的历史，近年来山林果园散养土鸡也有一定发展，但这种方式对养殖技术要求较高，生产中仍然存在诸多技术问题和管理问题，导致规模化程度不高、生产性能差、产品质量参差不齐、饲养效益不显著等，从而影响山林果园散养土鸡的稳定发展。为此，我们组织了长期从事养鸡教学、科研和生产的有关专家编写了《山林果园散养土鸡新技术（彩色图解＋视频升级版）》一书，以期能帮助土鸡养殖者解决生产中存在的问题。

　　本书包括概述、品种繁育与选择、营养与饲料配制、场址选择、育雏期的饲养管理技术、散养期的饲养管理技术、疾病防治技术和经营管理共八章内容，附录中有禽肉及组织中规定最大残留限量的兽药、禽蛋中规定最大残留限量的兽药、不需要制定休药期的兽药品种、兽药停药期的规定、土鸡生态放养技术操作规程（BD4107/421—2018）。本书紧扣生产实际，注重系统性、科学性、先进性和实用性，并配有大量图片和多个视频，图文并茂，通俗易懂，不仅适于土鸡场饲养管理人员和广大土鸡养殖户阅读，也可以作为大专院校和农村函授及培训班的辅助教材和参考书。

　　由于编者水平有限，书中不足之处在所难免，敬请广大读者批评指正。

编　者

目　录

CONTENTS

第一章　山林果园散养土鸡概述

第二章　山林果园散养土鸡的品种选择

第三章　山林果园散养土鸡的营养与饲料配制

第四章 山林果园散养土鸡的场址选择和鸡舍设计

第五章　山林果园散养土鸡育雏期的饲养管理技术

第六章　山林果园散养土鸡放养期的饲养管理技术

第七章　山林果园散养土鸡的疾病防治技术

第八章　山林果园散养土鸡的经营管理

附　录

参考文献

第一章
山林果园散养土鸡概述

第一节 土鸡及山林果园散养土鸡的概念

土鸡又名草鸡、本地鸡，是我国劳动人民长期选育出的鸡种。生产中饲养的土鸡一般包含两种：一种是纯种土鸡，如固始鸡、卢氏鸡等地方鸡种，体型、皮肤和羽毛颜色比较一致；另一种是地方品种间相互杂交后的土鸡，因而鸡的羽毛色泽有"黑、红、黄、白、麻"等，脚的皮肤也有黄色、黑色、灰白色等（视频1-1，杂交土鸡）。土鸡的生产性能虽然与现代杂交品种鸡不能媲美，但具有耐粗饲、易饲养、肉质好（骨细肉厚、皮薄、肉质嫩滑、味香浓郁、营养全面）等特点，可生产出符

视频1-1 杂交土鸡

合现代人们要求的质优、绿色、安全的食品，深受消费者喜爱。

山林果园散养土鸡就是将传统养鸡方法和现代科学技术相结合，利用荒山、林地、草场、果园、农田等地的天然饲料资源（昆虫等动物性饲料和嫩草、草籽、树叶等植物性饲料）放养土鸡（视

频 1-2，林下放养土鸡），并适当地补充饲养，实现放养与舍饲相结合。即让鸡以自由采食野生饲料为主、人工补料为辅，严格限制化学药品和饲料添加剂的使用，禁用任何激素和抗生素；通过良好的饲养环境、科学的饲养管理和卫生保健措施等，实现标准化生产，使肉、蛋产品达到无公害食品乃至绿色食品、有机食品的标准；同时，通过放养鸡控制植物虫害和草害，减少或杜绝农药的使用，利用鸡粪提高土壤肥力，实现经济效益、生态效益、社会效益的高度统一。

第二节　土鸡的生活习性

一、耐寒喜暖

土鸡全身布满羽毛，具有较强的耐寒性。土鸡喜欢温暖干燥的环境，因没有汗腺，加之全身羽毛形成的保温层，散热主要依靠呼吸和排泄，因而土鸡不喜欢炎热潮湿的环境。当气温超过 26.6℃时，

视频 1-3 树荫下凉
爽环境

随着气温的上升，呼吸频率加快，增加热量的散失；当气温超过 30℃时，产蛋率下降；当气温超过 36℃时，鸡群出现热应激死亡。所以，夏季饲养土鸡应该注意防暑降温。山林果园散养土鸡，可以充分利用树荫、高大植物遮阳，避免阳光直射（视频 1-3，树荫下凉爽环境）。如果草场缺乏阴凉，可设置凉棚，阴凉下沙浴可缓解热应激。

二、体小灵活

土鸡体型小，体重轻，羽毛丰满，利于飞翔、攀高；反应灵敏，胆小怕惊，任何新的声响、动作、物品的突然出现和生产程序的突然

变化，都会导致鸡只的惊叫、逃跑、炸群等应激反应。土鸡喜欢登高栖息，习惯上栖架休息。放牧饲养条件下，土鸡的活动范围广，采食面积大。如果高密度饲养，易发生争斗，啄肛、啄羽等恶癖而过多死亡。

三、合群认巢

土鸡的合群性较强，喜欢成群活动采食，刚出壳几天的雏鸡就会找群，一旦离群就鸣叫不止。一般是以1只公鸡为首形成自然交配群。鸡生长到一定日龄，相互之间争斗，形成一定的序位（根据个体之间争斗能力的强弱在鸡群中形成一种由强到弱排成的秩序），群体序位利于群体的稳定。

土鸡的认巢能力很强，能很快适应新的环境、自动回到原处栖息。放牧饲养时，早上放出之前和晚上收圈时用哨子或口哨给鸡一个信号，然后再喂料，反复进行训练，经过1周后，鸡群就会建立条件反射。

四、低产就巢

土鸡性成熟时间较晚，受季节影响大。春天饲养的土鸡性成熟早，秋季饲养的土鸡开产晚，一般开产日龄为150～180日龄。自然条件下，土鸡的产蛋表现具有极强的季节性，主要是受营养、温度和光照的影响，每年春、秋季是其产蛋较高的时期。而在光照时间缩短、气温下降、营养供应不足的冬季会停止产蛋。所以，土鸡的年产蛋量低，一般只有100～130枚。

视频1-4 母鸡抱窝

土鸡都有不同程度的就巢性（抱窝性）。自然条件下土鸡通过抱窝来孵化小鸡，抱窝时母鸡会停止产蛋，不利于产蛋量提高（视频1-4，母鸡抱窝）。人工大量饲养土鸡时应注意提供适宜的环境条件，加强对种鸡的选择，淘汰抱性强的母鸡，提高生产性能。

五、杂食

鸡无牙齿，采食主要靠角质化的喙啄食。嗉囊与腺胃、腺胃与肌胃交接处狭窄，易于阻塞。因此，加工饲料时，要防止枯枝、铁丝、铁钉、羽毛、毛纤维、塑料布、编织线以及不易消化的青草混入饲料，以免被鸡误食形成阻塞，进而发展为软嗉、硬嗉病。放牧饲养时，注意清理牧场异物。鸡的唾液腺及其他消化腺不发达，对食物的机械消化作用主要在肌胃内（鸡的腺胃是分泌消化液的场所）进行。

视频1-5 麦田中寻食

视频1-6 高密度散养

鸡可以充分利用各种动物性、植物性、单细胞类和矿物质饲料，长期放牧饲养的土鸡能采食树叶、草子、嫩草、青菜、昆虫、蚯蚓、蝇蛆、蚂蚁、沙砾等，也可在果园、收获后的庄稼地采食落在地里的果实和撒落在地里的粮食（视频1-5，麦田中寻食）。土鸡虽然具有一定的耐粗饲能力，但在粗饲条件下生长较慢。

六、群居性强

土鸡喜欢一起采食、活动和休息，可以大群高密度饲养（视频1-6，高密度散养）。土鸡模仿能力强，也易模仿啄癖、打斗等，生产中应加以严格管理。

第三节　山林果园散养土鸡的发展优势

近年来，无污染、无残留、放养时间长的土鸡肉、土鸡蛋深受消费者的青睐，其市场前景十分广阔，而我国又有丰富的放养土鸡的自然资源和独特环境优势，极大促进了山林果园散养土鸡的发展。山林果园散养土鸡的发展优势有以下几个方面。

一、生产的禽产品绿色优质

随着人们生活水平的提高，消费者对农产品的质量提出了更高的要求。近年来，集约化笼养的现代高产杂交蛋鸡虽然生产性能较高，但蛋的口味欠佳、蛋白稀薄、蛋黄色浅；集约化饲养的肉鸡虽然生长速度快，但鸡肉食之无味，加之饲养环境恶化、疾病频繁发生，产品病菌污染严重、药物残留超标，严重危害消费者的健康。山林果园散养的土鸡可以生产出优质、绿色的禽产品，满足人们的要求。

山林果园散养土鸡生产的蛋蛋壳厚度、蛋黄颜色、蛋黄系数和哈夫单位显著高于笼养鸡，含水量和胆固醇显著低于笼养鸡，磷脂质显著高于笼养鸡；肌肉中干物质含量高于舍内饲养的鸡，水分和腿肉脂肪含量低于肉鸡，粗蛋白质含量高于肉鸡，胸肌和腿肌中氨基酸总量（特别是风味物质肌苷酸的含量）显著高于舍内饲养的鸡，各种维生素和微量元素也高于舍内饲养的土鸡。山林果园散养的土鸡生活在自由、自在、自然的环境中，能够享受到明媚的阳光、清新的空气，有广阔的活动场地，能够采食到大量饲草、树叶、植物种子、昆虫和土壤中的矿物质，汲取更多天然营养，所以鸡群健康、抗病力强，饲料中可以不添加任何化学药物和抗生素，鸡蛋和鸡肉品质优越，无药物残留。蛋黄中含有更丰富的天然色素和维生素，蛋清浓稠、香味浓郁，高蛋白质、低胆固醇。

二、生产成本低

山林果园散养土鸡，可以充分利用各种资源降低生产成本。放养鸡自由采食植物性饲料（树叶、草籽、嫩草等）和动物性饲料（蝗虫、蚯虫等），在夏、秋季节适当补料即可满足其营养需要，节省 1/3 的饲料，降低饲料成本。放养鸡的鸡舍简易，无需笼具，投资较小，减少固定资产投入和资金占用量。

三、疾病发生少

田园、林地、草场放养鸡（视频 1-7，林下活动的土鸡），环境优越，空气新鲜，阳光充足，饲养密度小。鸡只可以自由活动，受到阳光的照射，自由采食天然饲料，机体健康，抵抗力强，疾病发生少。特别是山区的草场、草坡有大山的自然

视频 1-7 林下活动的土鸡

屏障作用，明显减少了传染病的发生。

四、减少虫害

　　山林果园散养土鸡，大量捕食多种昆虫，配合灯光、性信息等诱虫技术，可大幅度降低虫害的发生率，减少农药的使用量，既保护农作物和果树、降低生产成本，又对环境和人类的健康十分有利。如一般情况下苹果树在春季发芽前后各喷药1次，开花前后各用药1次，以后根据情况一般每7天用药1次，直到霜降收苹果为止。据统计，苹果园用农药成本一般每667平方米（亩）为300～600元，而放养土鸡后的用药次数可以减少1/3，降低费用100～200元。

五、综合效益高

　　山林果园散养土鸡可以极大提高综合生产效益。一是缓解林牧矛盾和农牧用地矛盾。以山场、林地、草地放养鸡替代放牧牛羊，实现鸡上山、牛羊入圈，可以实现资源的合理利用，林牧矛盾得到缓解。同时能缓解草场的放牧压力，有效保护和科学利用草场。二是减少环境污染。农区养鸡是我国蛋鸡生产的主体，场舍密集，甚至人、鸡混杂。紧靠农居修建鸡舍，设施不健全，排泄物对环境污染严重，夏秋成为蚊蝇的滋生地，影响居民身心健康，而生态放养鸡，远离居民区，饲养密度低，加之环境的自然净化，可使排泄物培植土壤，变废为宝。三是增加农民收入。由于省饲料、投资小、疾病少、生产成本低和产品售价高，山林果园散养土鸡的收益明显较高。一般放养肉用土鸡，每只比集约化饲养"快大型"肉鸡收入高6～10元；放养土鸡产蛋，每只土鸡比笼养蛋鸡收入高10～20元。

第二章
山林果园散养土鸡的品种选择

第一节　土鸡的主要品种

根据其经济特点，土鸡品种可以分为肉用型、蛋用型和蛋肉兼用型品种。

一、肉用型品种

1. 清远麻鸡

清远麻鸡（图 2-1）产于广东省清远市。它以体型小、皮下及肌纤维间脂肪发达、皮薄、骨细、肉质优良而著名，肥育性能良好，屠宰率高，为我国出口的小型土种肉仔鸡之一。

体型特征概括为"一楔"（母鸡体形极像楔形，前躯紧凑，后躯圆大）"二细"（指两脚较细）"三麻身"（指鸡背部羽毛呈麻黄、麻棕、麻褐等三种不同颜色）。单冠直立，颜色鲜红，冠齿 5～6 个。肉髯、耳叶鲜红，虹彩橙黄色。120 日龄体重，公鸡约 1250 克，母鸡约 1000 克。该品种屠宰率高，肥育性能良好。成年公鸡平均体重 2.24 千克，母鸡平均体重 1.75 千克。开产日龄 180 天左右，年产蛋为 70 ～ 80 枚，平均蛋重 46.6 克，蛋壳浅褐色。公、母配比 1 ：（13 ～ 15），种蛋受精率在 90％以上，受精蛋孵化率 83.6％。

图2-1 清远麻鸡

2. 惠阳胡须鸡

惠阳胡须鸡（三黄胡须鸡、龙岗鸡、龙门鸡、惠州鸡）（图2-2），原产广东省惠阳区，是我国突出的优良地方肉用鸡种。它以胸肌发达、早熟易肥、肉质鲜嫩、颌下具有胡须状髯羽和黄羽等外貌特征而驰名中外，成为我国出口量大、经济价值高的传统商品肉鸡。

图2-2 惠阳胡须鸡

惠阳胡须鸡属于中型肉用品种，头大颈粗，胸深而背短，后躯丰满，体呈方形。喙黄色，单冠直立、鲜红，无肉垂或仅有小肉垂，颌下有发达而张开的羽毛，形状似胡须（有乳白、淡黄、棕黄三

山林果园散养土鸡新技术（彩色图解＋视频升级版）

色）。农户散养母鸡，开产前体重可达 1.0 ～ 1.2 千克。成年公鸡体重 2 ～ 2.5 千克；母鸡体重 1.5 ～ 2.0 千克；12 周龄公鸡平均体重为 1.14 千克，母鸡平均体重为 0.85 千克。惠阳胡须母鸡 6 月龄左右开产，年产蛋量约 45 ～ 55 枚，平均蛋重 46 克。一般公、母配种比例为 1：（10 ～ 12），种蛋平均受精率为 88.6%，受精蛋孵化率为 84.6%。平均育雏成活率在 95% 以上。

【提示】惠阳胡须鸡 12 周龄的公鸡平均重为 1140 克，母鸡平均重为 845 克，8 周龄前生长速度较慢，生长最快阶段是 8 ～ 15 周龄。肥育性能良好，脂肪沉积能力强。利用这一优良资源开展杂交配套利用，既保持三黄胡须的外貌特征，又较快提高繁殖力和生长速度。

3. 杏花鸡

杏花鸡（图 2-3）因为主产地在广东省封开县杏花镇而得名。具有早熟、易肥、皮下和肌间脂肪分布均匀、骨骼细、皮薄、肌纤维细嫩等特点，适宜于制作白切鸡。亦为我国主要活鸡出口品种之一。

典型特征是三黄（黄羽、黄胫、黄喙）、三短（颈短、胫短、体躯短）、二细（头细、颈细）。较好的饲养条件下，112 日龄公鸡平均体重为 1.26 千克，母鸡平均体重 1.032 千克。未开产的母鸡，一般养到 5 ～ 6 月龄，体重达 1.0 ～ 1.2 千克。成年平均体重，公鸡为 2.9 千克，母鸡 2.7 千克。放养条件下，年产蛋 60 ～ 90 枚；在良好的人工饲养条件下，年平均产蛋 95 枚，蛋重 45 克左右，蛋壳褐色。放养，公、母配比 1：15，种蛋受精率达 90% 以上。

图 2-3 杏花鸡

【提示】杏花鸡以肉质好、味道鲜美名列广东三大名鸡之一。广东省有关部门已建立了杏花鸡种鸡场，对其保种起到了一定作用。广东省家禽研究所还利用它作为"仿土黄鸡"三系配套杂交生产商品肉鸡。

4. 桃源鸡

桃源鸡（图2-4）原产于湖南省桃源县，分布在沅江以北，延至上游的三阳港、余家坪一带。它以体形高大而驰名，也称桃源大鸡。20世纪60年代，该品种曾先后在北京和巴黎展览。

桃源鸡体形高大，体质结实，羽毛蓬松，体躯稍长，呈长方形。单冠，冠齿7～8个，公鸡冠直立，母鸡冠常倒向一侧。耳叶、肉髯鲜红。虹彩呈金黄色。桃源鸡早期生长发育缓慢，90天体重公鸡1093.5克，母鸡体重862.0克，肉质细嫩，肉味鲜美，富含脂肪。成年公鸡平均体重3.34千克，母鸡2.94千克。母鸡500日龄产蛋86～148枚，平均蛋重53.4克，蛋壳浅褐色。公、母配比1：（10～12），种蛋受精率为83.83%，受精蛋孵化率为83.81%。母鸡就巢性强，放牧饲养条件下，30日龄育雏率为75.66%。

图2-4 桃源鸡

【提示】为提高生产性能，在选育的基础上，可有计划地开展杂交利用，向肉鸡商品化方向发展。

5. 溧阳鸡

溧阳鸡（图2-5）产于溧阳市，尤其以茶亭、戴埠、社渚等地最

山林果园散养土鸡新技术（彩色图解＋视频升级版）

多，属于大型肉用品种。当地也称为"三黄鸡"或"九斤黄"，肉质鲜美。是江苏省西南丘陵山区的著名鸡种。

溧阳鸡体型较大，体躯略呈方形；羽毛、喙和脚有黄色、麻黄色和麻栗色几种，但多为黄色。公鸡单冠直立，耳叶、肉垂较大，颜色鲜红。母鸡鸡冠有单冠直立和倒冠之分，眼大，虹彩呈橘红色。放养条件下，溧阳鸡生长速度比较慢。成年鸡体重，公鸡为3.3千克，母鸡为2.6千克。平均开产日龄243天，年产蛋145个，平均蛋重57.2克，蛋壳褐色。母鸡就巢性强，公、母配种比例1:13，种蛋受精率为95.3%，受精蛋孵化率为85.6%；一般5周龄育雏率为96%。

图 2-5　溧阳鸡

6. 河田鸡

河田鸡（图2-6）主产于长汀县、上杭县。分大型与小型两种，体型外貌相同。河田鸡生长慢，属于优良的肉用型品种，具有肉质细嫩、肉味鲜美的特点，深受港澳市场欢迎。

河田鸡具有"三黄"特征，即黄羽、黄喙、黄脚。体形近似方形，颈部粗、体躯较短、胸部宽、背阔、腿胫骨中等长。皮肤呈白色或黄色，胫黄色，单冠直立（公鸡大、母鸡小）。耳叶呈椭圆形，红色。喙的基部呈褐色，喙尖则呈浅黄色。150日龄公、母鸡体重分别为1.30千克和1.09千克；成年公鸡平均体重1.94千克，母鸡为1.42千克。开产日龄为180天左右，年产蛋100枚左右，蛋重平均42.9克，蛋壳以浅褐色为主，少数灰白色。放养公、母配比1:15，种蛋受精率为90%；舍饲1∶10，种蛋受精率为82%～97%，入孵蛋孵化率为67.75%。

图2-6　河田鸡

7. 霞烟鸡

霞烟鸡（又名肥种鸡）（图2-7）原产于广西容县下烟村，肉质好，肉味鲜，白切鸡块鲜嫩爽滑，深受消费者欢迎。但繁殖力低，羽毛着生慢。在保障优良肉质和风味的前提下，尚需提高其生产性能。

图2-7　霞烟鸡

霞烟鸡体躯短而圆，腹部丰满，整个外形呈方形，呈明显肉用型体征。单冠，肉髯、耳叶均为鲜红色。虹彩橘红色，喙基部呈深褐色，喙尖浅黄色。90日龄公鸡活重0.922千克，母鸡0.776千克。150日龄公、母活重分别为1.60千克、1.29千克。成年公鸡2.18千克，成年母鸡1.92千克。开产日龄为170～180天，产蛋80枚左右，选育后的鸡群年产蛋量可达 110 枚左右，平均蛋重 43.6 克，蛋壳浅褐色。公、母配比为 1:（8 ~ 10），种蛋受精率为 78.46%，受精蛋孵化率为 80.5%。

8. 石岐杂鸡

石岐杂鸡（图2-8）产于广东省中山市三角镇沙栏村，目前主要分布于中山市，此外，顺德、番禺也有分布。又称中山沙栏鸡或三角鸡，属中小型肉用品种。

石岐杂鸡躯体丰满，胸肌发达。头部大小适中，冠型多为单冠直立，冠齿 6 ~ 7 个。耳叶、肉髯鲜红，虹彩橙黄色。公鸡羽毛多为黄色或枣红色。母鸡羽毛有黄色、麻色，尤其以麻色居多。石岐杂鸡平均初生重为 32 克，70 日龄体重为 0.72 千克，150 日龄体重为 1.11 千克；成年公鸡为 2.15 千克，母鸡为 1.55 千克。母鸡平均开产日龄 165 天，平均年产蛋 80 枚，平均蛋重 45 克，蛋壳多为褐色、浅褐色。公、母配比 1:（15 ~ 20）。平均种蛋受精率为 92%，平均受精蛋孵化率为 91%。母鸡有就巢性，公、母鸡利用年限 1 ~ 2 年。

图2-8 石岐杂鸡

9. 浦东鸡

浦东鸡（九斤黄）（图2-9）产于黄浦江以东地区，属肉用型土著鸡品种。屠体皮肤黄色，皮下脂肪较多，肉质特别肥嫩、鲜美，香味甚浓，筵席上常作白斩鸡或整只炖煮。

浦东鸡体型硕大宽阔，近似方形。具有黄羽、黄喙、黄脚的特

征。单冠直立，冠、肉髯、耳叶和睑均呈红色，胫黄色，少数有胫
羽。成年公鸡体重 3.6 ~ 4.0 千克，母鸡 2.8 ~ 3.1 千克。开产日龄平
均为 208 天左右，年产蛋量为 100 ~ 130 枚，最高可达 216 枚，平均
蛋重 57.8 克，蛋壳浅褐色。最适公母配比 1 : 10。

图 2-9   浦东鸡

10. 丝羽乌骨鸡

丝羽乌骨鸡（图 2-10）是我国的一个地方品种，由于独特的体型
外貌，性情温顺，适应性强，在国际标准中被列为观赏型鸡，世界各
地动物园纷纷引入作为观赏型禽类。同时，还具有极大的药用和保健
价值。

图 2-10   丝羽乌骨鸡

纯种乌骨鸡的外貌特征表现为"十全"，即具有桑椹冠、缨头、
绿耳、胡须、丝羽、五爪、毛脚、乌骨、乌肉、乌皮。除了白羽丝羽

乌鸡，还培育出了黑羽丝羽乌鸡。150 日龄公、母鸡平均体重，在福建分别为1460 克、1370 克，在江西分别为913.8 克、851.4 克。成年公鸡体重为1.3～1.5 千克，母鸡约为1.0～1.25 千克；开产日龄为170～180 天，年产蛋量平均为100 枚左右，平均蛋重40 克左右，蛋壳浅白色。公、母配比一般为1∶（15～17）。母鸡就巢性强，年平均就巢 4 次，平均持续期 17 天。

【提示】丝羽乌骨鸡除作为观赏和药用外，在我国已作为特种土鸡大力推广饲养。

11. 岭南黄鸡

岭南黄鸡（图2-11）是广东省农科院畜牧研究所家禽研究室利用现代遗传育种技术选育成功的优质、节粮、高效黄羽肉鸡新品种。包括优质黄羽矮小型肉鸡品系 4 个，优质黄羽正常型肉鸡品系 5 个，均不含有隐性白羽血缘。为了达到节粮高效的目的，岭南黄鸡生产配套的基本模式是父本侧重生长速度，母本侧重产蛋性能。目前，推出的配套系有岭南黄鸡Ⅰ、Ⅱ、Ⅲ号，Ⅰ号为中速型、Ⅱ号为快大型、Ⅲ号为优质型。在全国参加测试的 14 个黄羽肉鸡品种中是生长速度和饲料转化率最好的黄鸡配套系，产品质量达到国内领先水平，适合于南、北方各省市场。

父母代饲养成本低，产蛋多；商品代饲料转化率高，初生雏能自别雌雄，准确率达 99%。经国家家禽生产性能测定站检测，42 日龄公母鸡平均体重为1302.94 克，料肉比为1.83∶1，成活率为98.9%。

图2-11 岭南黄鸡

12. 江村黄鸡 JH-1 号

江村黄鸡 JH-1 号（图 2-12）是由广州市江丰实业有限公司培育的优良品种。鸡冠鲜红直立，嘴黄而短，全身羽毛金黄色，被毛紧贴，体形短而宽，肌肉丰满，肉质细嫩，味道鲜美，皮下脂肪特佳，抗逆性好，饲料转化率高。既适合于大规模集约化饲养，也适合于小群放养。种鸡 68 周龄产蛋达 155 枚，商品代 100 日龄母鸡体重 1.4 千克、料肉比 3.2：1。

图 2-12 江村黄鸡 JH-1 号

13. 康达尔黄鸡

康达尔黄鸡（图 2-13）是由深圳市康达尔养鸡公司选育而成的优质黄鸡配套系。既有地方品种三黄鸡肉质嫩滑、口味鲜美的优点，又有增重较快、胸肌发达、早熟、脚矮、抗病力强的遗传特性。商品鸡 16 周龄上市，公鸡体重 2.3 千克，母鸡体重 1.86 千克，饲料转化率 3.2：1。

图 2-13 康达尔黄鸡

14. 新浦东鸡

新浦东鸡（图 2-14）是由上海市农业科学院畜牧兽医研究所主持培育而成的土著肉用鸡种。保留了浦东鸡的体型大和肉质鲜美的特点，克服了早期发育和羽毛生长缓慢的缺点，是用作肉鸡生产和活鸡出口较为理想的品种。

新浦东鸡黄羽，黄脚，黄趾，肤色微黄，喙部色泽不一，眼睑、耳朵呈黄色。鸡冠为单冠。成年公鸡平均体重4.3千克，母鸡3.4千克。26周龄开产，500日龄140～152.5枚；种蛋合格率85%～95%，平均受精率90%，受精蛋孵化率80%。料肉比（0～70日龄）（2.6～3.0）：1。

图2-14　新浦东鸡

二、肉蛋兼用型品种

1. 狼山鸡

狼山鸡（图 2-15）原产于长江三角洲北部的江苏如东县，南通市通州区内也有分布，是我国古老的兼用型鸡种。狼山鸡的羽毛颜色分为黑色、黄色和白色3种，但以全黑色的为多，白色的最少，杂色羽毛的几乎没有。现主要保存了黑色鸡种。在国外，狼山鸡还与其他品种鸡杂交，培育出了诸如澳洲黑鸡等新品种。

狼山鸡体格健壮，羽毛紧密，头昂尾翘，背部较凹。头部短圆，脸部、耳叶及肉垂均呈鲜红色，白皮肤，黑色胫。500日龄成年体重公鸡为2.84千克、母鸡为2.283千克，年产蛋量为135～170枚，平均蛋重为 58.7 克。公母比例为 1∶（15 ～ 20），种蛋受精率达到 90.6%，受精蛋孵化率 80.8%。

图 2-15　狼山鸡

2. 固始鸡

固始鸡（图 2-16）原产于河南固始县，主要分布于淮河流域以南，大别山脉北麓的固始县、商城、新县、淮滨等 10 个县市。是我国优良的蛋肉兼用型鸡种。固始鸡外观紧凑，灵活，活泼好动，动作敏捷，觅食能力强。

图 2-16　固始鸡

固始鸡的躯体中等，体型细致紧凑，羽毛丰满。头部清秀、匀称，喙为青黄色，略短、微弯。眼大，略向外突出，虹膜呈浅栗色。皮肤呈暗白色，胫部为靛青色，无胫羽。有单冠与豆冠两种冠型，以

山林果园散养土鸡新技术（彩色图解＋视频升级版）

单冠为主。冠、肉垂、耳叶与脸均为红色。早期生长速度慢，公、母鸡 60 日龄体重平均为 0.27 千克；90 日龄体重，公鸡为 0.49 千克，母鸡为 0.36 千克；180 日龄体重，公鸡为 1.27 千克，母鸡为 0.97 千克。性成熟期较晚，平均开产日龄为 205 天，年产蛋量为 141 枚，平均蛋重为 51.4 克。150 日龄体重公鸡 0.85 千克，母鸡 0.65 千克。公母比例 1∶12，种蛋受精率 90.4%，受精蛋的孵化率为 83.9%。

【提示】河南固始三高集团利用固始鸡的肉质优、风味好、耐粗饲、觅食力强、抗病力强、高腿等优良特性，培育出适于放养的优质高效专门化新品系，实行生态放牧生产。

3. 萧山鸡

萧山鸡（又称萧山大种鸡、越鸡）（图 2-17）产于浙江省的萧山、杭州、绍兴、上虞、余姚、慈溪等地。早期生长速度较快，屠体皮肤黄色，皮下脂肪较多，肉质好而味美。近年来浙江省农业科学院等单位对萧山鸡进行了选育和开发工作。

肉蛋兼用型良种，其体型肥大，外形近似方形而浑圆。公鸡体格健壮，羽毛紧密，头昂尾翘。单冠红而直立，中等大小；母鸡体态匀称，骨骼较细。全身羽毛基本黄色，但麻色者也占一定比例。颈、翼、尾部间有少量黑色羽毛。单冠红色，冠齿大小不一。早期生长速度快，90 日龄公鸡 1247.9，母鸡 793.8 克；120 日龄公鸡 1604.6 克，母鸡 921.5 克。成年公鸡体重平均 2.75 千克，成年母鸡体重平均 1.95 千克。开产日龄 164 天左右，年产蛋量 110～130 枚，蛋重 53 克左右。种鸡群公母配比 1∶12。

图2-17 萧山鸡

4. 寿光鸡

寿光鸡（图 2-18）产于山东省寿光市，分布于相邻的潍坊郊区和昌乐、青州、广饶等县市，属蛋肉兼用型土著鸡品种，以蛋重、大而著称。主要有大型和中型两种，还有少数是小型。

外貌雄伟，体躯高大，体形近似方形。白色皮肤，胫、趾灰黑色，以黑羽、黑腿、黑嘴的"三黑"特点著称。大型成年体重公鸡为 3.61 千克、母鸡为 3.31 千克，240 天开产，年产蛋 117.5 枚，蛋重为 65 ～ 75 克；中型成年公鸡为 2.88 千克，母鸡为 2.34 千克，145 天开产，蛋重 60 克。壳色褐色。

图 2-18　寿光鸡

5. 北京油鸡

北京油鸡（或中华宫廷黄鸡）（图 2-19）主要分布于北京朝阳区的大屯和洼里。屠体皮肤微黄，紧凑丰满，肌间脂肪分布良好，肉质细腻，肉味鲜美，蛋质优良，曾作为宫廷御膳用鸡，距今已有 300 余年的历史。20 世纪 70 年代中期，北京油鸡纯种鸡濒于绝种。北京市农林科学院畜牧兽医研究所等单位相继从民间搜集油鸡的种鸡，进行了繁殖、提纯、生产性能测定和推广等工作。

北京油鸡体躯中等，具有黄羽、黄喙和黄胫的"三黄"和罕见的毛冠、毛腿和毛髯的"三毛"特征。冠型为单冠。生长速度缓慢，初生重为 38.4 克，4 周龄重为 220 克，8 周龄重为 549.1 克，12 周龄重为 959.7 克。20 周龄公鸡平均体重可达 1500 克，母鸡达 1200 克。

开产日龄为150～160天，年产蛋110枚。选育鸡群年产蛋量可达140～150枚，蛋重50～54克。蛋壳颜色大多为浅褐色。公、母比例为1:（8～10），种蛋受精率为95%，受精蛋孵化率为90%。

图2-19　北京油鸡

6. 庄河鸡

庄河鸡（大骨鸡）（图2-20）主产于辽宁省庄河市，在庄河市周边也有大量养殖，是由当地鸡与寿光鸡杂交，经长期选育而形成，是我国较为理想的蛋肉兼用型土鸡种。其产肉性能较好，屠宰率较高，蛋大壳厚，破损率较低。

图2-20　庄河鸡

庄河鸡体型魁伟，胸深背宽。公鸡羽毛棕红色，尾羽黑色并带金属光泽。母鸡多呈麻黄色，头颈粗壮，眼大明亮，单冠，冠、耳叶、肉垂均呈红色。喙、胫、趾均呈黄色。早期生长速度快，90日龄公鸡1039.5克、母鸡881.0克；120日龄公鸡1478.0克、母鸡1202.0克。成年公鸡体重为2.9千克，成年母鸡约为2.3千克。开产日龄为213天左右，年产蛋量160～180枚，蛋重62～64克，蛋壳深褐色。种鸡群，最适公母配比1：（8～10）。

7. 卢氏鸡

卢氏鸡（图2-21）主产于河南省卢氏县境内。 2001年，该产品被列入河南省畜禽品种资源保护名录，且所产的绿壳蛋蛋清浓，蛋黄呈橘红色，经检测具有"三高一低"特征：高锌、高碘、高硒，低胆固醇，被誉为"鸡蛋中的人参"。2006年5月成为受国家原产地保护的地理标志产品。2006年12月获河南省无公害农产品产地认证，2007年6月获河南省无公害农产品认证。目前，该产品又被国家市场监管总局认证为有机食品。

图2-21 卢氏鸡

小型蛋肉兼用型鸡种，体型结实紧凑，后躯发育良好，羽毛紧贴，颈细长，背平直，翅紧贴，尾翘起，腿较长，冠型以单冠居多，少数凤冠。喙以青色为主，黄色及粉色较少。成年公鸡体重1700克，母鸡1110克。开产日龄170天，年产蛋110～150个，蛋重47克，蛋壳呈红褐色和青色，红褐色占96.4%。

8. 汶上芦花鸡

汶上芦花鸡（图2-22）产于山东省汶上县及附近地区。体表羽毛呈黑白相间的横斑羽,群众俗称"芦花鸡"。

体形呈"元宝"状。单冠多,有少量其他冠形。喙基部为黑色,缘尖端白色。虹彩橘红色。胫部、爪部颜色以白色为主。皮肤白色。成年体重公鸡为1.4千克左右,母鸡1.26千克左右。开产日龄150～180天。年产蛋180～200个,高的可达250个以上。平均蛋重为45克,蛋壳颜色多为粉红色,少数为白色。

图 2-22 汶上芦花鸡

9.鹿苑鸡

鹿苑鸡(图2-23)属肉用型土著鸡品种。早期生长速度较快,产肉性能较好,屠宰率较高。

图 2-23 鹿苑鸡

体型高大，胸部较深，背部平直。全身羽毛黄色，紧贴体表。胫、趾为黄色。成年公鸡体重为3.1千克，母鸡约为2.4千克。开产日龄为180天左右，年产蛋量平均为144.7枚，平均蛋重55克左右。种鸡群，最适公母配比1：15。

【提示】"七五"期间，鹿苑鸡被列入国家科委攻关子课题之一，进行了系统选育和杂交试验，使相同体重上市日龄提前了30天，现已在华东地区进行推广养殖。

10. 峨嵋黑鸡

峨嵋黑鸡（图2-24）原产于四川峨眉山、乐山、峨边三地沿大渡河的丘陵山区，属蛋肉兼用型。由于上述地区交通不便，长期在山区放牧散养，形成了外形一致、遗传性能稳定的土鸡品种。

体型较大，体态浑圆。全身羽毛黑色，有金属光泽。大多呈红色单冠，少数有红色豆冠或紫色单冠或豆冠。喙、胫黑色，皮肤白色，偶有乌皮。成年公鸡体重3.0千克，母鸡体重2.2千克。开产日龄210日龄左右，年产蛋120枚，平均蛋重54克，蛋壳褐色。

图2-24 峨嵋黑鸡

11. 静宁鸡

静宁鸡（又称固原鸡或静宁鸡）（图2-25）主产地在静宁、庄浪两县，毗邻的其它县市亦有分布。具有较好的产蛋、产肉性能和良好的适应性，肉质鲜嫩，鸡汁鲜美，口感上乘，风味独特，具有良好的地方特色。

体呈长方形，蛋肉兼用型鸡。公鸡头颈高举，尾羽耸立，胸部发达，背宽而长，鸡冠大、鲜红，毛色以红棕色及酱红色为主。母鸡头小清秀。冠型多为核桃冠，少数为单冠（5～9个冠蜂）。毛色以黄色为主。产肉性能亦较好，公鸡6月龄体重1.43千克，母鸡9月龄平均体重可达1.51千克。年产蛋量平均为117枚，最高可达218枚，平均蛋重51.6克。蛋壳浅褐色。

图2-25 静宁鸡

12. 文昌鸡

文昌鸡（图2-26）属优良肉用型品种。具有肉质鲜嫩、肉味馥香、皮薄骨酥、营养丰富等特点，行动敏捷、适应性强、耐热、耐粗饲料。是海南名菜文昌鸡的原料来源。

图2-26 文昌鸡

体型紧凑、匀称，呈楔形。母鸡体型中等，具有头小、颈小、脚小、颈短、脚短和脚呈三角形的特征；冠小，单冠直立，喙弯短，羽毛贴身，呈黄褐色或背部有浅麻色；公鸡体态雄伟，羽毛贴身，体羽枣红色，有光泽，颈部有金黄色环状羽毛带。吴瑞萍等测定，笼养文昌鸡6周龄平均体重公鸡543.27克、母鸡502.84克，12周龄公鸡1384.31克、母鸡1166.54克；文昌鸡120～126日龄开产；500日龄产蛋数120～150个，平均蛋重为44克，蛋壳白色、浅褐色。人工授精公母比例1：（20～25）。

三、蛋用型鸡

1. 仙居鸡

仙居鸡（梅林鸡）（图2-27）主要分布在浙江仙居县及邻近的临海、天台、黄岩等县。肉质好，味道鲜美可口，早熟、产蛋多、耗料少，觅食力强。原为浙江省小型蛋用地方鸡种，现向蛋肉兼用型方向选育。

图2-27 仙居鸡

体型较小，体型结构紧凑，体态匀称，骨骼纤细致密。善飞好动，反应敏捷，胆小易惊。成年公鸡冠直立，以黄羽为主，主翼羽红夹黑色，镰羽和尾羽均黑色，成年体重平均1.40千克；成年母鸡冠矮，羽色较杂，以黄羽占优势，尚杂有少量白、黑羽，成年体重平均1.15千克。开产日龄为180天，年产蛋为160～180枚，高者可达 200 枚以上，蛋重为 42 克左右，壳色以浅褐色为主。配种能力强，性别比 1：（16 ～ 20）进行组群。受精率可达到 94.3%，受精蛋的孵化率为 83.5%。

2. 白耳黄鸡

白耳黄鸡（又称白银耳鸡）（图 2-28）是江西上饶地区的白耳鸡和浙江江山白耳鸡的统称，属蛋用早熟鸡品种。主产于江西省的广丰、上饶和玉山县，以及浙江省的江山市，是我国珍稀的白耳鸡种。

白耳黄鸡以"三黄一白"的外貌特征为标准，即黄羽、黄喙、黄脚，白耳，耳叶大，呈银白色，似白桃花瓣，虹彩金黄色，喙略弯，呈黄色或灰黄色，全身羽毛呈黄色，单冠直立，公母鸡的皮肤和胫部呈黄色，无胫羽。公鸡体躯似船形，母鸡的体躯呈三角形。产肉性能也较好，公母平均体重分别为：60 日龄 435.78 克、411.59 克，90 日龄 735.34 克、599.04 克，150 日龄 1264.53 克、1019.89 克。开产日龄平均为 150 天，年产蛋 180 枚，蛋重为 54 克，蛋壳深褐色。公母比例为 1：（10 ～ 15），种蛋的受精率为 92%，受精蛋的孵化率为 94%。供种单位有中国农业科学院家禽研究所、江西省上饶市广丰区白耳黄鸡原种场。

图 2-28 白耳黄鸡

3. 绿壳蛋鸡

绿壳蛋鸡（图 2-19）是中国特有禽种，因产绿壳蛋而得名，是世界罕见的极品，体型较小，结实紧凑，行动敏捷，匀称秀丽，性成熟较早，产蛋量较高。成年公鸡体重1.5～1.8千克，母鸡体重1.1～1.4千克，年产蛋160～180枚。人们在黑凤乌鸡的基础上选育出麻羽系和黑羽系等品种。如招宝绿壳蛋鸡、东乡黑羽绿壳蛋鸡（视频2-1，五黑一绿鸡）、新杨绿壳蛋鸡、三益绿壳蛋鸡、昌系绿壳蛋鸡等。

视频2-1 东乡黑羽绿壳蛋鸡（五黑一绿鸡）

图2-29　东乡黑羽绿壳蛋鸡

　　东乡黑羽绿壳蛋鸡体型较小，产蛋性能较高，适应性强，羽毛全黑、乌皮、乌骨、乌肉、乌内脏，喙、趾均为黑色。单冠直立，母鸡耳叶浅绿色，公鸡紫红色。成年母鸡体重1.1～1.4千克，公鸡1.4～1.6千克；开产日龄152天，500日龄产蛋量160～170个，平均蛋重50克。蛋壳颜色深绿。蛋白浓稠，蛋黄硕大，含有大量的卵磷脂、维生素和微量元素。18周龄开产。现新培育的绿壳蛋鸡品种多含其血缘。

第二节　土鸡的繁育方法

一、纯种繁育

　　用同一品种内的公母鸡进行配种繁殖，有目的地进行系统选育，能不断提高该品种的生产能力和育种价值（图2-30），所以，无论在种鸡场或是商品生产场都被广泛采用。

甲品种(♂) × 甲品种(♀)
↓
甲品种鸡

图2-30 纯种繁育

【注意】纯种繁育容易出现近亲繁殖而引起后代的生活力和生产性能降低,体质变弱,发病率、死亡率增高,种蛋受精率、孵化率、产蛋率、蛋重和体重等下降。为避免近亲繁殖,每隔几年应从外地引进体质强健、生产性能优良的同品种种公鸡进行配种。

二、杂交利用

不同品种间的公母鸡交配称为杂交。由两个或两个以上的品种杂交所获得的后代,具有亲代品种的某些特征和性能,丰富和扩大了遗传物质基础和变异性,因此,杂交是改良现有品种和培育新品种的重要方法。由于杂交一代常常表现出生活力强、成活率高、生长发育快、产蛋产肉多、饲料报酬高、适应性和抗病力强的特点,所以在生产中利用杂交生产出的具有杂种优势的后代,作为商品鸡是经济而有效的。

1. 杂交亲本的选择

土鸡的杂交以有特殊性状的品系选育为基础,确定父系和母系两个选育方向,再用父系公鸡和母系母鸡杂交生产 F_1 代土鸡(图2-31)。特殊性状是指如羽色、胫色、冠形和肤色等标志性性状(土鸡的标志性状多为质量性状)。如芦花羽系,选择芦花羽的公鸡和母鸡建立核心群,淘汰杂种芦花公鸡,选育出纯种芦花羽公鸡和母鸡建立芦花羽系;再如青胫品系,青胫属隐性基因 *Id* 控制,选择青胫的公鸡和母鸡建立核心群,选育出纯种青胫系。

【提示】选择的父系公鸡和母系母鸡杂交后获得的 F_1 代必须符合土鸡的外貌特征和生产性能要求。

父系	要求体型大、肌肉丰满、早期生长速度较快、肉质滑嫩、味道鲜美。羽毛以快羽最佳，丰满有光泽，羽色杂。鸡冠发育较早，鸡冠鲜红。胫以青色最好。产蛋性能好。
母系	要求体型中等、肉质鲜嫩、骨细、皮脆味鲜、产蛋率高、蛋重较大，适合于各种饲养方式。羽毛以快羽最佳，紧贴体躯，羽色多样（每个羽色品系羽色相同）。性成熟早，鸡冠发达，鸡冠的颜色以鲜红为主，也可以是乌冠。胫、喙以青色、黑色为佳，黄色少，其他胫色均可。

图 2-31　杂交亲本的选择

2. 杂交利用模式

土鸡选育的目的就是通过品系间、品种间或品系与品种间杂交配套生产出符合市场需求的商品土鸡。亲本品系、品种选择确定后，品系、品种间杂交，进行配合力测定，选出最佳杂交配套模式用于生产商品土鸡。杂交利用模式的主要方式如下。

（1）品种间、品系间或两品系间杂交配套　见图 2-31。

▲这种杂交利用模式实际上是二元杂交和级进杂交

三黄鸡(♂) × 南阳黑色鸡(♀)
↓
商品F₁代
(F₁代土鸡羽色有黄色、红色、灰色和麻色等。胫色以黄色为主，有黑胫黄脚、黑胫黑脚等特征)

澳洲黑(♂) × 固始黑羽鸡(♀)
↓
澳洲黑(♂) × F₁代鸡(♀)
↓
商品F₂代
(澳洲黑公鸡与固始黑羽母鸡级进杂交生产的F₁代土鸡有黑羽、麻羽和少量灰羽、咖啡色羽。F₂代土鸡生长速度快。这种杂交利用模式速度快、见效快、成本低，大约1年时间可杂交配套生产出F₁代土鸡)

图 2-32　品种间、品系间或两品系间杂交配套

（2）三元杂交　采用三个品系或三个地方品种、三个品系或品种之间等杂交配套生产 F₂ 代土鸡（图 2-33）。

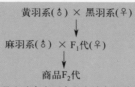

黄羽系(♂) × 黑羽系(♀)

麻羽系(♂) × F₁代(♀)

商品F₂代

(F₂代商品土鸡含有两个以上地方品种或品系的血缘，羽色、胫色混杂，生长速度快，鸡群整齐度稍差，适合于需求杂羽色和杂色胫的消费者)

图 2-33　三元杂交

（3）杂交选育　　这种方式是采用品种间、品系间或品种与品系间杂交产生的后代闭锁繁育，再经过 3 ～ 10 年培育出纯系和杂交配套品系的一种方法（图 2-34）。这种方法耗时、成本高、见效慢，育种实践中应用较少。

黄羽(♂) × 隐性白羽白洛克(♀)

F₁代(♂、♀)

(F₁代公鸡与母鸡横交固定，逐步建立黄羽纯系鸡种，淘汰每代出现的隐性白羽鸡。再用地方品种的公鸡与新培系的黄羽纯系母鸡杂交配套生产F₁代供应市场。这种方式有利于在杂交配套生产土鸡的同时培育纯系，为育种企业长期发展奠定基础)

图 2-34　杂交选育

第三节　土鸡品种的选择和引进

土鸡品种繁多，又各有不同的经济特点和适应性，必须进行科学选择和引进。

一、土鸡品种的选择

土鸡品种的选择依据见图 2-35。

市场需求
不同地区对土鸡外貌特征、鸡蛋颜色、土鸡经济特点（包括蛋肉兼用型、蛋用型、肉用型）等都有不同，如北方喜欢羽毛颜色混杂的土杂鸡，南方既喜欢初代土鸡品种，也喜欢选育的土鸡品种，选择品种时要考虑销售地区和消费对象的需求

生产性能
未经系统的选育的品种，群体整齐度较差，羽色、体貌、体重大小不够整齐，生产性能低；经过选育的品种体型外貌一致，生产性能较好。要根据市场价格和销售方式确定

饲养条件
放养时应选择腿长、奔跑力、觅食力和抗病力强、肉质好的小型土鸡，尽管生长慢一些，但成活率高，市场售价高，经济效益较好；圈养可选择选育的土鸡品种（这些鸡生长速度相对比较快、体重比较大，但觅食能力和活动能力差）

种鸡管理
种鸡场的管理水平直接影响种鸡后代的质量和生产性能表现。要选择管理严格、信誉度高和有资质的种鸡场引种

图 2-35　土鸡品种的选择

二、品种引进注意事项

品种引进注意事项见图 2-36。

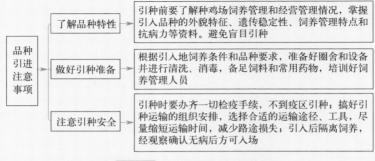

品种引进注意事项

了解品种特性
引种前要了解种鸡场饲养管理和经营管理情况，掌握引入品种的外貌特征、遗传稳定性、饲养管理特点和抗病力等资料。避免盲目引种

做好引种准备
根据引入地饲养条件和品种要求，准备好圈舍和设备并进行清洗、消毒，备足饲料和常用药物，培训好饲养管理人员

注意引种安全
引种时要办齐一切检疫手续，不到疫区引种；搞好引种运输的组织安排，选择合适的运输途径、工具，尽量缩短运输时间，减少路途损失；引入后隔离饲养，经观察确认无病后方可入场

图 2-36　品种引进注意事项

第三章
山林果园散养土鸡的
营养与饲料配制

第一节　土鸡的消化特点及采食特性

一、土鸡的消化系统

土鸡的消化系统由喙、口腔、咽、食道、嗉囊、腺胃、肌胃、肠道、泄殖腔及消化腺（肝和胰）等器官共同组成。土鸡的消化系统无论构造还是消化过程，与家畜都有显著的不同。

1. 喙

喙是禽类共有的器官，由上、下腭角质化而构成。土鸡的喙尖而硬，根部粗壮，喙形略弯，适合于地面采食，可撕裂较大食物，也可采食地面生长的嫩草和蔬菜。土鸡口腔无齿，而且颊部退化，无咀嚼功能，食物在口腔中停留的时间很短。另外，土鸡的唾液腺不发达，唾液中含有少量的淀粉酶，在消化食物上所起的作用不大。土鸡舌肌不发达，舌较硬，舌黏膜上无味觉乳头，饲料的味道对采食量影响较小。影响采食的主要因素为饲料形状和颜色。

2. 食道和嗉囊

食道位于颈部皮下、气管的右侧，很容易扩张，有利于饲料通过，很少发生食道阻塞。食道上接咽部，下与腺胃相连，在进入胸腔前形成膨大的嗉囊，嗉囊可以储存食物，嗉囊内侧腺体分泌的黏液可以软化较干的饲料。饲料在嗉囊中停留时间长短与饲料的种类有关，嗉囊中的饲料在微生物和淀粉酶的作用下进行初步消化。

3. 腺胃和肌胃

腺胃（前胃）呈纺锤形，胃壁厚，内腔不大。腺胃的主要功能是分泌消化液，并且与饲料充分混合。食物在腺胃中停留的时间很短，很快进入肌胃。肌胃紧接腺胃之后，体积为腺胃的 2～3 倍，略呈扁圆形。肌胃胃壁大部分由厚厚的平滑肌构成，收缩时能产生巨大压力，借助此压力和坚硬的内层角质膜及肌胃腔中的沙砾来磨碎较大的饲料颗粒。因此，土鸡舍内饲养时一定注意在饲料中添加沙砾。

4. 肠道和泄殖腔

鸡肠管分为小肠和大肠两部分。鸡对饲料的消化和吸收大部分是在小肠内完成的。小肠与大肠交界处有一对细长分叉的盲肠，在微生物的作用下可消化分解粗纤维。柴鸡的盲肠容积有限，只有6%～10%的饲料物质进入盲肠，因此其消化粗纤维的能力有限。鸡的大肠较短，可以吸收饲料中的水分，维持正常的粪便形态。鸡的肠管较短，仅为体长的 5～6 倍，食物通过消化道的速度比家畜快，仅需 12 小时左右，饲料的消化率较低。土鸡翻开肛门后即可露出泄殖腔，泄殖腔是消化、泌尿和生殖系统末端的共同通道。直肠通过泄殖腔将粪便排出体外。有时可见粪便上有白色的尿液。

二、土鸡的采食特点

1. 杂食性

土鸡的食谱广泛，觅食力强，可以自行觅食自然界中各种昆虫、嫩草、植物种子、浆果、嫩叶、籽实等食物。有条件的地区，可以利用草场、草坡、林间、果园等自然资源，进行放牧饲养，减少精饲料消耗，降低生产成本，生产绿色产品。在配合土鸡饲料时，要因地制宜，利用当地各种动、植物饲料资源，做到饲料原料多样化。

2. 喜食粒状饲料

土鸡的喙便于啄食粒状饲料，所以土鸡喜欢采食粒状饲料。在不同粒度的饲料混合物中，首先啄食直径 3～4 毫米的饲料颗粒，最后剩下的是饲料粉末。所以加工饲料时要有一定粒度，而且粒度均匀，有利于土鸡采食和满足均衡的营养需要。

3. 同步采食

土鸡喜欢群居生活，同步采食、饮水；土鸡采食行为都是白天（有光照）进行的，而雏鸡要在晚上人工光照时补料。雏鸡每天的采食次数为 30～50 次，随日龄的增大，采食次数明显减少，但每次采食的时间延长；自然光照条件下，成年土鸡每日采食两个高峰，一是日出后 2～3 小时，二是日落前 2～3 小时。要在这两个时段保证饲料供应，满足生长、产蛋的需求，同时要配足料槽、饮水器，满足均衡生长的需要。

第二节　土鸡的营养需要

土鸡的生长速度较慢，产蛋量较少，消费者要求商品土鸡羽毛覆盖完全，有光泽，鸡冠鲜红，体型紧凑，肉质鲜美，皮脆骨细和产的蛋品质良好，因此其营养需要同其它鸡有一定差异。饲料是土鸡羽毛生长与脱换、皮屑脱落、产蛋、生长、活动等生理代谢活动的营养来源，是维持生命活动必不可少的能量源泉。土鸡的营养需要方面的研究较少，加之野外放牧饲养土鸡的采食量及所采食的饲料种类不能完全掌握，更增加了营养需要方面的复杂性。土鸡需要的营养物质达几十种，主要有能量、粗蛋白、维生素、矿物质和水。每一种营养物质都有其特定的生理功能，各种营养物质相互联系、相互作用，对土鸡产生影响。

一、能量

土鸡的生存、生长和生产等一切生命活动都离不开能量。能量不足或过多，都会影响鸡的生产性能和健康状况。饲料中的有机物——蛋白质、脂肪和碳水化合物都含有能量，但主要来源于饲料中的碳水化合物、脂肪。饲料中各种营养物质的热能总值称为饲料总能。

【小资料】影响土鸡能量需要的主要因素：①体重。体重大，增重速度快，需要的能量多；反之，体重小，增重慢，需要的能量少。如果按单位体重来计算能量需要，体重小的鸡所需的能量大于体重大的鸡所需的能量。②产蛋率和蛋重。产蛋率高和蛋重大，需要的能量多。③饲养方式。放牧饲养比舍饲需要的能量多，平养比笼养需要的能量多。④环境温度。环境温度与采食量有关。28日龄以后土鸡的最佳生长温度是20～25℃，超过25℃时，饲料中能量应相应提高，以避免气温高影响采食量导致的能量摄入不足。环境温度低于20℃，饲料中的能量浓度可适当降低。对于种鸡来说，适宜的产蛋温度是12～30℃；适宜的生长期温度是18℃以上，42日龄以后可控制在12℃以上。

二、蛋白质

蛋白质是构成鸡体的基本物质，是最重要的营养物质。日粮中如果缺少蛋白质，会影响鸡的生长、生产和健康，甚至引起死亡。相反，日粮中蛋白质过多也是不利的，不仅造成浪费，而且会引起鸡体代谢紊乱。饲料中蛋白质进入鸡的消化道，经过消化和各种酶的作用，将其分解成氨基酸后被吸收，成为构成鸡体蛋白质的基础物质，所以蛋白质的营养实质上是氨基酸的营养。

不同饲料中的必需氨基酸，其含量有很大差异。如谷类含赖氨酸较少，含色氨酸较多，某些豆类含赖氨酸较多，色氨酸又较少。如果在配合饲料时，把这两种饲料混合应用，即可取长补短，提高其营养价值，这种作用就叫做氨基酸的互补作用。

【提示】根据氨基酸在饲粮中存在的互补作用，可在生产中有目的地选择多种饲料原料，进行合理搭配，使饲料中的氨基酸相互补充，改善蛋白质的营养价值，提高利用率。

三、矿物质

矿物质是构成骨骼、蛋壳、羽毛、血液等组织不可缺少的成分，对土鸡的生长发育、生理功能及繁殖系统具有重要作用。鸡需要的矿物质元素有钙、磷、钠、钾、氯、镁、硫、铁、铜、钴、碘、锰、锌、硒等，其中前 7 种是常量元素（占体重 0.01 % 以上），后 7 种是微量元素。饲料中矿物质元素含量过多或缺乏都可能产生不良后果。主要矿物元素的种类及作用见表 3-1。

表 3-1　主要矿物元素的种类及作用

种类	主要功能	缺乏症状	备注
钙	形成骨骼和蛋壳，促进血液凝固，维持神经、肌肉正常机能和细胞渗透压	雏鸡易患佝偻病；成鸡骨质松软易折断；产蛋鸡缺钙时出现软壳蛋和无壳蛋，蛋壳薄、易破碎（土鸡产蛋期饲料中钙含量达到 3%～3.5% 才能维持正常的蛋壳品质）	钙在一般谷物、糠麸中含量很少，在贝粉、石粉、骨粉等矿物质饲料中含量丰富；钙和磷比例适当，生长鸡日粮的钙磷比例为（1～1.5）:1；产蛋土鸡为（4～5）:1
磷	骨骼和卵黄卵磷脂的组成部分，参与许多辅酶的合成，是血液缓冲物质	鸡食欲减退，消瘦，雏鸡易患佝偻病，成年骨质疏松、瘫痪	来源于矿物质饲料、糠麸、饼粕类和鱼粉。鸡对植酸磷利用能力较低，约为 30%～50%。对无机磷利用能力高达 100%
钠、钾、氯	三者对维持鸡体内酸碱平衡、细胞渗透压和调节体温起重要作用。它们还能改善饲料的适口性。食盐是钠、氯的主要来源	缺乏钠、氯，可导致消化不良、食欲减退、啄肛啄羽等；缺钾时，肌肉弹性和收缩力降低，肠道膨胀，热应激时，易发生低血钾症（土鸡饲粮中食盐的添加量为 0.2%～0.4%）	食盐摄入量过多，轻者饮水量多，拉稀便，重者会导致鸡中毒甚至死亡，如长期喂高盐饲料（超过 2%）会引起中毒。动物饲料中钠含量丰富；植物饲料中钾含量较多。饮水中加入 1%～2% 的食盐，连用 1～2 天，可以防治鸡的啄癖症

种类	主要功能	缺乏症状	备注
镁	镁是构成骨质必需的元素，它与钙、磷和碳水化合物的代谢有密切关系	镁缺乏时，鸡神经过敏，易惊厥，出现神经性震颤，呼吸困难。雏鸡生长发育不良。产蛋鸡产蛋率下降	青饲料、糠麸和油饼粕类中含量丰富；过多会扰乱钙、磷平衡，导致下痢
硫	硫是蛋白质中不可缺少的无机元素，存在于蛋氨酸、胱氨酸、半胱氨酸中，同时参与某些维生素（维生素 B_{12}、生物素）和碳化合物的代谢	缺乏时，表现为食欲降低，体弱脱羽，多泪，生长缓慢，产蛋减少（羽毛中含硫2%）	日粮中蛋白质含量充足时，鸡一般不会缺硫。日粮中以硫酸钠、硫酸锌、硫酸镁的形式添加。添加量的多少以饲料含量来定，此外可按说明书进行使用
锰	镁作为磷酸酶、焦磷酸酶、ATP酶的主要成分，在糖代谢和蛋白质代谢中起一定的作用。镁还与钙、磷代谢有关，并保持神经、肌肉及器官的正常机能	土鸡缺锰时，雏土鸡骨骼发育不正常、患滑腱症，表现为跛行，生长受阻、体重下降，种鸡体重减轻、蛋壳变薄、孵化率降低	但摄入量过多，会影响钙、磷的利用率，引起贫血；氧化锰、硫酸锰，青饲料、糠麸中丰富；饲料中要求镁的含量为400～600毫克/千克饲料
铁、	铁是构成血红蛋白、肌红蛋白、细胞色素和多种氧化酶的重要无机元素，与机体内输送氧有关	日粮中铜不足时影响铁吸收，影响钙和磷的正常代谢，鸡表现为贫血、四肢软弱无力、跛腿、瘫痪、生长缓慢、产蛋率下降、孵化过程中胚胎死亡数增加。日粮中的铜超过350毫克/千克，则会引起中毒	三者参与血红蛋白形成和体内代谢，并在体内起协同作用，缺一不可，否则就会产生营养性贫血。铁在机体内的一些功能都需要铜的存在方可完成。铜在体内的作用与铁、钙、磷均有一定的关系。铁、铜、钴来源于硫酸亚铁、硫酸铜和钴胺素、氯化钴
铜	铜参与血红蛋白的合成、造血过程、色素形成、骨骼的生长及某些氧化酶的合成和激活		
钴	钴是维生素 B_{12} 的组成部分，是合成维生素 B_{12} 不可缺少的元素，参与碳水化合物和蛋白质的代谢	饲料中缺钴时，则会影响铁的代谢，并引起贫血和维生素 B_{12} 缺乏症，土鸡表现为食欲不振、精神萎靡、生长停滞、消瘦	

山林果园散养土鸡新技术（彩色图解＋视频升级版）

种类	主要功能	缺乏症状	备注
碘	碘是构成甲状腺必需的元素，对营养物质代谢起调节作用	缺乏时，会导致鸡甲状腺肿大，代谢机能降低	植物饲料中的碘含量较少，鱼粉、骨粉中含量较高。主要来源是碘化钾、碘化钠及碘酸钙
锌	是鸡生长发育必需的元素之一，有促进生长、预防皮肤病的作用	缺乏时，肉鸡食欲不振，生长迟缓，腿软无力	常用饲料中含有较多的锌；可用氧化锌、碳酸锌补充
硒	硒是谷胱甘肽过氧化酶的组成部分，而且影响维生素E的利用。硒与维生素E相互协调，可减少维生素E的用量。能保护细胞膜完整，保护心肌作用	土鸡缺硒时，产生胰纤维化并使脂肪酶、胰蛋白酶原减少，肌肉萎缩，出现渗出性素质病，心肌损伤，心包积水，雏鸡胸部皮下积水	一般饲料中硒含量及其利用率较低，需额外补充，一般多用亚硒酸钠。硒过量时，雏土鸡生长受阻、羽毛蓬松、神经过敏，种鸡性成熟推迟、产蛋减少、孵化率降低、胎位异常

【注意】无机元素是土鸡新陈代谢、生长发育和产蛋必不可少的营养物质，但它们的过量对鸡体可产生毒害作用。因此，在生产实践中一定要按营养需要配给，切不可过分强调它们的作用而随意加大剂量使用，以防造成中毒。

四、维生素

维生素是一组化学结构不同，营养作用、生理功能各异的低分子有机化合物，土鸡对其需要量虽然很少，但生物作用很大，主要以辅酶和催化剂的形式广泛参与体内代谢的多种化学作用，从而保证机体组织器官的细胞结构功能正常，调控物质代谢，以维持鸡体健康和各种生产活动。缺乏时，可影响正常的代谢，出现代谢紊乱，危害鸡体健康和正常生产。维生素的种类俱多，但归纳起来分为两大类，一类是脂溶性维生素，包括维生素A、维生素D、维生素E及维生素K等，另一类维生素是水溶性维生素，主要包括维生素B族和维生素C。维生素的种类及功能见表3-2。

表 3-2   维生素的种类及功能

名称	主要功能	缺乏症状	备注
维生素 A ［1IU（国际单位）维生素 A=0.6μg 胡萝卜素］	可以维持呼吸道、消化道、生殖道上皮细胞或黏膜的结构完整与健全，促进雏鸡的生长发育和蛋鸡产蛋，增强鸡对环境的适应力和抵抗力	易引起上皮组织干燥和角质化，眼角膜上皮变性，发生干眼病，严重时造成失明；雏鸡消化不良，羽毛蓬乱无光泽，生长速度缓慢；母鸡产蛋量和种蛋受精率下降，胚胎死亡率高，孵化率降低等	存在于青绿多汁饲料、黄玉米、鱼肝油、蛋黄、鱼粉含量丰富；维生素 A 和胡萝卜素均是不稳定饲料的加工、调制和贮存过程中易被破坏，而且环境温度愈高，破坏程度愈大
维生素 D ［IU（国际单位）、mg/kg 表示］	参与钙、磷的代谢，促进肠道钙、磷的吸收，调整钙、磷的吸收比例，促进骨的钙化是形成正常骨骼、喙、爪和蛋壳所必需的。1IU 维生素 D=0.025 微克结晶维生素 D_3 的活性	雏鸡生长速度缓慢，羽毛松散，趾爪变软、弯曲，胸骨弯曲，胸部内陷，腿骨变形；成年鸡缺乏时，蛋壳变薄，产蛋率、孵化率下降，甚至发生产蛋疲劳症	包括维生素 D_2（麦角钙化醇）和维生素 D_3（胆钙化醇），由植物内麦角固醇和动物皮肤内 7-脱氢胆固醇经紫外线照射转变而来，维生素 D_3 活性要比维生素 D_2 高约 30 倍。鱼肝油含有丰富的维生素 D_3，日晒的干草维生素 D_2 含量较多，市场有维生素 D_3 制剂出售
维生素 E ［IU（国际单位）、mg/kg 表示］	抗氧化剂和代谢调节剂，与硒和脱氨酸有协同作用，对消化道和体组织中的维生素 A 有保护作用，能促进鸡的生长发育和繁殖率的提高	雏鸡发生渗出性素质病，形成皮下水肿与血肿、腹水，引起小脑出血、水肿和脑软化；成鸡繁殖机能紊乱，产蛋率和受精率降低，胚胎死亡率高	在麦芽、麦胚油、棉籽油、花生油、大豆油中含量丰富，在青饲料、青干草中含量也较多；市场有维生素 E 制剂。鸡处于逆境时需要量增加
维生素 K	催化合成凝血酶原（具有活性的是维生素 K_1、维生素 K_2 和维生素 K_3）	皮下出血形成紫斑，而且受伤后血液不易凝固，流血不止以致死亡。雏鸡断喙时常在饲料中补充人工合成的维生素 K	维生素 K 在青饲料和鱼粉中含有，一般不易缺乏。市场有维生素 K 制剂出售

名称	主要功能	缺乏症状	备注
维生素 B_1（硫胺素）	参与碳水化合物的代谢，维持神经组织和心肌正常，有助于胃肠的消化机能	易发生多发性神经炎，表现头向后仰、羽毛蓬乱、运动器官和肌胃肌肉衰弱或变性、两腿无力等，呈"观星"状；食欲减退，消化不良，生长缓慢。雏鸡对维生素 B_1 缺乏敏感	维生素 B_1 在糠麸、青饲料、胚芽、草粉、豆类、发酵饲料和酵母粉中含量丰富，在酸性饲料中相当稳定，但遇热、遇碱易被破坏。市场有硫胺素制剂出售
维生素 B_2（核黄素）	它构成细胞黄酶辅基，参与碳水化合物和蛋白质的代谢，是鸡体较易缺乏的一种维生素	雏鹅生长慢、下痢，足趾弯曲，用趾关节行走；种鸡产蛋率和种蛋孵化率降低；胚胎发育畸形、萎缩、绒毛短，死胚多	维生素 B_2 在青饲料、干草粉、酵母、鱼粉、糠麸和小麦中含量丰富。市场有核黄素制剂出售
维生素 B_3（泛酸）	是辅酶 A 的组成成分，与碳水化合物、脂肪和蛋白质的代谢有关	生长受阻，羽毛粗糙，食欲下降，骨粗短，眼睑黏着，喙和肛门周围有坚硬痂皮。脚爪有炎症，育雏率低；蛋鸡产蛋量减少，孵化率下降	维生素 B_3 在酵母、糠麸、小麦中含量丰富。泛酸不稳定，易吸湿，易被酸、碱和热破坏
维生素 B_5（烟酸或尼克酸）	某些酶类的重要成分，与碳水化合物、脂肪和蛋白质的代谢有关	雏鸡缺乏时食欲减退，生长慢，羽毛发育不良，膝关节肿大，腿骨弯曲；蛋鸡缺乏时，羽毛脱落，口腔黏膜、舌、食道上皮发生炎症。产蛋减少，种蛋孵化率低	维生素 B_5 在酵母、豆类、糠麸、青饲料、鱼粉中含量丰富。烟酸制剂。雏鸡需要量高
维生素 B_6（吡哆醇）	是蛋白质代谢的一种辅酶，参与碳水化合物和脂肪代谢，在色氨酸转变为烟酸和脂肪酸过程中起重要作用	鸡缺乏时发生神经障碍，从兴奋至痉挛，雏鸡生长发育缓慢，食欲减退	维生素 B_6 在一般饲料中含量丰富，又可在体内合成，很少有缺乏现象

名称	主要功能	缺乏症状	备注
维生素H（生物素）	以辅酶形式广泛参与各种有机物的代谢	鸡缺乏时的典型症状是股骨粗短。鸡喙、趾发生皮炎，生长速度降低，种蛋孵化率低，胚胎畸形	维生素H在鱼肝油、酵母、青饲料、鱼粉及糠麸中含量较多
胆碱	胆碱是构成卵磷脂的成分，参与脂肪和蛋白质代谢；蛋氨酸等合成时所需的甲基来源	鸡易患脂肪肝，发生骨短粗症，共济运动失调，产蛋率下降；鸡日粮中添加适量胆碱，可提高蛋白质利用率	胆碱在小麦胚芽、鱼粉、豆饼、甘蓝等饲料中含量丰富。市场有氯化胆碱出售
维生素B_{11}（叶酸）	以辅酶形式参与嘌呤、嘧啶、胆碱的合成和某些氨基酸的代谢	生长发育不良，羽毛不正常，贫血，种鸡的产蛋率和孵化率降低，胚胎在最后几天死亡	维生素B_{11}在青饲料、酵母、大豆饼、麸皮和小麦胚芽中含量较多
维生素B_{12}（钴胺素）	以钴酰胺辅酶形式参与各种代谢活动，如嘌呤、嘧啶、合成，甲基的转移及蛋白质、碳水化合物和脂肪的代谢；有助于提高造血机能和日粮蛋白质利用率	缺乏时，雏鸡生长停滞，羽毛蓬乱，种鸡产蛋率、孵化率降低	维生素B_{12}在动物肝脏、鱼粉、肉粉中含量丰富，鸡舍内的垫草中也含有维生素B_{12}
维生素C（抗坏血酸）	具有可逆的氧化和还原性，广泛参与机体的多种生化反应；能刺激肾上腺皮质合成；促进肠道内铁的吸收，使叶酸还原成四氢叶酸	易患坏血病，生长停滞，体重减轻，关节变软，身体各部出血、贫血，适应性和抗病力降低	维生素C在青饲料中含量丰富，生产中多使用维生素C添加剂；提高抗热应激和逆境能力的用量为50～300毫克/千克饲料

五、水

水是鸡体的主要组成部分，它是各种营养物质的溶剂，鸡体内各种营养物质的消化、吸收、代谢废物排出、血液循环、体温调节等都

山林果园散养土鸡新技术（彩色图解＋视频升级版）

离不开水。如果饮水不足，饲料消化率和鸡的生产力就会下降，严重时会影响鸡体健康，甚至引起死亡。高温环境下缺水，后果更为严重。因此，必须供给充足、清洁的饮水。

六、土鸡的营养需要量（饲养标准）

为了合理地饲养土鸡，使其正常地生长发育，充分发挥其生产潜力，又不至于浪费饲料，以最少、最经济的饲料消耗，获得较好的产品，人们根据鸡的品种、性别、日龄、生理阶段和生产力水平，经过长期的科学试验和生产实践，制定出了不同的土鸡对日粮中能量、蛋白质、矿物质和维生素等的标准，以便以此标准配合鸡的日粮，这一标准称为鸡的饲养标准。

我国土鸡的品种繁多，各有特点，各种土种鸡对营养的需求也不完全一样，所以，目前尚无土鸡的国家饲养标准，但可以根据我国土种鸡的营养特点，结合生产实际，参考我国鸡的营养标准得出一个比较合理的参考标准，见表 3-3 ～表 3-9。

表 3-3　土鸡的饲养标准

营养成分	后备鸡 / 周龄			产蛋鸡及种鸡产蛋率 /%			商品肉鸡 / 周龄	
	0 ～ 6	7 ～ 14	15 ～ 20	>80	65 ～ 80	<65	0 ～ 4	≥ 5
代谢能 /(兆焦 / 千克)	11.92	11.72	11.30	11.50	11.50	11.50	12.13	12.55
粗蛋白质 /%	18.00	16.00	12.00	16.50	15.00	15.00	21.00	19.00
钙 /%	0.80	0.70	0.60	3.50	3.40	3.40	1.00	0.90
总磷 /%	0.70	0.60	0.50	0.60	0.60	0.60	0.65	0.65
有效磷 /%	0.40	0.35	0.30	0.33	0.32	0.30	0.45	0.40
赖氨酸 /%	0.85	0.64	0.45	0.73	0.66	0.62	1.09	0.94
蛋氨酸 /%	0.30	0.27	0.20	0.36	0.33	0.31	0.46	0.36
色氨酸 /%	0.17	0.15	0.11	0.16	0.14	0.14	0.21	0.17
精氨酸 /%	1.00	0.89	0.67	0.77	0.70	0.66	1.31	1.13
维生素 A/ 国际单位	1500.00	1500.00		4000.00		4000.00	2700.00	2700.00
维生素 D/ 国际单位	200.00	200.00		500.00		500.00	400.00	400.00
维生素 E/ 国际单位	10.00	5.00		5.00		10.00	10.00	10.00
维生素 K/ 国际单位	0.50	0.50		0.50		0.50	0.50	0.50

续表

<table>
<tr><th rowspan="2">营养成分</th><th colspan="3">后备鸡 / 周龄</th><th colspan="3">产蛋鸡及种鸡产蛋率 /%</th><th colspan="2">商品肉鸡 / 周龄</th></tr>
<tr><th>0 ~ 6</th><th>7 ~ 14</th><th>15 ~ 20</th><th>>80</th><th>65 ~ 80</th><th><65</th><th>0 ~ 4</th><th>≥ 5</th></tr>
<tr><td>硫胺素 / 毫克</td><td>1.80</td><td colspan="2">1.30</td><td colspan="2">0.80</td><td>0.80</td><td>1.80</td><td>1.80</td></tr>
<tr><td>核黄素 / 毫克</td><td>3.60</td><td colspan="2">1.80</td><td colspan="2">2.20</td><td>3.80</td><td>7.20</td><td>3.60</td></tr>
<tr><td>泛酸 / 毫克</td><td>10.00</td><td colspan="2">10.00</td><td colspan="2">2.20</td><td>10.00</td><td>10.00</td><td>10.00</td></tr>
<tr><td>烟酸 / 毫克</td><td>27.00</td><td colspan="2">11.00</td><td colspan="2">10.00</td><td>10.00</td><td>27. 00</td><td>27.00</td></tr>
<tr><td>吡哆醇 / 毫克</td><td>3.00</td><td colspan="2">3.00</td><td colspan="2">3.00</td><td>4.50</td><td>3.00</td><td>3.00</td></tr>
<tr><td>生物素 / 毫克</td><td>0.15</td><td colspan="2">0.10</td><td colspan="2">0.10</td><td>0.15</td><td>0.15</td><td>0.15</td></tr>
<tr><td>胆碱 / 毫克</td><td>1300.00</td><td colspan="2">900.00</td><td colspan="2">500.00</td><td>500.00</td><td>1300.00</td><td>850.00</td></tr>
<tr><td>叶酸 / 毫克</td><td>0.55</td><td colspan="2">0.25</td><td colspan="2">0.25</td><td>0.35</td><td>0.55</td><td>0.55</td></tr>
<tr><td>维生素 B_{12}/ 微克</td><td>9.00</td><td colspan="2">3.00</td><td colspan="2">4.00</td><td>4.00</td><td>9.00</td><td>9.00</td></tr>
<tr><td>铜 / 毫克</td><td>8.00</td><td colspan="2">6.00</td><td colspan="2">6.00</td><td>8.00</td><td>8.00</td><td>8.00</td></tr>
<tr><td>铁 / 毫克</td><td>80.00</td><td colspan="2">60.00</td><td colspan="2">50.00</td><td>30.00</td><td>80.00</td><td>80.00</td></tr>
<tr><td>锰 / 毫克</td><td>60.00</td><td colspan="2">30.00</td><td colspan="2">30.00</td><td>60.00</td><td>60.00</td><td>60.00</td></tr>
<tr><td>锌 / 毫克</td><td>40.00</td><td colspan="2">35.00</td><td colspan="2">50.00</td><td>65.00</td><td>40.00</td><td>40.00</td></tr>
<tr><td>碘 / 毫克</td><td>0.35</td><td colspan="2">0.35</td><td colspan="2">0.30</td><td>0.30</td><td>0.35</td><td>0.35</td></tr>
<tr><td>硒 / 毫克</td><td>0.15</td><td colspan="2">0.10</td><td colspan="2">0.10</td><td>0.10</td><td>0.15</td><td>0.15</td></tr>
</table>

表 3-4　土鸡父母代公鸡饲养标准

营养成分	0 ~ 4 周龄	5 ~ 8 周龄	9 ~ 19 周龄	20 ~ 68 周龄
粗蛋白 /%	20	18	16	14
代谢能 /（兆焦 / 千克）	12.122	12.122	11.495	11.286
粗纤维 /%	3.5	3.5	5 ～ 6	6
钙 /%	1.0	1.0	1.0	1.0
有效磷 /%	0.46	0.46	0.46	0.45
盐 /%	0.36	0.36	0.37	0.37
赖氨酸 /%	0.9	0.9	0.7	0.7
蛋氨酸 /%	0.4	0.4	0.3	0.3

注：1. 微量元素和维生素可参照种母鸡的用量使用。

2. 由于缺乏种公鸡的饲养标准，许多鸡场只好以产蛋母鸡日粮饲喂种公鸡，带来较大危害，表现：一是高钙、高蛋白质日粮必然给消化系统和泌尿系统，尤其是肝、肾等实质器官带来沉重的代谢负担，造成肝、肾损伤，使种公鸡体况下降，精液品质变差；二是高钙、高蛋白质日粮，大大超过了种公鸡对钙和蛋白质的需要，多余的蛋白质在体内经脱氨基作用转变为脂肪贮存于体内，使种公鸡日益变肥，体重迅速增加，性机能减退，精液品质下降；另外多余的蛋白质在体内降解，尿酸生成增多及与钙等形成尿酸盐，极易造成痛风症引起死亡，而且也增加生产成本。笔者运用动物营养学的基础理论，通过大量实践设计出了土著种公鸡的饲养标准，经过多个土种鸡场使用，均反映种公鸡性欲旺盛、射精量和精子密度都很好、种蛋受精率一般都稳定在 91%～ 95%。

表 3-5　中华人民共和国地方品种黄鸡的饲养标准

营养成分	0 ~ 5 周龄	6 ~ 11 周龄	12 周龄以上
代谢能 /（兆焦 / 千克）	11.72	12.13	12.55
粗蛋白质 /%	20.0	18.0	16.0
蛋白能量比 /（克 / 兆焦）	17.06	14.84	12.75

注：1. 其它营养指标参照生长期蛋用鸡和肉用仔鸡饲养标准折算。

2. 适用于广东三黄胡须鸡、清远鸡、杏花鸡等，不适用于石岐杂鸡以及各种肉用黄鸡型杂交种。

表 3-6　黄羽肉种鸡营养标准（优质地方品种）

营养成分	后备鸡阶段 / 周龄			产蛋期 / 周龄
	0 ~ 5	6 ~ 14	15 ~ 19	20 周以上
代谢能 /（兆焦 / 千克）	11.72	11.3	10.88	11.30
粗蛋白质 /%	20.00	15.00	14.00	15.50
蛋白能量比 /（克 / 兆焦）	17.00	13.00	13.00	14.00
钙 /%	0.90	0.60	0.60	3.25
总磷 /%	0.65	0.50	0.50	0.60
有效磷 /%	0.50	0.40	0.40	0.40
食盐 /%	0.35	0.35	0.35	0.35

表 3-7　黄羽肉仔鸡饲养标准（优质地方品种）

营养成分	0 ~ 5 周龄	6 ~ 10 周龄	11 周龄	11 周龄以上
代谢能 /（兆焦 / 千克）	11.72	11.72	12.55	13.39 ~ 13.81
粗蛋白质 /%	20.00	18.00 ~ 17.00	16.00	16.00
蛋白能量比 /（克 / 兆焦）	17.00	16.00	13.00	13.00
钙 /%	0.90	0.80	0.80	0.70
总磷 /%	0.65	0.60	0.60	0.55
有效磷 /%	0.50	0.40	0.40	0.40
食盐 /%	0.35	0.35	0.35	0.35

注：1. 我国还没有统一的土仔鸡饲养标准，本表标准适用于（广东三黄胡须鸡、清远鸡、杏花鸡）等少数地方黄羽鸡品种。我国的土鸡品种繁多，它们分布于不同的特定区域，其生长速度、上市体重各异，也不可能制定出一个适用于所有土鸡的饲养标准。土鸡养殖场（户）引进雏鸡时，可向供苗场或公司索取引进鸡的饲养标准，供设计饲料配方参考。

2. 由于公母鸡生长速度差异，对各种营养成分要求也不同，公母鸡分群饲养时应设计和使用不同的饲料配方。

表 3-8　乌骨鸡种鸡的营养标准

营养成分	雏鸡（0 ~ 60 日龄）	育成鸡（61 ~ 150 日龄）	产蛋率 >30%	产蛋率 <30%
代谢能 /（兆焦 / 千克）	11.91	10.66 ~ 10.87	12.28	10.87
粗蛋白 /%	19.00	14 ~ 15.00	16.00	15.00
钙 /%	0.80	0.60	3.20	3.00
有效磷 /%	0.50	0.40	0.50	0.50
盐 /%	0.35	0.35	0.35	0.35
赖氨酸 /%	0.32	0.25	0.30	0.25
蛋氨酸 /%	0.80	0.50	0.60	0.50

表 3-9　新浦东鸡饲养标准

营养成分	育雏期（0 ~ 10 周龄）	育成期（11 ~ 24 周龄）	成年期（25 ~ 72 周龄）
代谢能 /（兆焦 / 千克）	11.72 ~ 12.13	12.13 ~ 12.55	12.13 ~ 12.55
粗蛋白质 /%	19 ~ 21	16 ~ 17	17 ~ 18
钙 /%	0.8 ~ 1.0	0.8 ~ 1.0	3.0
有效磷 /%	0.4 ~ 0.5	0.4 ~ 0.5	0.4 ~ 0.5

第三节　土鸡的常用饲料

　　凡是含有畜禽所需要的营养成分而不含有害成分的物质都称为饲料。土鸡的常用饲料有几十种，各有其特性，营养含量差异也较大。

一、能量饲料

　　凡干物质中粗纤维含量不足 18%、粗蛋白质含量低于 20% 的饲料均属能量饲料，能量饲料为富含碳水化合物和脂肪的饲料。这类饲料主要包括禾本科的谷实饲料以及它们加工后的副产品，块根块茎类、动植物油脂和糖蜜等，是鸡用量最多的一种饲料，占日粮的 50% ~ 80%，其功能主要是供给鸡所需要的能量。

　　（1）玉米　玉米能量高达 13.59 ~ 14.21 兆焦 / 千克，蛋白质只有 8% ~ 9%，矿物质和维生素不足。适口性好，消化率高达 90%，价格适中，是主要的能量饲料。玉米中含有较多的胡萝卜素，有益于蛋黄和鸡的皮肤着色。不饱和脂肪酸含量高，粉碎后易酸败变质。玉米含水量较高时，易感染黄曲霉菌。霉变玉米、螟侵害和真菌感染的玉米禁用（图3-1）。

【注意】在饲料中占50%～70%。使用中注意补充赖氨酸、色氨酸等必需氨基酸；培育的高蛋白质、高赖氨酸等饲用玉米，营养价值更高，饲喂效果更好。饲料要现配现用，可使用防霉剂。

玉米籽粒

霉变玉米

螟侵害和真菌感染的玉米

 禁用的玉米

（2）小麦 小麦代谢能约为12.5兆焦/千克，粗蛋白质含量在禾谷类最高（12%～15%），且氨基酸种类比其他谷实类完全，缺乏赖氨酸和苏氨酸；B族维生素丰富；钙、磷比例不当。因小麦内含有较多的非淀粉多糖，用量过大，会引起消化障碍，影响鸡的生产性能。

【注意】在配合饲料中用量可占10%～20%。在添加β-葡聚糖酶和木聚糖酶的情况下，可占30～40%。

（3）高粱 高粱代谢能为12～13.7兆焦/千克，其余营养成分与玉米相近。高粱中钙多磷多。含有单宁（鞣酸），味道发涩，适口性差。含有较多鞣酸，可使含铁制剂变性，注意增加铁的用量。

【注意】日粮中使用高粱过多时易引起便秘，雏鸡料中不使用，育成鸡和成鸡日粮控制在20%以下。

（4）大麦 大麦的能值低，约为玉米的75%，但B族维生素含量丰富。抗营养因子方面主要是单宁和β-葡聚糖，单宁可影响大麦的适口性和蛋白质的消化利用率。大麦的能值低，约为玉米的75%，但B族维生素含量丰富。抗营养因子主要是单宁和β-葡聚糖，单宁可影响大麦的适口性和蛋白质的消化利用率。

【注意】配合饲料中用量为20%～30%。因其皮壳粗硬，需破碎或发芽后少量搭配饲喂。

（5）麦麸　代谢能一般为7.11～7.94兆焦/千克，粗蛋白含量13.5%～15.5%，各种成分比较均匀，且适口性好，是鸡的常用饲料；麦麸的粗纤维含量高，容积大，具有轻泻作用

【注意】配合饲料中，育雏期占5%～15%，育成和产蛋期占10%～30%。

（6）米糠　米糠含量随加工大米精白的程度而有显著差异。含能量低，粗蛋白质含量高，富含B族维生素，含磷、镁和锰多，含钙少，粗纤维含量高。

【注意】一般在配合饲料中用量可占8%～12%。由于米糠含油脂较多，故久贮易变质。

（7）油脂饲料　能量是玉米的2.25倍。包括各种油脂（如豆油、玉米油、菜籽油、棕榈油等）和脂肪含量高的原料，如膨化大豆、大豆磷脂等。油脂饲料可作为脂溶性维生素的载体，还能提高日粮能量浓度，减少料末飞扬和饲料浪费。添加大豆磷脂能保护肝脏，提高肝脏解毒功能，保护黏膜的完整性，提高鸡体免疫系统活力和抵抗力。

【注意】日粮中添加3%～5%的脂肪，可以提高雏鸡的日增重，保证土鸡夏季能量的摄入量和减少体增热，降低饲料消耗。但添加脂肪的同时要相应提高其它营养素的水平。脂肪易氧化，酸败和变质。

二、蛋白质饲料

凡饲料干物质中粗蛋白含量在20%以上、粗纤维含量低于18%的饲料均属蛋白质饲料。根据其来源可分为植物性蛋白质饲料、动物性蛋白质饲料和微生物蛋白质饲料。

（1）豆粕　含粗蛋白质40%～45%，赖氨酸含量高，适口性好。

经加热处理的豆粕（饼）是鸡最好的植物性蛋白质饲料。

【注意】一般在配合饲料中用量可占 15% ～ 25%。由于豆粕（饼）的蛋氨酸含量低，故与其他饼粕类或鱼粉等配合使用的效果更好。

（2）花生粕（饼）粗蛋白质含量略高于豆饼，为 42% ～ 48%，精氨酸和组氨酸含量高，赖氨酸含量低，适口性好于豆饼。花生饼脂肪含量高，不耐贮藏，易染上黄曲霉而产生黄曲霉毒素。

【注意】一般在配合饲料中用量可占 15% ～ 20%。与豆饼配合使用效果较好。生长黄曲霉的花生饼不能使用。

（3）棉籽粕 带壳榨油的称棉籽饼或棉籽粕，脱壳榨油的称棉仁粕，前者含粗蛋白质 17% ～ 28%，后者含粗蛋白质 39% ～ 40%。在棉籽内，含有棉酚和环丙烯脂肪酸，对家禽有害。

【注意】喂前应采用脱毒措施，未经脱毒的棉籽饼喂量不能超过配合饲料的 3% ～ 5%。

（4）菜籽粕（饼）菜籽粕含粗蛋白质 35% ～ 40%，赖氨酸比豆粕低 50%，含硫氨基酸高于豆粕 14%，粗纤维含量为 12%，有机质消化率为 70%。可代替部分豆饼喂鸡。但菜籽饼中含有毒物质（芥子酶）。

【注意】未经脱毒处理的菜籽饼土鸡用量不超过 5%，用到 10% 时，土鸡的死亡率增加，产蛋率、蛋重及哈氏单位下降，甲状腺肿大。

（5）芝麻饼 含粗蛋白质 40% 左右，蛋氨酸含量高，适当与豆饼搭配喂鸡，能提高蛋白质的利用率（图 3-2）。配合饲料中用量为 5% ～ 10%。芝麻饼含脂肪多而不宜久贮，最好现粉碎现喂。

（6）葵花饼 优质脱壳葵花饼含粗蛋白质 40% 以上、粗脂肪 5% 以下、粗纤维 10% 以下，B 族维生素含量比豆饼高（图 3-3）。一般在配合饲料中用量可占 10% ～ 20%。带壳的葵花饼用量降低。

（7）鱼粉 蛋白质含量高达 45% ～ 60%，氨基酸齐全平衡，富含赖氨酸、蛋氨酸、胱氨酸和色氨酸（图 3-4）。鱼粉中含丰富的维生素 A 和 B 族维生素，特别是维生素 B_{12}，以及钙、磷、铁、未知生长因子和脂肪。一般在配合饲料中用量可占 5% ～ 15%。用它来补充植物性饲料中限制性氨基酸的不足，效果很好。鱼粉的真假鉴别见图 3-5。

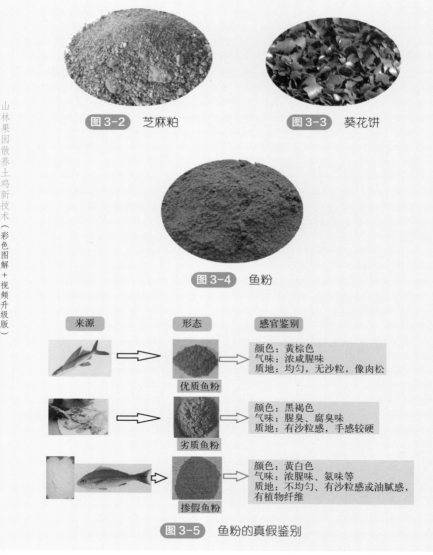

图 3-2　芝麻粕

图 3-3　葵花饼

图 3-4　鱼粉

来源　　　　形态　　　　感官鉴别

优质鱼粉

颜色：黄棕色
气味：浓咸腥味
质地：均匀，无沙粒，像肉松

劣质鱼粉

颜色：黑褐色
气味：腥臭、腐臭味
质地：有沙粒感，手感较硬

掺假鱼粉

颜色：黄白色
气味：浓腥味、氨味等
质地：不均匀、有沙粒感或油腻感，
有植物纤维

图 3-5　鱼粉的真假鉴别

（8）血粉　含粗蛋白 80% 以上，赖氨酸含量为 6% ～ 7%，但蛋氨酸和异亮氨酸含量较少。

【注意】血粉的适口性差，日粮用量过多，易引起腹泻，一般占日粮 1% ～ 3%。

（9）肉骨粉　粗蛋白质含量达 40% 以上，蛋白质消化率高达 80%，赖氨酸含量丰富，蛋氨酸和色氨酸较少，钙、磷含量高，比例适宜。

【注意】肉骨粉易变质，不易保存，一般在配合饲料中用量为 5% 左右。

（10）蚕蛹粉　含粗蛋白质约 68%，蛋白质品质好，限制性氨基酸含量高，是鸡的良好蛋白质饲料。

【注意】脂肪含量高，不耐贮藏，配合饲料中用量可占 5% ～ 10%。

（11）羽毛粉　水解羽毛粉含粗蛋白质近 80%，但蛋氨酸、赖氨酸、色氨酸和组氨酸含量低，使用时要注意氨基酸平衡问题，应该与其他动物性饲料配合使用。

【注意】一般在配合饲料中用量为 2% ～ 3%，过多会影响鸡的生长和生产。在土鸡饲料中添加羽毛粉可以预防和减少啄癖。

（12）微生物蛋白质饲料　利用各种微生物制成的蛋白质饲料。在饲料中使用较多的是酵母饲料。

三、矿物质饲料

矿物质饲料是为补充植物性和动物性饲料中某种矿物质元素不足而利用的一类饲料。骨粉和磷酸氢钙含有大量的钙和磷，而且比例合适，主要用于磷不足的饲料。在配合饲料中用量可占 1.5% ～ 2.5%。贝壳粉是最好的钙质矿物质饲料，含钙量高，又容易吸收；石粉和石粒价格便宜，含钙量高，但鸡吸收能力差；蛋壳粉可以自制，将各种蛋壳经水洗、煮沸和晒干后粉碎即成，吸收率也较好。

【注意】贝壳粉、石粉和蛋壳粉在土鸡配合饲料中的用量：育雏及育成阶段 1% ～ 2%，产蛋阶段 6% ～ 7%。使用蛋壳粉时严防传播疾病。

食盐主要用于补充鸡体内的钠和氯，保证鸡体正常新陈代谢，还可以增进鸡的食欲，用量可占日粮的 3% ～ 3.5%。沸石是一种含水的硅酸盐矿物，在自然界中多达 40 多种。沸石中含有磷、铁、铜、钠、钾、镁、钙、银、钡等 20 多种矿物质元素，是一种质优价廉的矿物质饲料，在配合饲料中用量可占 1%～3%。可以降低鸡舍内有害气体含量，保持舍内干燥。

四、维生素饲料

土鸡日粮中主要提供各种维生素的饲料叫维生素饲料，包括青菜类、块茎类、青绿多汁饲料和草粉等。常用的有白菜、胡萝卜、野菜类和干草粉（苜蓿草粉、槐叶粉和松针粉）等。青绿饲料中胡萝卜素较多，某些 B 族维生素丰富，并含有一些微量元素，对于土鸡的生长、产蛋、繁殖以及维持鸡体健康均有良好作用，见表 3-10。

表 3-10　维生素饲料的种类和特点

种类	特点
青菜类	白菜、通心菜、牛皮菜、甘蓝、菠菜及其他各种青菜、无毒的野菜等均为良好的维生素饲料。芹菜是一种良好的喂鸡饲料，每周喂芹菜 3 次，每次 50g 左右。用南瓜作辅料喂母鸡，产蛋量可显著增加，且蛋大、孵化率高
胡萝卜	胡萝卜素含量高，容易贮藏，适于秋冬季节饲喂的维生素饲料。胡萝卜应洗净后，切碎，用量占精料的 20%～30%
水草类	生长在池沼和浅水中的藻类等也是较好的青饲料，水草中含有丰富的胡萝卜素，有时还带有螺蛳、小鱼等动物
草粉、叶粉	含有大量的维生素和矿物质，对土鸡的产蛋、蛋的孵化品质均有良好的作用。苜蓿干草含有大量的维生素 A、维生素 B 族、维生素 E 等，并含蛋白质 14% 左右。树叶粉（青绿的嫩叶）也是良好的维生素饲料，如槐叶粉，来源广阔，我国大面积种植有刺槐，是丰富的资源，利用时应与林业生产相辅，选择适合的季节采集，合理利用。饲料中添加 2%～5% 的槐叶粉可明显地提高种蛋和商品蛋的蛋黄品质。其他豆料干草粉（如红豆草、三叶草等）与苜蓿干草的营养价值大致相同，干粉用量可占日粮的 2%～7%
青绿饲料	常用的青绿饲料有豆科牧草（苜蓿、三叶草、沙打旺、红豆草等）、鲜嫩的禾本科牧草和饲料作物鲁梅克斯、聚合草等。青绿饲料在土鸡的饲养中占有很重要的地位，鸡饲喂一定量的青绿饲料会使抗病力增强、肉味鲜美、鸡蛋风味独特。因此，利用青绿饲料饲喂土鸡，或在牧草地上放牧土鸡均可收到良好的效果。

【注意】喂青绿饲料应注意它的质量，以幼嫩时期或绿叶部分含维

生素较多。饲用时应防止腐烂、变质、发霉等，并应在鸡群中定时驱虫。一般用量占精料的20%～30%（舍饲使用这些维生素饲料不方便，可利用人工合成的维生素添加剂来代替）。

五、饲料添加剂

各种饲料添加剂见表3-11。

表3-11　各种饲料添加剂

饲料添加剂	微量元素添加剂	补充微量元素不足。有无机盐微量元素添加剂（如硫酸盐类、碳酸盐类、氧化物、氯化物等）和有机微量元素（指微量元素与有机物以化学键或物理键结合而成的盐类，如有机酸微量元素等）
	维生素添加剂	补充饲料中维生素不足。有单一制剂（如维生素A、维生素D、维生素K等）和复合制剂（包含有氯化胆碱、维生素A、烟酸、维生素E、维生素D、维生素K、维生素B_1、维生素B_2、泛酸、维生素B_{12}等）。由于大多数维生素都不稳定、易氧化或被破坏失效，所以要进行特殊加工处理和包装
	氨基酸添加剂	补充氨基酸的不足或提高饲料营养价值。添加人工合成的赖氨酸、蛋氨酸及色氨酸、苏氨酸。如以大豆饼为主要蛋白质来源的日粮，添加蛋氨酸可以节省动物性饲料用量，豆饼不足的日粮添加蛋氨酸和赖氨酸，可以大大强化饲料的蛋白质营养价值，在杂粮含量较高的日粮中添加氨基酸可以提高日粮消化利用率
	中草药添加剂	中草药作为饲料添加剂，毒副作用小，不易在产品中残留，且具有多种营养成分和生物活性物质，兼具有营养和防病的双重作用。其天然、多能、营养的特点，可起到增强免疫作用、激素样作用、维生素样作用、抗应激作用、抗微生物作用等
	酶制剂	酶是促进蛋白质、脂肪、碳水化合物消化的催化剂，并参与体内各种代谢过程的生化反应。在鸡饲料中添加酶制剂，可以提高营养物质的消化率。目前，在生产中应用的有单一酶和复合酶。单一酶制剂有淀粉酶、脂肪酶、蛋白酶、纤维素酶和植酸酶等。复合酶制剂是由一种或几种单一酶制剂为主体，加上其他单一酶制剂混合而成，或者由一种或几种微生物发酵获得，复合酶制剂可以同时降解饲料中多种需要降解的抗营养因子，可最大限度地提高饲料的营养价值
	酸制剂	用以增加胃酸，激活消化酶，促进营养物质吸收，降低肠道 pH，抑制有害菌感染。目前，国内外应用的酸化剂包括无机酸化剂（有硫酸、盐酸和磷酸，磷酸是弱酸，既可做为酸化剂，又可以提供磷，生产中常用）、有机酸化剂（有柠檬酸、延胡索酸、甲酸、乙酸、乳酸、苹果酸等）和复合酸化剂（是将无机酸和有机酸、酸和盐类配合使用的酸化剂，各种成分协同作用，效果良好）

饲料添加剂	微生态制剂	是将动物体内的有益微生物经过人工筛选培育，再经过现代生物工程技术工厂化生产，专门用于动物营养保健的活菌制剂，其内含有十几种甚至几十种畜禽胃肠道有益菌，如加藤菌、EM、益生素等。也有单一菌制剂，如乳酸菌制剂
	植物提取物	是指从植物中提取的活性成分明确、可测定、含量稳定，对动物和人类没有任何毒副作用，可改善动物生产性能和产品品质的一类物质通称。植物提取物富含生物碱、多酚、黄酮、多糖、皂苷和挥发油等成分，具有抗菌、抑菌、抗氧化和调节机体免疫功能，维持动物肠道健康，刺激食欲、改善产品品质和风味等作用
	其他添加剂	防霉剂（如丙酸、山梨酸、苯甲酸、脱氢乙酸及其盐类，富马酸二甲酯、富马酸二乙酯、富马酸二丁酯等有机酸酯类以及乙酯、丙酯、丁酯等对羟基苯甲酸酯类）、抗氧化剂（L-抗坏血酸、丁羟甲苯、丁羟甲氧苯、生育酚、乙氧基喹啉等）、增色剂（对土鸡来说较重要。金黄色的肉鸡屠体，橘黄色的蛋黄深受消费者欢迎。增色剂有天然和人工合成两种，土鸡应选用天然色素，保证肉、蛋品质。玉米蛋白粉、苜蓿草粉、万寿菊花瓣粉、辣椒粉等含有大量叶黄素，使用效果较好）、驱虫保健剂（抗菌肽、大蒜素等）

第四节　土鸡的饲料开发

一、苜蓿草粉的开发利用

　　紫花盛花期前的苜蓿草刈割下来，经晒干或其他方法干燥、粉碎而制成草粉，见图3-6。苜蓿草粉含有丰富的B族维生素、维生素E、维生素C、维生素K等，每千克草粉还含有高达50～80毫克的胡萝卜素。用来饲喂鸡，可增加蛋黄的颜色，维持其皮肤、脚、趾的黄色。特别适宜饲喂散养鸡，添加比例为3%左右。

二、树叶的开发利用

　　我国有大量的树叶可以作为饲料。树叶营养丰富，经加工调制后，饲喂土鸡效果很好。树叶的营养成分因树种而异。豆科树叶榆树叶、松针中粗蛋白质含量高达 20% 以上，氨基酸种类多。槐树、柳树、梨树、桃树、枣树等树叶的有机物质含量、消化率、能值较高。树叶中维生素含量很高，柳、桦、榛、赤杨等青叶中，胡萝卜素含量为 110～132 毫克/千克，针叶中的胡萝卜素含量高达 197～344 毫克/千克，此外还含有大量的维生素 C、维生素 E、维生素 K、维生素 D 和维生素 B_1 等。鲜嫩叶营养价值高，青落叶次之，可饲喂土鸡。核桃、橡、李、柿、毛白杨等树叶中含单宁，有苦涩味，必须经加工调制后再饲喂。有的树叶有剧毒，如夹竹桃叶等，应禁喂。

图 3-6　苜蓿草及苜蓿粉

1. 树叶的采集方法

采集树叶应在不影响树木正常生长的前提下进行。对生长繁茂的树木，如洋槐、榆、柳、桑等树种，可分期采收下部的嫩枝、树叶；对分枝多、生长快、再生力强的灌木，如紫穗槐等，可采用青刈法；对需适时剪枝或耐剪枝的树种，如道路两旁的树木和各种果树，可采用剪枝法。树叶的采收时间依树种而异，松针在春秋季，紫穗槐、洋槐叶在 7 月底至 8 月初，杨树叶在秋末，橘树叶在秋末冬初时。

2. 针叶的处理加工

松针粉中含有多种氨基酸、微量元素，可提高产蛋率，蛋黄颜色较深；含有植物杀菌素和维生素，具有防病抗病功效。喂土鸡，可明显改善啄癖、皮肤、腿和爪的颜色，使之更加鲜黄美观。处理加工流程见图 3-7。

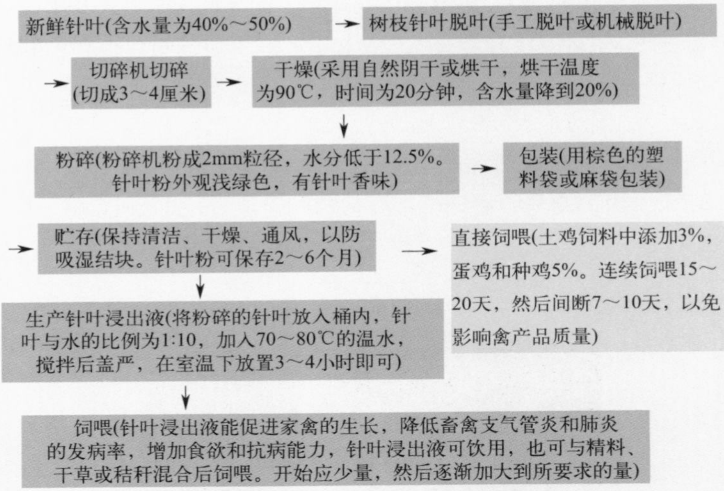

新鲜针叶(含水量为40%～50%) → 树枝针叶脱叶(手工脱叶或机械脱叶)

切碎机切碎
(切成3～4厘米) → 干燥(采用自然阴干或烘干，烘干温度
为90℃，时间为20分钟，含水量降到20%)

粉碎(粉碎机粉成2mm粒径，水分低于12.5%。
针叶粉外观浅绿色，有针叶香味) → 包装(用棕色的塑
料袋或麻袋包装)

贮存(保持清洁、干燥、通风，以防
吸湿结块。针叶粉可保存2～6个月) → 直接饲喂(土鸡饲料中添加3%，
蛋鸡和种鸡5%。连续饲喂15～
20天，然后间断7～10天，以免
影响禽产品质量)

生产针叶浸出液(将粉碎的针叶放入桶内，针
叶与水的比例为1:10，加入70～80℃的温水，
搅拌后盖严，在室温下放置3～4小时即可)

饲喂(针叶浸出液能促进家禽的生长，降低畜禽支气管炎和肺炎
的发病率，增加食欲和抗病能力，针叶浸出液可饮用，也可与精料、
干草或秸秆混合后饲喂。开始应少量，然后逐渐加大到所要求的量)

图3-7 针叶的处理加工利用流程

3. 阔叶的处理加工

阔叶的处理加工见图 3-8。

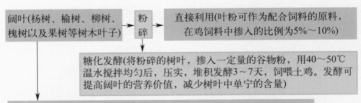

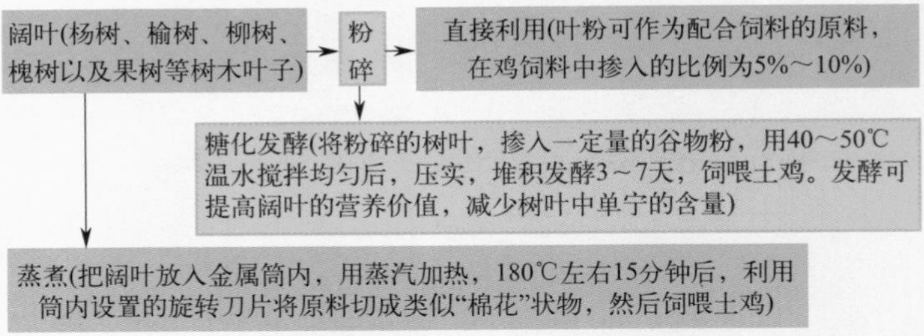

阔叶(杨树、榆树、柳树、槐树以及果树等树木叶子) 粉碎 → 直接利用(叶粉可作为配合饲料的原料，
在鸡饲料中掺入的比例为5%～10%)

糖化发酵(将粉碎的树叶，掺入一定量的谷物粉，用40～50℃
温水搅拌均匀后，压实，堆积发酵3～7天，饲喂土鸡。发酵可
提高阔叶的营养价值，减少树叶中单宁的含量)

蒸煮(把阔叶放入金属筒内，用蒸汽加热，180℃左右15分钟后，利用
筒内设置的旋转刀片将原料切成类似"棉花"状物，然后饲喂土鸡)

图3-8 阔叶的处理利用流程图

三、动物性蛋白质饲料的开发利用

1. 诱捕昆虫

在鸡棚附近安装几个诱捕昆虫灯或照明灯，昆虫就会从四面八方飞来，被等候在棚下的鸡群吃掉。鸡吃饱后关灯让鸡休息。见图3-9。

图 3-9　诱捕昆虫灯

2. 人工育虫

（1）养殖黄粉虫

① 黄粉虫的营养价值。黄粉虫（图3-10）俗称面包虫，是人工养殖最理想的饲料昆虫。黄粉虫生长速度快，对饲料要求不高，不能飞翔，便于人工养殖。黄粉虫营养丰富，幼虫含粗蛋白质51%～60%，各种氨基酸齐全（赖氨酸5.72%、蛋氨酸0.53%），含脂肪11.99%、钙1.02%、磷1.11%、碳水化合物7.4%。另外，还含有磷、铁、钾、钠等矿物质及糖类、维生素、激素、酶等。用3%～6%的鲜虫代替等量的国产鱼粉饲养肉鸡，增重率和饲料报酬均有较大提高。以5%的黄粉虫幼虫粉替代等量的进口鱼粉饲喂产蛋高峰期的蛋鸡，产蛋率和蛋重均有提高。

② 养殖技术

a. 种虫。养殖黄粉虫最重要的是种虫。成龄幼虫、蛹、成虫都可做种虫，其中以成龄幼虫最佳。饲养到不同虫期，按黄粉虫的养殖技术，认真挑选蛹、成虫，除去病虫，筛好卵，使各虫期的虫同步繁殖，达到提纯复壮。买到成龄幼虫后，将其放入盛有麦麸的木盘中喂养，添加新鲜菜，认真观察，待蛹羽化为成虫。每 0.5 千克蛹放在一个盛有麦麸的筛盘中，再放在盛有饲料的木盘中，编号上架，待其羽化，注意清除死蛹。每隔 7 天，将成虫筛出换盘。筛下的饲料中混有卵，放在木盘中，继续孵化。

图 3-10　黄粉虫

　　b. 设备。房舍。养殖黄粉虫必须有饲养房。饲养房要透光、通风，冬季要有取暖保温设备。饲养房的大小可视养殖黄粉虫的多少而定。一般情况下，每 20 平方米一间房能养 300 ～ 500 饲养盘。饲养盘一般为长方形，长 50 厘米、宽 40 厘米、高 8 厘米，板厚为 1.5 厘米，底部用纤维板钉好。筛盘也是长方形，要放在木盘中，规格 45 厘米 ×35 厘米 ×6 厘米，板厚为 1.5 厘米，底部为 12 目铁筛网并用三合板条钉好。制作饲养盘的木料最好是软杂木，而且没有异味。为了防止虫往外爬，要在饲养盘的 4 个框上边贴好塑料胶条。摆放饲养盘的木架根据饲养量和饲养盘数的多少制作，用方木将木架连接起来固定好，防止歪斜或倾倒，然后就可以按顺序把饲养盘排放上架。筛盘、筛子需用粗细几种铁筛网，12 目大孔筛网可以筛虫卵，30 目中孔筛网可以筛虫粪，60 目的小孔筛网可筛 1 ～ 2 龄幼虫。饲养房内部要求冬夏温度保持在 15 ～ 25℃。低于 10℃，虫不食也不生长。超过 30℃，虫体发热会烧死。湿度要保持在 60%～ 70%，地面不宜过湿。冬季要取暖。如冬季不养可自然越冬。夏季要通风。室内应备有温度计、湿度计。

　　c. 饲料。黄粉虫的主要饲料是麦麸，也可辅以糠麸等。玉米面过细，不透气，不宜做黄粉虫饲料。菜类主要是白菜、萝卜、甘蓝等青叶菜。这些饲料可以满足虫对蛋白质、维生素、微量元素及水分的需要。为了提纯复壮种群，加快繁殖生长，可在饲料中添加少量葡萄糖粉、鱼粉等。

③ 饲养管理要点

a. 成虫期。蛹羽化成虫的过程为3～7天，头、胸、足、翅先羽出，腹、尾后羽出。因为是同步挑蛹羽化，所以几天内可全部完成羽化。雄雌成虫群集交尾时一般都在暗处，交尾时间较长。产卵时雌虫尾部插在筛孔中产出，这个时期最好不要随意搅动。发现筛盘底部附着一层卵粒时，可以换盘。这时将成虫筛卵后放在盛有饲料的另一盘中，拨出死虫，5～7天换1次卵盘。成虫存活期在50天左右。产卵期的成虫需要大量营养和水分，所以必须及时添加麦麸和鲜菜，也可增加点鱼粉。若营养不足，成虫间会互相咬杀，造成损失。

b. 卵期。成虫产卵在盛有饲料的木盘中。将筛卵后盛卵的木盘上架，即可自然孵化出幼虫。要注意观察，不宜翻动，防止损伤卵粒或伤害正在孵化中的幼虫。当饲料表层出现幼虫皮时，1龄虫已经诞生了。

c. 幼虫期。幼虫从卵孵化出至化蛹前的这段时间称为幼虫期。成虫产卵的盘，孵化7～9天后，待虫体蜕皮体长达0.5厘米以上时，再添加麦麸和鲜菜。每个木盘中放幼虫1千克，密度不宜过大，防止因饲料不足，虫体挤压而相互咬杀。随着幼虫的逐渐长大，要及时分盘。麦麸是幼虫的主要饲料，同时也是栖身之地，因此饲料要保持自然温度。在正常情况下，当温度较高时，幼虫多在饲料表层活动，温度较低时，则钻进下层栖身。木盘中饲料的厚度在5厘米以内。当饲料逐渐减少时，再用筛子筛掉虫粪，添加新饲料。1～2龄幼虫筛粪，要选用60目筛网，防止幼虫从筛孔漏掉。要先准备好盛放新饲料的木盘，边筛边将筛好的幼虫放入木盘上架。

黄粉虫幼虫生长要突破外皮（蜕皮），经过一次次蜕皮才能长大。幼虫期要蜕7次皮。每蜕皮1次，幼虫长1龄，虫体长大。幼虫平均9天蜕皮1次。幼虫蜕皮时，表皮先从胸背缝裂开，再到头、胸、足部，然后腹、尾渐渐蜕出。幼虫蜕皮一般都在饲料表层，蜕皮后又钻进饲料中。刚蜕皮的幼虫为乳白色，表皮细嫩。

d. 蛹期。幼虫在饲料表层化蛹。在化蛹前幼虫爬到饲料表面，静卧后虫体慢慢伸缩，在最后一次蜕皮过程中完成化蛹。化蛹可在几秒钟内结束。刚化成的蛹为白黄色，蛹体稍长，腹节蠕动，随后蛹体逐渐缩短，变成暗黄色。幼虫个体间均有差异，表现在化蛹时间的先后、个体能力的强弱。刚化成的蛹与幼虫混在1个木盘中生活。蛹容易被幼虫在胸、腹部咬伤，吃掉内脏而成为空壳。有的在化蛹过程中受病毒感染，化蛹后成为死蛹。需要经常检查，发现这种情况可用0.3%漂白粉溶液喷雾，以消毒灭菌，同时将死蛹及时挑出处理掉。挑蛹时将在2天内化的蛹放在盛有饲料的同一筛盘中，坚持同步繁殖，集中羽化为成虫。

④ 注意事项。禁止非饲养人员进入饲养房。进入室内的人员，必须在门外用生石灰消毒；在黄粉虫的生活史中，四变态（卵、幼虫、蛹、成虫）是重要的环节。掌握好每个环节变态的时间、形体、特征，就能把握养殖技术；饲料要新鲜，糠麸不变质，青菜不腐烂；在幼虫期，每蜕皮一次就要更换饲料，及时筛粪、添加新饲料。在成虫期饲料底部有卵粒和虫粪，容易发霉，要及时换盘；为了加快繁殖生长，对幼虫、羽化后的成虫，在饲料中适当添加葡萄糖粉或维生素粉、鱼粉，每天都要喂鲜菜；饲养人员每天都要察看各虫期的情况，如发现病虫、死虫应及时清除，防止病菌感染。

（2）养殖蝗虫

① 蝗虫的营养价值　蝗虫性味辛、甘、温，具有止咳平喘、定惊止抽、解毒透渗、消肿止痛、滋补强壮等功效，可以入药。蝗虫营养丰富，高蛋白、低脂肪、低胆固醇，矿物质和维生素含量及种类丰富，除能为人类食用外，还是各种畜禽的优良饲料。鲜品含水分约65.9%、蛋白质25.5%、脂肪2%、碳水化合物1.4%、灰分2.3%及维生素A、维生素C、维生素B族等。干品约含水分20%、蛋白质64%、脂肪2.3%及少量维生素A、维生素B族和约3.3%灰分（磷、钙、铁、铜、锰等）。中华稻蝗必需氨基酸含量占氨基酸总量的47.73%，蛋氨酸含量（0.75%）与半胱氨酸含量（1.3%）之和超过

了畜禽的饲养标准，因此完全可以利用蝗虫作为添加饲料为畜禽补充氨基酸。

② 养殖技术

a. 饲养设施与器具。饲养蝗虫要选择空旷、阳光充足、平整地块作饲养场，地面最好是不易结块的沙壤土，便于产卵和取卵。建造养殖棚，长方体形或拱形、梯形蔬菜大棚式的养殖棚都可以，一般以长方体形养殖棚为佳。养殖棚一般高 1.5～2 米，一侧纱网上留门。纱网质地要结实，目数要适宜，孔眼不能太大，否则会导致低龄若虫逃逸；一般民房或废弃厂房均可作为饲养室。饲养笼一般为 1 米 ×1 米 ×（2～3）米的长方体。每笼饲养密度 500 只左右。饲养笼上部用窗纱密封，下部地面铺设潮湿的沙土以供蝗虫产卵，前部留一个双层纱帘门，以便于饲喂和打扫。

b. 蝗虫孵化和若虫期饲养管理。孵化蝗虫时需要选择新鲜的卵块，放置在清洁培养皿中，卵块下面垫上湿润的滤纸，30℃恒温孵化。待蝗虫若虫即将孵化时取出培养皿，直到若虫孵化出来全身变硬带黑后再转移至饲养笼中。

若虫期温度以 25～30℃为宜，光照 12 小时以上。饲养笼中要放置足够的枝条，以供若虫攀跃和蜕皮之用。若虫期要及时供应优质的鲜嫩饲草，并且要随着若虫龄的增大，逐渐增加饲喂量，尤其是到了 3 龄以上要保证饲养笼中有充足的食物，防止自相残杀。

c. 成虫期饲养管理。五龄以上蝗虫即将羽化，此时要多加枝条和新鲜饲料，以创造适宜的羽化场所，促进蝗虫生长成熟和交尾。性成熟后 4～7 天开始交尾，15～20 天内开始产卵。雌蝗平均产卵 4～5 块，每块含 60～80 粒卵。产卵时最适的土壤含水量为 10%～20%，土壤 pH7.5～8.0。对于准备第二年孵化的越冬卵，需要及时从饲养笼地面土中收集，用湿度 10%～15%的土按一层土一层卵分层覆盖并密封，于 5℃保存。

（3）其它育虫方法 可以在放牧的地方育虫，直接让鸡啄食。其它育虫方法见表 3-12。

表 3-12　其他育虫方法

育虫方法	具体操作
稀粥育虫法	在牧地不同区域选择多个小地块作为育虫地，轮流在地上泼稀粥，然后用草盖好，2 天后草下生出小虫，让鸡轮流到各地块上去吃虫子即可。育虫地块注意防雨淋，防水浸
稻草米糠育虫法	在牧地挖宽 0.6 米、深 0.3 米、长度适当的长方形土坑，将稻草切成 6～7 厘米长，用水煮 2 小时，捞出倒入坑内，上面盖 6～7 厘米厚的污泥（水沟泥或塘泥）、垃圾等，再用污泥压实，每天浇 1 盆洗米水。经过 8 天坑内即可生虫子，翻开压盖物，让鸡啄食即可。鸡每次吃完后需再盖好污泥，再浇 1 盆洗米水，可继续生虫子供鸡食用
粪便发酵育虫法	每 500 千克猪粪晒至七成干后加入 20% 肥泥和 3% 麦糠或米糠拌匀，堆成堆后用塑料薄膜封严发酵 7 天左右。挖一深 50 厘米土坑，将以上发酵料平铺于坑内 30～40 厘米厚，上用青草、草帘、麻袋等盖好，保持潮湿，20 天左右即生蛆、虫、蚯蚓等；在牛粪中加入 10% 米糠和 5% 麦糠拌匀，倒在阴凉处的土坑里，上盖杂草、秸秆等，最后用污泥密封，经过 20 天即可生虫子；在较潮湿的地块上挖 1 个长和宽各 1～2 米、深 0.3 米的土坑，坑底铺一层碎杂草，草上铺一层马粪，粪上再撒一层麦糠。一层一层铺至坑满为止，最后盖一层草。坑中每天浇水一次，经一周左右即可生虫子。在放牧场内利用杀菌消毒和发酵处理过的猪、鸡粪加 20% 的肥土和 3% 的糠麸拌匀堆成堆后，覆膜发酵 7 天左右，将发酵料铺在砖砌地面或 50 厘米宽、70 厘米长、30 厘米深的坑中，用草盖好，保持潮湿 20 天左右即可生蛆、虫、蚯蚓等，每天将发酵料翻撒一部分，供鸡食用，可节约饲料 30%
杂物育虫法	将鲜牛粪、鸡毛、杂草、杂粪等物混合加水，调成糊状，堆成 1 米高、1.5 米宽、3 米长的土堆，堆顶部及四周抹一层稀泥，堆顶部再用草盖好，以防阳光晒干。过 7～15 天即生虫子
腐草育虫法	在较肥沃的地块挖约 1.5 米、长 1.8 米、深 0.5 米的土坑，底铺一层稻草，其上盖一层豆腐渣，然后再盖一层牛粪，粪上盖一层污泥，如此铺至坑满为止，最后盖一层草。经 1 周左右即可生虫子
豆腐渣育虫法	把 1～2 千克豆腐渣倒入缸内，再倒入一些洗米水，盖好缸口。过 5～6 天即生虫子，再培育 3～4 天即可让鸡采食。用 6 只缸轮流育虫，可满足 50 只鸡食用。把少量豆饼敲碎后与豆腐渣一起发酵。再与秕谷、树叶等混合，放入 20～30 厘米深的土坑内，上面盖 1 层稀污泥，再用草等盖严实，经过 6～7 天即生虫子
酒糟育虫法	酒糟 10 千克加豆腐渣 50 千克混匀，在距离房屋较远处堆成长方形，过 2～3 天即生虫，5～7 天后可让鸡采食
麦（米）糠育虫法	在庭院角落处堆放两堆麦糠，分别用草泥（碎草与稀泥混合而成）封闭起来，数天后即可生虫子。或在鸡舍附近堆放几堆米糠，分别用草泥（碎草与稀泥巴混合而成）糊起来，数天后即生虫，轮流让鸡采食虫，食完后再将麦糠等集中成堆后糊草泥，又可生虫

3. 养殖蝇蛆

蝇蛆含粗蛋白59% ～ 65%、脂肪2.6% ～ 12%以及丰富的氨基酸和微量元素，营养价值高于鱼粉。使用蝇蛆饲喂生产的虫子鸡，肌肉纤维细，肉质细嫩，口感爽脆，香味浓郁，补气补血；虫子鸡的蛋富含人体所需的各种氨基酸、微量元素和多种维生素，特别是被称为抗癌之王的硒和锌的含量是普通禽类的3 ～ 5倍。蝇蛆养殖方法见图3-11。

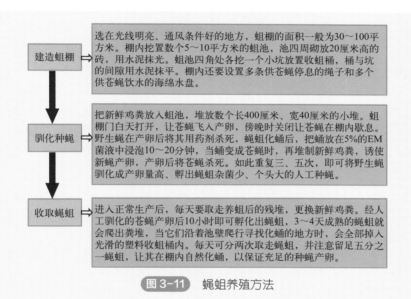

建造蛆棚 ⇒ 选在光线明亮、通风条件好的地方，蛆棚的面积一般为30～100平方米。棚内挖置数个5～10平方米的蛆池，池四周砌放20厘米高的砖，用水泥抹光。蛆池四角处各挖一个小坑放置收蛆桶，桶与坑的间隙用水泥抹平。棚内还要设置多条供苍蝇停息的绳子和多个供苍蝇饮水的海绵水盘。

驯化种蝇 ⇒ 把新鲜鸡粪放入蛆池，堆放数个长400厘米、宽40厘米的小堆。蛆棚门白天打开，让苍蝇飞入产卵，傍晚时关闭让苍蝇在棚内歇息。野生蝇在产卵后将其用药剂杀死，蝇蛆化蛹后，把蛹放在5%的EM菌液中浸泡10～20分钟，当蛹变成苍蝇时，再堆制新鲜鸡粪，诱使新蝇产卵，产卵后将苍蝇杀死。如此重复三、五次，即可将野生蝇驯化成产卵量高、孵出蝇蛆杂菌少、个头大的人工种蝇。

收取蝇蛆 ⇒ 进入正常生产后，每天要取走养蛆后的残堆，更换新鲜鸡粪。经人工驯化的苍蝇产卵后10小时即可孵化出蛆蛆，3～4天成熟的蝇蛆就会爬出粪堆，当它们沿着池壁爬行寻找化蛹的地方时，会全部掉入光滑的塑料收蛆桶内。每天可分两次取走蝇蛆，并注意留足五分之一蝇蛆，让其在棚内自然化蛹，以保证充足的种蝇产卵。

图 3-11　蝇蛆养殖方法

4. 养殖蚯蚓

蚯蚓含有丰富的蛋白质，适口性好、诱食性强，是畜、禽、鱼类等的优质蛋白饲料。同时，蚯蚓粪也可以作为饲料。

粉碎的作物秸秆（40%）和粪便（60%）混合，加水拌匀（含水量控制在40% ～ 50%，堆积后堆底边有水流出为止），堆成梯形或圆锥形，最后堆外面用塘泥封好或用塑料薄膜覆盖，以保温保湿。经4 ～ 5天，堆内的温度可达50 ～ 60℃，待温度由高峰开始下降时，要翻堆（将上层的料翻到下层，四周翻到中间）进行第二次发酵，达到无臭味、无酸味，质地松软不沾手，颜色为棕褐，即成为养殖蚯蚓的饲料，然后摊开放置（图 3-12）。放养鸡场地适合养殖蚯蚓的方法见表 3-13。

图 3-12　养殖蚯蚓饲料

表 3-13　蚯蚓养殖方法

方法	操作
简易养殖法	包括箱养、坑养、池养、棚养、温床养殖等，其具体做法就是在容器、坑或池中分层加入饲料和肥土，然后投放种蚯蚓。这种方法可利用鸡舍前后等空地以及旧容器、砖池、育苗温床等，来生产动物性蛋白质废饲料，加工有机肥料，处理生活垃圾。其优点是就地取材、投资少、设备简单、管理方法简便，并可利用业余或辅助劳力，充分利用有机废物
田间养殖法	选用地势比较平坦，能灌能排的桑园、菜园、果园或饲料田，沿植物行间开沟槽，施入腐熟的有机肥料，上面用土覆盖 10 厘米左右，放入蚯蚓进行养殖，经常注意灌溉或排水，保持土壤含水量在 30% 左右。冬天可在地面覆盖塑料薄膜保温，以便促进蚯蚓活动和提高繁殖能力。由于蚯蚓的大量活动，土壤疏松多孔，通透性能好，可以实行免耕。适宜于放养鸡的牧地养殖

第五节　土鸡饲料的配制加工

一、日粮配制原则

日粮配制原则见图 3-13

 山林果园散养土鸡新技术（彩色图解＋视频升级版）

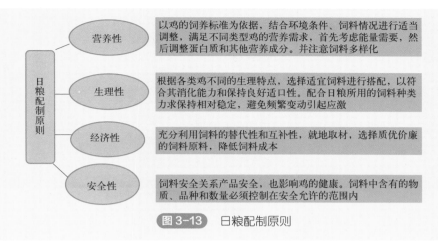

图3-13　日粮配制原则

二、土鸡配合饲料的种类

土鸡配合饲料的种类见图3-14。

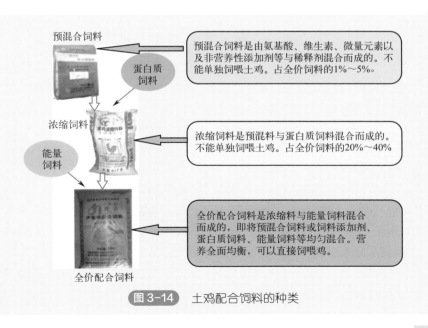

预混合饲料

蛋白质饲料

预混合饲料是由氨基酸、维生素、微量元素以及非营养性添加剂等与稀释剂混合而成的。不能单独喂土鸡。占全价饲料的1%～5%。

浓缩饲料

能量饲料

浓缩饲料是预混料与蛋白质饲料混合而成的。不能单独饲喂土鸡。占全价饲料的20%～40%

全价配合饲料

全价配合饲料是浓缩料与能量饲料混合而成的，即将预混合饲料或饲料添加剂、蛋白质饲料、能量饲料等均匀混合。营养全面均衡，可以直接饲喂鸡。

图3-14　土鸡配合饲料的种类

三、饲料原料的选购

饲料原料的选购种类和标准见图 3-15。

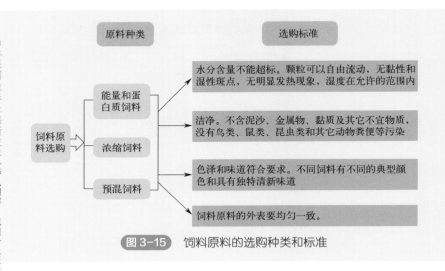

图 3-15 饲料原料的选购种类和标准

四、全价日粮配方的设计

配制日粮首先要设计日粮配方，然后按方配料。试差法就是根据经验和饲料营养含量，先大致确定一下各类饲料在日粮中所占的比例，然后将计算结果与饲养标准比较看各种成分还差多少再进行调整。这种方法简单易学，但计算量大，不易筛选出最佳配方。现以土种鸡产蛋期饲料配方的设计、计算为例进行说明。

第一步，查出土鸡产蛋期营养需要，见表 3-14。

表 3-14　土鸡产蛋期营养需要

营养成分	代谢能 /（兆焦 / 千克）	粗蛋白 /%	食盐 /%	钙 /%	磷 /%
营养需要	11.5	16.5	0.35	3.2	0.46

第二步，结合本地饲料原料来源、营养价值、适口性、毒素含量

山林果园散养土鸡新技术（彩色图解＋视频升级版）

等情况，初步确定选用饲料原料的种类和大致用量。

第三步，从鸡的常用饲料成分及营养价值表中查出所选用原料的营养成分含量，初步确定一个配方，并计算其粗蛋白质的含量和代谢能，见表3-15。

表3-15　日粮配方的确定和计算调整

饲料种类	初步计算			调整后计算		
	比例/%	粗蛋白质/%	代谢能/（兆焦/千克）	比例/%	粗蛋白质/%	代谢能/（兆焦/千克）
玉米	62	5.332	8.717	64	5.504	8.998
麸皮	3	0.432	0.197	2	0.288	0.131
豆粕	16	7.552	1.646	15.2	7.174	1.564
棉籽粕	2	0.83	0.159	2	0.83	0.159
菜子粕	2	0.77	0.160	2	0.77	0.160
花生饼	3	1.317	0.368	2.8	1.229	0.343
鱼粉	1.4	0.771	0.144	1.4	0.771	0.144
石粉	8			8		
骨粉	2			2		
合计	99.4	17.0	11.39	99.4	16.57	11.50

第四步，将计算结果与饲养标准对比，发现粗蛋白质17.0%，比标准16.5%略高；代谢能11.39兆焦/千克，比标准11.50兆焦/千克略低。调整配方，增加高能量饲料玉米的比例，降低麸皮的比例，降低高蛋白饲料豆粕、花生粕的比例。

第五步，列出配方：玉米64%、麸皮2%、豆粕15.2%、棉籽粕2%、菜子粕2%、花生饼2.8%、鱼粉1.4%、石粉8%、骨粉2%、食盐0.25%、复合多维0.04%、蛋氨酸0.1%、赖氨酸0.1%、杆菌肽锌0.01%。

五、配方举例

各种常用配方举例见表3-16～表3-19。

表 3-16　土鸡父母代种鸡常用饲料配方

原料比例	雏鸡	育成期	产蛋前期	高峰期	产蛋后期	种公鸡
	0 ~ 8 周龄	9 ~ 19 周龄	20 ~ 24 周龄	25 ~ 45 周龄	46 周龄 ~ 淘汰	20 周龄 ~ 淘汰
玉米 /%	62.1	62.0	64.0	65.0	66.0	62.0
麸皮 /%	6.05	13.5	5.0	2.5	3.8	15.3
豆粕 /%	18.0	9.0	13.0	13.0	11.2	6.5
菜籽粕 /%	3.0	5.5	5.0	5.0	6.0	5.5
鱼粉 /%	6.8	2.0	4.0	4.0	3.0	2.5
骨粉 /%	1.4	2.0	2.1	2.2	2.2	2.2
石粉 /%	—	—	1.5	3.0	2.5	—
贝壳粉 /%	0.8	0.7	4.0	4.0	4.0	0.7
食盐 /%	0.3	0.3	0.3	0.3	0.3	0.3
预混料 /%	1.0	5.0	1.0	1.0	1.0	5.0
代谢能 /（兆焦 / 千克）	12.06	11.19	11.53	11.53	11.53	11.12
粗蛋白 /%	19.75	14.53	16.37	16.1	15.28	13.4
钙 /%	1.06	1.02	2.75	3.3	3.1	1.058
磷 /%	0.48	0.45	0.47	0.51	0.46	0.46

注：此套配方，适用于河南省饲养的土鸡父母代种鸡。

表 3-17　种用或蛋用土鸡的饲料配方

原料比例	0 ~ 6 周龄			7 ~ 14 周龄			15 ~ 20 周龄			土鸡产蛋期		
	配方 1	配方 2	配方 3	配方 1	配方 2	配方 3	配方 1	配方 2	配方 3	配方 1	配方 2	配方 3
玉米 /%	65	63	60	65	65	65	70.4	66	65	64	64.6	62
麦麸 /%	0	2	0	6	7.3	6	14	13.4	13.5	0	0	0
米糠 /%	0	0	0	0	0	0	0	5	8	0	0	0
豆粕 /%	22	21.9	23	16.3	14	13	6	0	0	15	15	14
菜子粕 /%	2	0	2	4	4	2	2	6	5	0	2	0
棉子粕 /%	2	2	2	3	0	2	2	2	2	0	0	0
花生粕 /%	2	6	2.6	0	3	6	0	0	0	4	4	8
芝麻粕 /%	2	0	0	0	0	0	0	2	2	2	1	2.7
鱼粉 /%	2	2	2	0	1	0	0	0	0	3.1	2	2
石粉 /%	1.22	1.2	1.2	1.2	1.2	1.2	1.1	1.1	1.1	8	8	8
磷酸氢钙 /%	1.3	1.4	1.8	1.2	1.2	1.5	1.2	1.1	1	1	1.1	1.0
微量元素添加剂 /%	0.1	0.1	0.1	0	0	0	0	0	0	0	0	0
复合多维 /%	0.04	0.04	0.04	0	0	0	0	0	0	0	0	0
食盐 /%	0.26	0.3	0.3	0.3	0.3	0.3	0.3	0.3	0.3	0.3	0.3	0.3
杆菌肽锌 /%	0.02	0.02	0.02	0	0	0	0	0	0	0	0	0
氯化胆碱 /%	0.06	0.04	0.04	0	0	0	0	0	0	0	0	0
复合预混料 /%	0	0	0	3	3	3	3	3	3	2	2	2

原料比例	0～6周龄			7～14周龄			15～20周龄			土鸡产蛋期		
	配方1	配方2	配方3	配方1	配方2	配方3	配方1	配方2	配方3	配方1	配方2	配方3
代谢能/（兆焦/千克）	12.1	11.9	11.8	11.7	11.7	11.7	11.5	11.7	11.4	11.3	11.3	11.3
粗蛋白质/%	19.4	19.5	18.3	16.4	16.4	16.5	12.5	16.35	12.3	16.5	16.0	17.1
钙/%	1.10	1.00	1.00	0.92	0.90	0.92	0.78	0.90	0.79	3.5	3.4	3.5
有效磷/%	0.45	0.04	0.41	0.36	0.35	0.36	0.31	0.35	0.32	0.38	0.36	0.38

表3-18　商品土鸡0～4周龄的饲料配方

原料比例	配方1	配方2	配方3
玉米/%	60.0	58.0	64.0
豆粕/%	22.4	22.0	15.0
菜子粕/%	2.0	3.0	3.0
棉子粕/%	1.0	3.0	5.0
花生粕/%	6.0	6.0	6.0
肉骨粉/%	2.0	0	0
鱼粉/%	2.0	3.0	1.0
油脂/%	0	1.0	1.0
石粉/%	1.2	1.2	1.2
磷酸氢钙/%	1.1	1.5	1.5
食盐/%	0.3	0.3	0.3
复合预混料/%	2.0	2.0	2.0
代谢能/（兆焦/千克）	12.20	12.00	12.30
粗蛋白质/%	20.80	21.20	21.50
钙/%	1.10	1.10	1.10
有效磷/%	0.46	0.46	0.46

表3-19　商品土鸡5周龄以上的饲料配方

原料比例	配方1	配方2	配方3	配方4	配方5	配方6
玉米/%	63.2	64.4	70.0	69.5	64	64.5
麸皮/%	3	3	0	0	5	8
豆粕/%	17	20	12.0	13.5	20	18
菜子粕/%	0	0	0	0	0	0
棉子粕/%	0	0	0	10	0	0
花生粕/%	5	0	0	0	0	0
蚕蛹/%	0	0	0	2	0	0

原料比例	配方 1	配方 2	配方 3	配方 4	配方 5	配方 6
鱼粉 /%	6	3	14	2	8	8
油脂 /%	3	3	0	0	0	0
石粉 /%	0.5	2	1.5	0.65	0.33	0.13
磷酸氢钙 /%	1	2	1.2	1.0	1.3	1
食盐 /%	0.3	0.4	0.3	0.35	0.37	0.37
复合预混料 /%	1	1	1	1	1	1

六、饲料的加工储藏

1. 饲料的加工

饲料加工的程序一般是原料粉碎、混合、膨化制粒（土鸡饲养中多采用粉状料，较少进行膨化制粒）以及饲料包装（图3-16）。目前，饲料加工机械比较完备，可以根据加工量选择不同的机械加工设备。

↑ 粉碎　　　　↑ 混合　　　　↑ 膨化制粒　　　　↑ 饲料包装

图 3-16　机械加工设备

2. 饲料的储藏

饲料的储藏见图 3-17。

山林果园散养土鸡新技术（彩色图解＋视频升级版）

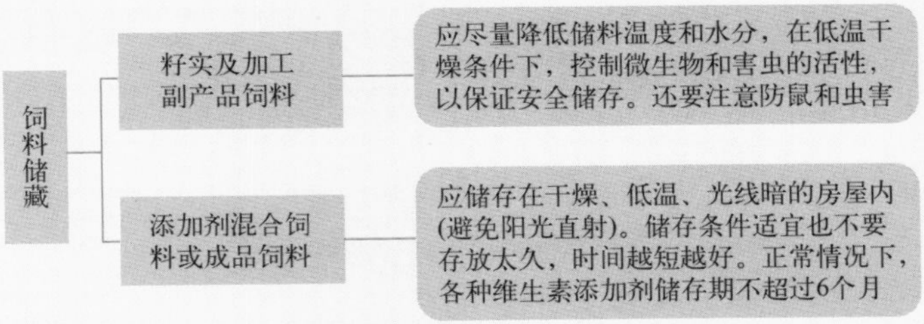

图 3-17　饲料的储藏

饲料储藏 — 籽实及加工副产品饲料：应尽量降低储料温度和水分，在低温干燥条件下，控制微生物和害虫的活性，以保证安全储存。还要注意防鼠和虫害

饲料储藏 — 添加剂混合饲料或成品饲料：应储存在干燥、低温、光线暗的房屋内（避免阳光直射）。储存条件适宜也不要存放太久，时间越短越好。正常情况下，各种维生素添加剂储存期不超过6个月

第四章
山林果园散养土鸡的场址选择和鸡舍设计

第一节　土鸡场的场址选择和鸡舍建设

一、场址选择和鸡舍建设原则

场址选择和鸡舍建设原则见图4-1。

二、放养场地的选择

选择远离村庄居民区、屠宰场、学校、化工厂、其它养殖场、工矿区和主干道路，环境清静的山地、坡地、园地、大田、河湖滩涂和经济林地等。附近有清洁的井水或泉水。地势高燥，空气新鲜（图4-2）。山地、坡地最好有灌木林、荆棘林和阔叶林等，其坡度不宜过大，附近有未被污染的小溪、池塘等清洁水源为宜。土壤以沙壤土为佳（图4-3）。

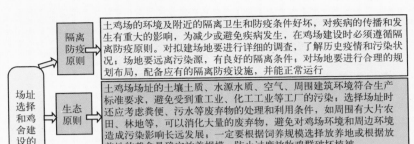

隔离防疫原则	土鸡场的环境及附近的隔离卫生和防疫条件好坏,对疾病的传播和发生有重大的影响,为减少或避免疾病发生,在鸡场建设时必须遵循隔离防疫原则。对拟建场地要进行详细的调查,了解历史疫情和污染状况;场地要远离污染源,有良好的隔离条件;对场地要进行合理的规划布局,配备应有的隔离防疫设施,并能正常运行
生态原则	土鸡场场址的土壤土质、水源水质、空气、周围建筑环境符合生产标准要求,避免受到重工业、化工工业等工厂的污染;选择场址时还应考虑粪便、污水等废弃物的处理和利用条件,如周围有大片农田、林地等,可以消化大量的废弃物,避免对鸡场环境和周边环境造成污染影响长远发展;一定要根据饲养规模选择放养地或根据放养地的载禽量确定放养规模,防止过度放牧鸡群破坏植被
经济实用原则	建设土鸡场要尽量节约土地。土地资源日益紧缺、紧张,场он(如土鸡种鸡场或孵化场)最好选择荒坡林地、丘陵或贫瘠的边次土地,少占或不占农田;鸡舍设计和建造要科学、实用,在保证正常生产的前提下尽量减少固定资产投入

场址选择和鸡舍建设的原则

图4-1 场址选择和鸡舍建设原则

图4-2 场地地势高燥

图4-3 山坡放养土鸡

　　梨园、桃园、苹果园、核桃园、枣园、柿园、桑园等都可放养(图4-4),这些果园的果树主干较高,果实结果部位亦高,果实未成熟前坚硬,不易被鸡啄食。应选择向阳、平坦、干燥、取水方便、树冠较小、树木稀疏、无污染和无兽害的场地。放养鸡时,一定要避开用药期。林地以中成林为佳,最好是成林林地(图4-5)。鸡舍坐北朝南,鸡舍和运动场地势应比周围稍高,倾斜度以10°～20°为宜,不应高于30°。树枝应高于鸡舍门窗,以利于鸡舍空气流通。林间隙地可以种植苜蓿为放养鸡提供优质的饲草。

图4-4　果园放养土鸡　　图4-5　林地放养土鸡

　　草场养鸡，以自然饲料为主，生态环境优良，饲草、空气、土壤等基本没有污染（图4-6）。草场是天然的绿色屏障，有广阔的活动场地，烈性传染病很少，鸡体健壮，药物用量少。草场具有丰富虫草资源，鸡群能够采食到大量的绿色植物、昆虫、草籽和土壤中的矿物质。选择的草场一定要地势高燥；避免洼地，因洼地低阴潮湿，对鸡的健康不利。草场中最好有中午能为鸡群提供遮阴或下雨时庇护的树木，若无树木则需搭设遮阴棚。选择草山草坡放养土鸡一定要避开风口、泄洪沟和易塌方的地方，并将棚舍搭建在避风向阳、地势较高的地方。农田放养土鸡，一般选择玉米、高粱、棉花等高秆作物的田地放养（图4-7）。要求地势较高，作物的生长期在90天以上，周围用围网隔离。农田放养鸡，饲养条件简单，但饲养密度不高，每亩（667平方米）地养土鸡不超过60只成年鸡或90只青年鸡。田间养土鸡注意错开苗期，要在土鸡对作物不造成危害后再放养。作物到了成熟期，如果鸡还不能上市，可以半圈养为主，大量补饲精料催肥。

图4-6　草场养鸡　　图4-7　农田放养土鸡

　　其他场地也可放养土鸡（图4-8，图4-9）。

图 4-8 竹园放养土鸡　　图 4-9 荒地或草场放养土鸡

三、放养土鸡舍的建设

1. 鸡舍的建筑要求

（1）保温隔热　放养土鸡舍建在野外，舍内温度和通风情况随着外界气候的变化而变化，外界环境气候的影响直接而迅速。尤其是育雏舍，鸡个体较小，新陈代谢机能旺盛，体温也比一般家畜高，需要人为提供适宜的育雏温度和保持温度稳定，否则育雏期间容易受冷、受热或过度拥挤，常易引起大批死亡。所以，鸡舍（特别是雏鸡舍）要保温隔热。

没有固定的育雏舍，在放养地建设育雏舍育雏，可以利用一些廉价的隔热材料，如塑料布、彩条布等设置天棚、隔离一些小的空间等来增加鸡舍的保温性能。

（2）光照充足　光照分为自然光照和人工光照。自然光照主要针对开放式鸡舍，充足的阳光照射，特别是冬季可使鸡舍温暖、干燥和消灭病原微生物等。因此，利用自然采光的鸡舍首先要选择好鸡舍的方位。另外，窗户的面积大小也要适当。

（3）位置适当　放养土鸡的鸡舍要建在地势较高的地方，下雨不发生水灾和容易干燥，空气、水源无污染。见图 4-10。

（4）布列均匀　如果饲养规模大而棚舍较少，或放养地面积大而棚舍集中在一角，容易造成超载和过度放牧，影响正常生长，造成植被破坏，并易造成传染病的暴发。因此，应根据放养规模和放养场地的面积搭建棚舍的数量，多棚舍要布列均匀，间隔 150 ～ 200 米。每一棚舍能容纳300～500只的青年鸡或200～300只的产蛋鸡（图4-11）。鸡舍一侧留有运动场地，设置有料槽和水槽，供补饲时使用（图4-12）。

图4-10　鸡舍的位置

图4-11　放养鸡舍的布局

图4-12　鸡舍一侧的运动场地

（5）隔离卫生　无论何种类型的棚舍，在设计建造时必须考虑以后便于卫生管理和防疫消毒。鸡舍内地面要比舍外地面高出30～50厘米，鸡舍周围30米内不能有积水，以防舍内潮湿滋生病菌。棚舍内地面要铺垫 5 厘米厚的沙土，并且根据污染情况定期更换。鸡舍的入口处应设消毒池。有窗鸡舍，窗户要安装铁丝网，以防止飞鸟、野兽进入鸡舍，避免引起鸡群应激和传播疾病。

2. 鸡舍的类型及要求

山林果园放养鸡的鸡舍类型主要有育雏舍和放养鸡舍。育雏舍用于出壳到 3～6 周龄的雏鸡，对鸡舍条件要求较高，必须保温、卫生和干燥。放养鸡舍用于放养季节的青年鸡和产蛋鸡。在农田、果园或者林间隙地中放养鸡，鸡舍作为鸡的休息和避风雨、保温暖的场所，除了避风向阳、地势高燥外，整体要求应符合放养鸡的生活特点，并能适应野外放牧条件。

（1）育雏舍　根据育雏舍的结构和材料不同可以分为普通舍和简易舍。无论什么形式的育雏舍，必须满足：①有较好的保温隔热能力（图 4-13）。鸡舍的保温隔热能力影响舍内温热环境，特别是温度。保温隔热能力好，有利于冬天的保温和夏季的隔热，有利于舍内适宜温度的维持和稳定。由于雏鸡需要较高的环境温度，育雏期需要人工加温，所以，对保温性能要求更高些。鸡舍的维护结构设计要合理，具有一定的厚度，设置天花板，精细施工。为减少散热和保温可以缩小窗户面积（每间可留两个 1 米 ×1 米的窗户）和降低育雏舍高度；②有良好的卫生条件。鸡舍的地面要硬化，墙体要粉刷光滑，有利于冲洗和清洁消毒；③有适宜的鸡舍面积（图 4-14）。面积大小关系到饲养密度，影响培育效果，因此必须有适宜的鸡舍面积。培育方式不同、鸡种类不同、饲养阶段不同，需要的面积不同。鸡舍面积根据培育方式、种类、数量来确定。根据场地形状、大小、笼具规格和饲养数量确定育雏舍的长宽，一般高度为 2.2～2.5 米。

（2）放养鸡舍　放养鸡舍主要用于生长鸡或产蛋鸡放养期夜间休息或避雨、避暑。总体要求保温防暑性能及通风换气良好，便于冲洗排水和消毒防疫，舍前有活动场地。

①普通鸡舍　砖木结构，修建成单坡屋顶或双坡屋顶，墙体是开放式或半开放式。鸡舍跨度 4～5 米，高 2～2.5 米，长 10～15 米。舍内置栖架，每只鸡所占栖架的位置不低于 17～20 厘米，每一

棚舍能容纳300～500只的青年鸡或300只左右的产蛋鸡。产蛋鸡舍要求环境安静，防暑保温，每5只母鸡设1个产蛋窝。产蛋窝位置要求安静避光，窝内放入少许麦秸或稻草；开产时窝内放入1个空蛋壳或蛋形物以引导产蛋鸡在此产蛋。放养鸡舍要特别注意通风换气，否则，舍内空气污浊，会导致生长鸡增重减缓、饲养期延长或导致疾病暴发。

图4-13　保温隔热育雏舍

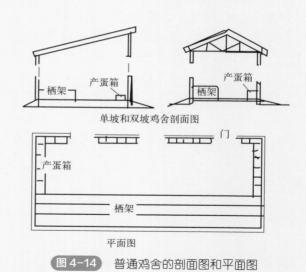

图4-14　普通鸡舍的剖面图和平面图

② 简易鸡舍　简易放养鸡舍可以分为一般简易鸡舍和塑料大棚鸡舍。

a. 一般简易鸡舍。在果园、林地等放养区，在一块地势较高、背风向阳的平地，用油毡、无纺布及竹木、茅草等（图4-15，图4-16），借势搭建成坐北朝南的简易鸡舍。可直接搭成金字塔形，棚门朝南，另外三边可着地，也可四周砌墙（图4-17），方法不拘一格。要求随鸡龄增长及所需面积的增加，可以灵活扩展。棚舍能保温、能挡风，做到雨天不漏水、雨停棚外不积水、刮风棚内不串风即可。或用竹、木搭成人字形框架，棚顶高2米，南北檐高1.5米。扣棚用的塑料薄膜接触地面部分用土压实，棚的顶面用绳子扣紧。棚的外侧东、北、西三面要挖好排水沟，四周用竹片围起，做到冬暖夏凉，棚内安装电灯，配齐食槽、饮水器等用具。一般500只鸡为一个养鸡单位，按每平方米容纳15～20只鸡的面积搭棚。值班室和仓库建在鸡舍旁，方便看管和饲养。

图4-15　石棉瓦或茅草鸡舍

图4-16　毛竹或木材鸡舍

b. 塑料大棚鸡舍。塑料大棚鸡舍（图4-18）投资少，见效快，不破坏耕地，节省能源。在通风、取暖、光照等方面可充分利用自然能源，保持较为适宜的舍内环境。夏天棚顶盖厚1.5厘米以上的麦秸草或草帘子，中午最热时舍内比舍外低2～3℃，如果结合棚顶喷水，可降低3～5℃。冬天可利用塑料薄膜的"温室效应"，夜间或阴雨天，适当提供一些热源，棚内温度可达12～18℃。缺点是管理维护麻烦、不防火等。塑料大棚鸡舍设备简单，建造容易，拆装方便，适合冬闲田、果园养鸡或轮牧饲养。

图4-17　砖结构简易棚舍

塑料大棚鸡舍可用竹、木搭成拱架，拱顶高2米，南北檐高1.2米。扣棚用的塑料薄膜接触地面部分用土压实，棚的顶面用绳子扣紧。棚的外侧东、北、西三面要挖好排水沟，四周用竹片围起，做到冬暖夏凉，棚内安装电灯，配齐食槽、饮水器等用具。一般500只鸡为一个养鸡单位，按每平方米容纳15～20只鸡的面积搭棚。

拱棚鸡舍（图4-19）的棚支架用木材、竹子、钢筋、硬塑等均可。棚杆间距0.5～0.8米为宜；塑膜鸡舍的排气口应设在棚顶部的背风面，高出棚顶50厘米，排气孔顶部要设防风帽。鸡舍进气口应设在南墙或东墙的底部，距地面5～10厘米。拱棚鸡舍的墙可用砖或石头等砌成。棚顶可用木板、竹子、板皮、柳条等铺平，上面铺以废旧塑膜、编织袋、油毡等。棚周围要留有排水沟。

图4-18　塑料大棚鸡舍

图 4-19 拱棚鸡舍及棚周围的排水沟

（3）组装型鸡舍　组装型鸡舍适用于喷洒农药和划区轮牧的棉田、果园、草场等场地，有利于充分利用自然资源和饲养管理，用于放养期间的青年鸡或产蛋鸡。组装型鸡舍整体结构不宜太大，要求相对轻巧且结构牢固，易于组装。其主要支架材料采用木料、钢管、角铁或钢筋，周围和隔层用铁丝网，夜间用塑料布、塑编布或靠布搭盖，注意要留有透气孔。舍内设栖架、产蛋窝。底架要求牢固。

第二节　土鸡舍常用的设备用具

一、供温设备

供温设备有煤炉、烟道、保姆伞、温控锅炉、热风炉和红外线灯等，详见第五章第一节。

二、通风设备

山林果园放养鸡舍可以利用舍内外温度差和自然风力进行舍内外空气交换或无动力屋顶风机进行自然通风（图 4-20）。利用门窗开启和鸡舍屋顶上的通风口或风机进行通风。通风效果决定于舍内外的温差、通风口和风力的大小，炎热夏季舍内外温差小、冬季鸡舍封闭严密都会影响通风效果。

图 4-20　无动力屋顶风机及安装位置图

　　对于规模大、密闭的鸡舍也可以进行机械通风。鸡舍一端安装风机进行排风或送风（图4-21），另一端留进气口或排气口，形成舍内空气流动。夏季可以在进气口安装湿帘，使进入舍内的空气温度降低，有利于防暑降温。

图 4-21　机械通风风机及安装图

三、照明设备

　　鸡舍必须安装人工照明系统。人工照明采用普通灯泡或节能灯泡，安装灯罩，以防尘和最大限度地利用灯光。根据不同饲养阶段采用不同功率的灯泡。如育雏舍用 40 ～ 60 瓦灯泡、育成舍用 15 ～ 25 瓦灯泡、产蛋舍用 25 ～ 45 瓦灯泡。灯距为 2 ～ 3 米。笼养鸡舍每个走道上安装一列光源。平养鸡舍的光源布置要均匀（图4-22）。

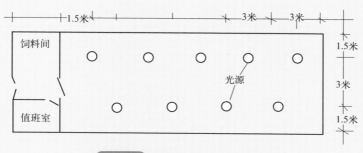

图4-22 平养鸡舍光源布局图

四、笼具

山林果园放养土鸡，育雏期可以使用笼养，其笼具是育雏笼。育雏笼分重叠式和阶梯式（图4-23）。重叠式育雏笼四层重叠，层高333毫米，每组笼面积为700毫米×1400毫米，层与层之间设置粪盘，全笼总高为1720毫米。阶梯式育雏育成笼每个单笼长1.9米，中间有一隔网隔成两个笼格，笼深0.5米，适用于0～20周龄鸡。每小笼养育成鸡12～15只。

重叠式育雏笼　　　　　阶梯式育雏笼

图4-23 育雏笼

五、喂料设备

山林果园放养鸡喂料的设备主要有料盘、料桶和料槽。

1. 开食盘

开食盘主要供雏鸡开食（育雏开始的 3 ～ 5 天内）使用。市场上销售的料盘有方形、圆形等不同形状（图 4-24）。料盘的面积大小视雏鸡数量而定，一般每只喂料盘可供 80 ～ 100 只雏鸡使用。

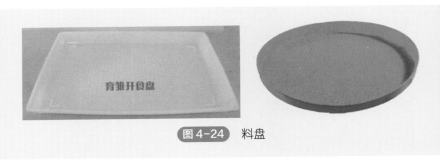

图 4-24 料盘

2. 料桶

料桶结构包含 1 个圆桶和 1 个料盘（图 4-25）。圆桶内装上饲料，鸡吃料时，饲料从圆桶内流出。它的特点是一次可添加大量饲料贮存于桶内，供鸡只不停地采食。目前市场上销售的饲料桶有 4 ～ 10 千克几种规格，根据鸡的日龄选用。8 ～ 15 只鸡需要料桶 1 个。料桶应随着鸡体的生长而提高悬挂的高度，要求料桶圆盘上缘的高度与鸡站立时的肩高相平即可。若料盘的高度过低，因鸡挑食溢出饲料而造成浪费；料盘过高，则影响鸡的采食和生长。

3. 食槽

食槽适用于笼养或平养雏鸡、生长鸡、成年鸡，一般采用木板、镀锌板和硬塑料板等材料制作。雏鸡用料槽两边斜，底宽 5 ～ 7 厘米，上口宽 10 厘米，槽高 5 ～ 6 厘米，料槽长 70 ～ 80 厘米；生长鸡或成年鸡用料槽，底宽 10 ～ 15 厘米，上口宽 15 ～ 18 厘米，槽高 10 ～ 12 厘米，料槽长 110 ～ 120 厘米。要求食槽方便采食，不浪费饲料，不易被粪便、垫料污染，坚固耐用，方便清刷和消毒。为防止鸡只踏入槽内弄脏饲料，可在槽口上方安装 1 根能转动的横杆或盖料隔，使鸡不能进入料槽，以防止鸡粪便、垫料污染饲料。鸡需要的料槽的长度，育雏期 4 ～ 5 厘米，育成和产蛋期 8 ～ 10 厘米。长形料槽见图 4-26。

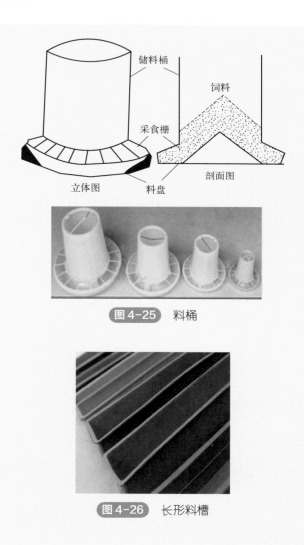

储料桶

饲料

采食栅

料盘

立体图

剖面图

图 4-25 料桶

图 4-26 长形料槽

六、饮水设备

放养鸡的活动半径一般在 100 ～ 500 米，活动面积相对较大。夏季天气炎热，鸡又经常采食一些高黏度的虫体蛋白，饮水量较多。所以，对饮水设备要求既要供水充足、保证清洁，又要尽可能地节约人力，并且要与棚舍整体布局形成有机结合。放养土鸡的饮水器尽量设置于树荫处，及时清除水槽内的污物，对堵塞进水口的水槽及时修理。

1. 水槽

水槽呈长条 V 字状或 U 字状，由镀锌铁皮或塑料制成，多用于笼养或网上平养，挂于鸡笼或围栏之前，可采用长流水供应。水槽结构简单，清洗容易，成本低，鸡喝水方便，但水易受到污染，易传播疫病。土鸡所占的槽位为 1 ～ 2 周龄 1 厘米 / 只、3 ～ 4 周龄 1.5 厘米 / 只、5 ～ 8 周龄 2 厘米 / 只。

2. 壶式饮水器

由一个圆锥形或圆柱形的容器倒扣在一个浅水盘内组成（图 4-27）。圆柱形容器浸入浅盘边缘处开有小孔。孔的高度为浅盘深度的 1 / 2 左右，当浅盘中水位低于小孔时，容器内的水便流出直至淹没小孔，容器内形成负压，水不再流出。壶式饮水器轻便实用，也易于清洗；缺点是容易污染，大鸡使用时容易翻倒。

壶式饮水器

普拉松式饮水器

图 4-27 饮水器

3. 真空式自动饮水装置

根据真空原理，利用铁桶或塑料桶作为储水器，储水器离地30～50厘米（图4-28）。地面放置长形水槽（也可将直径10～12厘米的塑料管沿中间分隔开），根据鸡群的活动面积铺设水槽的网络和长度（图4-28）。向储水器加水前关闭"水槽注水管"，加满水后关闭"加水管"，开启"水槽注水管"，"进气管"进气，水槽内液面升高，待水槽内液面升高至堵塞"进气管"口时，水桶内的气压形成负压，"水槽注水管"停止漏水；待鸡只饮用水槽内的水而使液面降低露出进气口后，"进气管"进气，"水槽注水管"漏水。如此反复达到为鸡群提供饮水的目的。本装置储水器一次储水为250升，为500只鸡1天的饮水量，节省了人工，但是水槽连接要严密，水管放置要水平，否则容易漏水溢水。

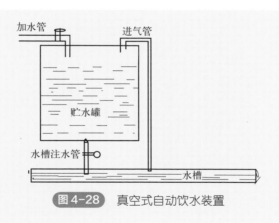

加水管　进气管

贮水罐

水槽注水管

水槽

图 4-28 真空式自动饮水装置

4. 碗（乳头）式自动饮水装置

将一个水桶放于离地3米高的支架上，用直径2厘米的塑料管向鸡群放养场区内布管提供水源。每隔一定长度在水管上安置一个碗（乳头）式自动饮水器，该自动饮水器安装了漏水压力开关（图4-29）。当水槽内没有水时，自重较轻，弹簧将水槽弹起，漏水压力开关开启，水流入水槽。当水槽里的水达到一定量时，压力使水槽往下移动，推动压力弹簧，将漏水开关关闭。本装置用封闭的水管导水，污染程度相对较小，节约人工，且不容易漏水。视频4-1为围栏及自动饮水碗。

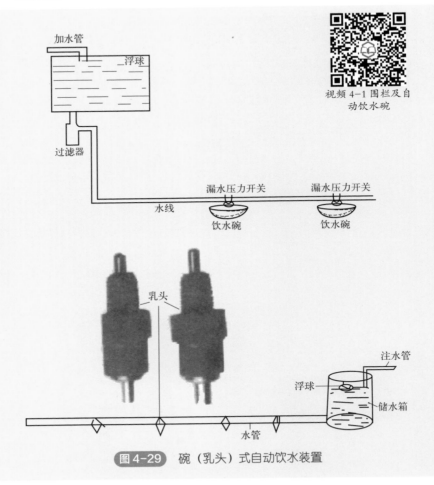

视频 4-1 围栏及自动饮水碗

图 4-29 碗（乳头）式自动饮水装置

七、产蛋箱和栖架

山林果园放养产蛋鸡，在开产初期就要驯导在指定的产蛋窝内产蛋，不然易造成丢蛋，或因发现不及时而造成鸡蛋品质无法保证。驯导方法是在产蛋窝内铺设垫草，并预先放入 1 个鸡蛋或空壳蛋，引导产蛋鸡在预置的产蛋窝产蛋。产蛋窝的材料和形状因地制宜，或根据饲养规模统一制作。统一制作可用砖瓦砌成统一规格的方形窝，离地面高度 40 ～ 50 厘米，一般设 2 ～ 3 层；窝内部空间，一般宽 30 ～ 35 厘米、深 35 ～ 40 厘米、高 30 ～ 35 厘米。也有用镀锌板材制作的双层产蛋箱（图 4-30）。每 5 只鸡设 1 个产蛋箱，并且要设置在安静避光处。舍内设置栖架，以供土鸡晚上在栖架上休息（视频 4-2，栖架）。

图 4-30　产蛋箱

视频 4-2 栖架

八、清洗消毒设施

鸡场大门设置消毒室和车辆消毒池，便于进入人员和车辆进行消毒。配备清洗机、喷雾器等消毒设备（图 4-31）。

高压清洗机

脉冲式消毒器

简易喷雾器

图 4-31　清洗消毒设备

九、备用发电设备

鸡场对电力依赖性强，备用发电机组可以在停电时应急供电（图4-32）。

图4-32 备用发电机组

视频4-3围栏

十、其它用具

包括滴管、连续注射器、气雾机等防疫用具以及自动断喙器和称重用具，清粪用的小车、铁钎等以及围栏（视频4-3，围栏）等。

第五章
山林果园散养土鸡育雏期的饲养管理技术

第一节　散养土鸡雏鸡的生理特点

一、体温调节机能差

雏鸡体温节机能不健全，没有羽毛，防寒能力差。刚出壳雏鸡体温比成年鸡体温约低 2～3℃，4 日龄才开始慢慢地上升，到 10 日龄才能达到成年鸡体温，到 21 日龄，体温调节机能逐渐趋于完善。羽毛具有保温隔热作用，幼雏只有稀短的绒毛，没有羽毛（图 5-1）。4～5 周龄长出第一身羽毛，7～8 周龄长出第二身羽毛，17～18 周龄长出成年羽毛。育雏期需要人工给予适宜的环境温度。随着日龄、体重增加，羽毛长出和脱换，就可以适应外界环境温度的变化。

二、消化机能尚未健全

雏鸡发育迅速（如固始鸡出壳体重为 32.8 克左右，4 周龄末达到 100 克左右，8 周龄末体重 250 克左右）（图 5-2），代谢旺盛，但消化器官容积小、消化功能差。配制的日粮营养要充足、平衡、易于消化。饲喂时要少喂勤添。

我们都很冷啊！

图 5-1　雏鸡体表只有稀短的绒毛，防寒能力差

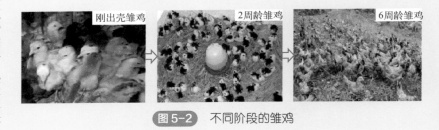

刚出壳雏鸡　　　　2周龄雏鸡　　　　6周龄雏鸡

图 5-2　不同阶段的雏鸡

三、抵抗力差

雏鸡体小质弱，对疾病抵抗力很弱，易感染疾病，如鸡白痢、大肠杆菌病、法氏囊病、球虫病、慢性呼吸道病等。育雏阶段要严格控制环境卫生，切实做好防疫隔离。

四、敏感胆小

雏鸡比较敏感，胆小怕惊吓。雏鸡生活环境一定要保持安静，避免有噪声或突然惊吓。非工作人员应避免进入育雏舍。在雏鸡舍和运动场上应增加防护设备，以防鼠、蛇、猫、狗、老鹰等的袭击和侵害。雏鸡喜欢群居，便于大群饲养管理，有利于节省人力、物力和设备。

第二节 育雏供温方式和育雏方式

一、育雏供温方式

1. 保姆伞供温

保姆伞因形状像伞而得名，撑开吊起，伞内侧安装有加温和控温装置（如电热丝、电热管、温度控制器等），伞下一定区域达到育雏温度。适用于地面平养、网上平养。根据育雏数量，育雏舍内可以放置多个保姆伞。目前保姆伞的材料多是耐高温的尼龙，可以折叠，使用比较方便（图5-3）。伞的直径大小（热源面积）不同，每个伞养育的雏鸡数量不等（表5-1）。

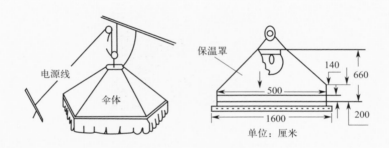

单位：厘米

图5-3 保姆伞示意图和网上平养伞的摆放

表 5-1　热源面积与育雏数量表

热源直径 / 厘米	伞高 / 厘米	半月内容鸡只数
100	55	300
130	60	400
150	70	500
180	80	600
240	100	1000

　　保姆伞下形成不同的温度区，伞中央温度最高，离伞越远，温度越低。雏鸡在伞下活动、采食和饮水。保姆伞育雏数量多（200～1000只），雏鸡可以在伞下选择适宜的温度区，换气良好。但育雏舍内需要保持一定的温度（需要保持24℃）（图5-4）。

图 5-4　雏鸡在伞下的分布

2. 锅炉热水供温

　　锅炉燃料产生热量将炉内的水加热，热水在循环泵的作用下，通过管道送到育雏室的散热器内，使舍内温度升高到育雏温度。此法育雏舍清洁卫生，育雏温度稳定，温控可以采用微电脑控制（图5-5），但投入较大。

3. 热风炉供温

　　利用燃料或电能将热风炉中的空气加热，再利用风机将热风送入舍内，使舍内温度升高。如果育雏室较长时，舍内应安装送风管道

山林果园散养土鸡新技术（彩色图解＋视频升级版）

（管道上有呈120°下俯角设置的散风口），有利于舍内温度均匀（图5-6）。热风炉供温，舍内温度均匀、可以全自动控制，舍内卫生干净。目前生产中广泛采用。

图 5-5　锅炉热水供温系统及雏鸡分布

图 5-6　热风炉及舍内风管布置

4. 火炉或烟道等供温

利用火炉加热，通过烟管散热和导出煤气，是一种传统方式，经济简单，但温度不稳定，环境差。利用火炉加热，通过烟道（可分为地上烟道和地下烟道）散热，由烟囱将煤气导出，也是一种传统方式，温度稳定，环境好，但浪费燃料（图5-7）。视频5-1为火炉供温。

5. 红外线灯加温

利用红外线灯加热（图5-8），设备简单，但运行成本较高。

火炉供温　　　　　　　　烟道供温的煤炉和地上烟道

图 5-7　供温

视频 5-1 火炉供温

图 5-8　雏鸡舍内的红外线灯

二、育雏方式

1. 地面育雏

地面育雏就是将雏鸡养在铺有垫料的地面上。根据垫料厚度和更换情况分为厚垫料育雏和更换垫料育雏（图 5-9）。

图 5-9　地面育雏内景

2. 更换垫料育雏

把鸡养在铺有垫料的地面上，垫料厚约 3～5 厘米，经常更换。育雏前期可在垫料上铺上黄纸，有利于饲喂和雏鸡活动。换上料槽后可去掉黄纸，根据垫料的潮湿程度更换或部分更换。垫料可重复利用。

此方法优点是简单易行，农户容易做到，但缺点也较突出，雏鸡经常与粪便接触，容易感染疾病，饲养密度小，占地面积大，管理不够方便，劳动强度大。

3. 厚垫料育雏

厚垫料育雏指在地面上铺上 10～15 厘米厚的垫料，雏鸡生活在垫料上，以后经常用新鲜的垫料覆盖于原有垫料上，到育雏结束才一次性清理垫料和废弃物。

优点是劳动强度小，雏鸡感到舒适（由于原料本身能发热，雏鸡腹部受热良好），并能为雏鸡提供某些维生素（厚垫料中微生物的活动可以产生维生素 B_{12}，有利于促进雏鸡的食欲和新陈代谢，提高蛋白质利用率）。

更换垫料或厚垫料育雏要求垫料重量轻、吸湿性好、易干燥、柔软有弹性、廉价，适于作肥料。常见垫料见图5-10。

稻壳　　刨花　　锯屑　　花生壳　　玉米芯　　秸秆

图 5-10 常见垫料

4. 网上育雏

网上育雏就是将雏鸡养在离地面80～100厘米高的网上。网面的构成材料种类较多，有钢制的（钢板网、钢编网）、木制的和竹制的，现在常用的是竹制的。将多个竹片串起来，制成竹片间距为1.2～1.5厘米竹排，将多个竹排组合形成育雏网面。育雏前期再在上面铺上塑料网，可以避免别断雏鸡脚趾，雏鸡感到舒适。网上育雏粪便直接落入网下，雏鸡不与粪便接触，减少病原感染的机会，尤其是球虫病暴发的危险。网上育雏饲养密度比地面饲养可提高20%～30%，减少了鸡舍面积，降低了劳动强度（图5-11）。视频5-2为网上育雏网面的铺设、视频5-3为网上育雏。

视频 5-2 网上育雏网面的铺设

网上育雏内景

网上育雏料桶和饮水器位置

视频 5-3 网上育雏

图 5-11　网上育雏

5. 立体育雏

把雏鸡养在多层笼内，这样可以增加饲养密度，减少建筑面积和占用土地面积，便于机械化饲养，管理定额高，适合于规模化饲养。层叠式育雏笼由笼架、笼体、料槽、水槽和托粪盘构成。笼架长×宽×高为100厘米×（60～80）厘米×150厘米。从离地30厘米起，每40厘米为一层，设三层或四层，笼底与托粪盘相距10厘米。

视频 5-4 阶梯式笼内育雏

阶梯式育雏笼一般笼架长×宽×高为200厘米×（180～200）厘米×（140～150）厘米。粪便直接落入地面或粪沟内。视频5-4为阶梯式笼内育雏（35日龄雏鸡）。多层网床育雏是使用木条和塑料网自制的多层网床，让雏鸡在网床上活动，成本低。见图5-12。

图 5-12　层叠式育雏笼育雏（左）；阶梯式育雏（中）；多层网床育雏（右）

三、育雏前的准备

准备工作做的好坏，关系到育雏期的成活率和育成鸡质量，直接影响培育效果。

1. 制定育雏计划

育雏计划包括进雏时间、批次、数量以及饲料、设备用具和人力的配备安排等。育雏计划的制定要考虑育雏舍大小、饲养方式及鸡群的整体周转安排等。原则是最好做到全进全出，每批育雏后的空闲时间为 1 个月。这是防病和提高成活率的关键措施。首先应根据市场需求以及不同品种的生产性能、适应性等情况，确定饲养的品种。通过调查，选择非疫区、信誉好、正规的种鸡场，根据鸡舍面积、资金状况、饲养管理水平、放养场地的面积等确定进雏数量，然后根据市场供需、放养时间等确定进雏的时间。

2. 育雏舍准备

（1）育雏舍要求　育雏舍要保温隔热，地面硬化，高度一般为 2.5～2.8 米，专用育雏舍窗户面积可以小一些；育雏育成舍，设置窗户既要考虑育雏期保温，还要考虑育成期通风。窗户面积可以大一些，但要能够封闭保温。高度可以高一些，要有天棚（图 5-13）。育雏方式不同、鸡的种类不同，需的面积不同，育雏舍面积根据育雏方式、种类、数量来确定。

图 5-13 育雏舍内景及外景图

（2）育雏舍清洁消毒 将舍内的鸡粪、垫料、顶棚上的蜘蛛网、尘土等清扫出鸡舍，再进行检查维修，使鸡舍和设备处于正常使用状态；按顺序消毒鸡舍和设备，冲洗—干燥—药物消毒—熏蒸消毒—空置3周—进鸡前3天通风，排出甲醛气体（图5-14）。

清除

冲洗

药物消毒

熏蒸消毒

图 5-14 育雏舍清洁消毒

（3）用具和药品准备 饲喂用具、饮水用具和消毒用具见第四章第二节；防疫用具和断喙用具见图5-15；药品主要有生物制品（如

山林果园散养土鸡新技术（彩色图解＋视频升级版）

疫苗），防治白痢、球虫的药物（如球痢灵、杜球、三字球虫粉等），抗应激剂（如维生素 C、速溶多维），营养剂（如糖、奶粉、多维电解质等）和消毒药（酸类、醛类、氯制剂等，准备 3 ～ 5 种消毒药交替使用）等。

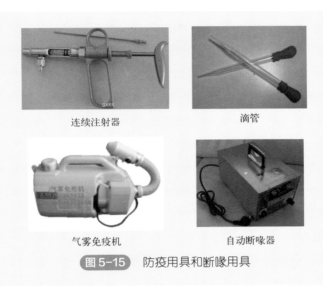

连续注射器　　　　　　　滴管

气雾免疫机　　　　　　　自动断喙器

图 5-15　防疫用具和断喙用具

3. 温度调试

安装好供温设备后要调试，以了解供温设备的性能。根据供温设备情况提前升温，避免雏鸡入舍时温度达不到要求影响育雏效果。观察供温后温度能否上升到要求的温度，需要多长时间。如果达不到要求，要采取措施尽早解决。育雏前 2 天，要使温度上升到育雏温度且保持稳定。

4. 人员、饲料和垫料的准备

育雏人员在育雏前 1 周左右到位并着手工作。饲料在雏鸡入舍前 1 天进入育雏舍，准备的饲料可饲喂 5 ～ 7 天，饲料太多易变质或营养损失。如果采用地面平养，还需要准备锯屑、刨花、砸短的麦秸和稻草等垫料。

四、雏鸡的选择和运输

1. 雏鸡的选择

（1）公母雏的选择　由于雌雄鉴别技术的推广应用，可以根据生产目的选择公母雏鸡，以降低生产成本、提高生产效率。如以产蛋为主，可以选择饲养母雏；以产肉为主，可以选择饲养公雏；蛋肉兼用，可以选择混合雏。

（2）健雏的选择

① 选择标准。由于土鸡的健康、营养和遗传等先天因素的影响，以及孵化、长途运输、出壳时间过长等后天因素的影响，初生雏中常出现有弱雏、畸形雏和残雏等，对此需要淘汰。因此选择健康雏土鸡是育雏的首要工作，也是育雏成功的基础。见表 5-2。

表 5-2　健雏与弱雏的区别表

项目	健雏	弱雏
绒毛	绒毛整洁，长短适中，色泽光亮	污秽蓬乱，缺乏光泽，有时绒毛短缺
体重	大小均匀，体态匀称	大小不一，过重或过轻
脐部	愈合良好，干燥，覆盖有绒毛	愈合不良，有黏液或卵黄囊外露，触摸有硬块
腹部	大小适中，柔软	特别大
精神	活泼好动，反应灵敏	站立不稳，闭目，反应迟钝
叫声	响亮而清脆	嘶哑或鸣叫不休

② 选择方法。选择方法可归纳为"一看""二听""三摸""四问"。

"一看"，就是看雏鸡的精神状态。健雏活泼好动，眼亮有神，羽毛整洁光亮，腹部收缩良好。弱雏通常缩头闭眼，伏卧不动，羽毛蓬乱不洁，腹大松弛，腹部无毛且脐部愈合不好，有血迹、发红、发黑、疗脐、丝脐等。

"二听"，就是听雏鸡的叫声。用手轻敲雏鸡盒或其他物品发出响声，雏鸡受到惊吓会发出叫声，健雏叫声洪亮清脆，弱雏叫声微弱，嘶哑，或鸣叫不休，有气无力。

"三摸"，就是触摸雏鸡的体温、腹部等。随机抽取不同盒里的一些雏鸡，握于掌中，若感到温暖、体态匀称、腹部柔软平坦、挣扎有力的便是健雏；如感到鸡身较凉、瘦小、轻飘、挣扎无力、腹大或脐部愈合不良的是弱雏。

"四问"，询问种蛋来源、孵化情况以及马立克氏疫苗注射情况等（视频5-5，注射马立克疫苗）。来源于高产、健康、适龄种鸡群的种蛋，孵化过程正常。出雏多且整齐的雏鸡一般质量较好，反之，雏鸡质量较差。

视频5-5 注射马立克疫苗

2. 雏鸡的运输

雏鸡的运输直接影响雏鸡的质量。为保证雏鸡在出壳后36小时内进入育雏舍，运输时要求迅速、及时、安全、平稳。运输车辆可以选择有空调系统的专用运输车。将雏鸡装入运输箱和运输盒内再装车运输。箱或盒内有隔墙将其分为4格，每格25只鸡。可以避免路途中叠堆导致雏鸡死亡（图5-16）。短途时也可以使用出雏盒运输。视频5-6为雏鸡专用运输盒、视频5-7为雏鸡出雏盒。

视频5-6 雏鸡专用运输盒

视频5-7 雏鸡出雏盒

雏鸡运输箱或盒（上图）；雏鸡运输车和雏鸡的装车（下图）

图5-16 雏鸡的运输

加强运输途中的管理：一是保持适宜的温度。雏鸡的运输应防寒、防热、防闷、防压、防雨淋和防震动。运雏时盒之间温度应保持在 20 ～ 22℃，每摞盒子不要超过 5 个，这时盒内的温度应在 30℃ 以上。冬季和早春运雏要带棉被、毛毯用品。夏季要带遮阳、防雨用品。特别注意早春和晚秋季节，使用棉被或被单覆盖严密导致雏鸡出汗，而引起感冒；二是注意通风，运雏过程中，不注意通风会使雏鸡受闷缺氧，严重的还会导致窒息死亡。因此，装车时要将雏鸡箱错开摆。箱周围要留有通风空隙，重叠高度不要过高；气温低时不要盖得太严；要避免冷风只吹鸡体（一般运输工具的进风口留在后面），引起伤风感冒；三是定时检查。运输人员要经常检查雏鸡的情况，通常每隔 0.5 ～ 1 小时观察 1 次。如见雏鸡张嘴抬头，绒毛潮湿，说明温度太高，要掀盖通风，降低温度。如雏鸡挤在一起，吱吱鸣叫，说明温度偏低，要加盖保温。当因温度低或车子震动而使雏鸡出现扎堆挤压时，还需要将上下层雏鸡箱互相调换位置，以防中间、下层雏鸡受闷而死；四是避免停车，装车后要立即启运，运输过程应尽量避免长时间停车。

五、雏鸡的饲养管理

1. 雏鸡的入舍

先将雏鸡数盒一摞放在地上，最下层要垫 1 个空盒或其他物品，静置 30 分钟，让雏鸡从运输的应激状态中缓解过来，同时适应一下鸡舍的温度和环境。然后再入舍、分群或装笼。

最好能根据雏鸡的强弱大小分开安放。弱的雏鸡要安置在离热源最近、温度较高的地方。少数俯卧不起的弱雏，放在 35℃ 的温热环境中特别饲养。视频 5-8 为雏鸡入笼。

视频 5-8 雏鸡入笼

2. 雏鸡的饲养

（1）雏鸡的饮水　雏鸡的消化吸收、代谢物的排泄、体温调节等都需要水。水在机体内占有很高的比例，且是重要的营养素。据研究，小鸡出壳后 24 小时消耗体内水分的 8%，48 小时消耗 15%。所以必须保证供应充足的饮水。

雏鸡第一次饮水叫开水。雏鸡最好出壳后 12 ～ 24 小时能够饮到水（图 5-17）。雏鸡入舍后就要饮到水，可以缓解运输途中给雏鸡造成的脱水和路途疲劳。出壳过久饮不到水会引起雏鸡脱水和虚弱，而脱水和虚弱又直接影响雏鸡尽快学会饮水和采食。

图 5-17　雏鸡饮水

【重要提示】为使雏鸡尽快恢复体力、消除运输应激，在饮水中最好按 5% 的比例加入蔗糖或葡萄糖，或 2% ～ 3% 的奶粉，也可以按厂家说明加入电解多维或速补 −12 等。

如果雏鸡不会或不愿意饮水，采用人工方法（把雏鸡的喙浸入水中几次，雏鸡知道水源后会饮水，其它雏鸡也会学着饮水）使雏鸡尽早学会饮水，对个别不饮水的雏鸡可以用滴管滴服。

饮水器位置至关重要。暖房式育雏（整个育雏舍内温度达到育雏温度），饮水器均匀放在网面和地面上；饮水器边缘高度与鸡背相平。乳头饮水器饮水，最初 2 天，乳头调至与雏鸡眼部平行，第 3 天提升水线，使雏鸡以 45°饮水，以后逐渐到第 10 天调至 70°～ 80°；保姆伞育雏，自动饮水器设置在育雏伞边缘外；壶式饮水器均匀放在伞外的垫料上；笼育时，饮水器放在笼底网的网面上，每个笼内都要有饮水器。见图 5-18。

图 5-18 不同育雏方式饮水器的位置

0 ~ 3 日龄雏鸡饮用温开水，水温为 16 ~ 20℃，以后可饮洁净的自来水或深井水。雏鸡的正常饮水量见表5-3。

表 5-3 雏鸡的正常饮水量

周龄	1 ~ 2	3	4	5	6	7	8
饮水量 /［毫升 /（只·日）］	自由饮水	40 ~ 50	45 ~ 55	55 ~ 65	65 ~ 75	75 ~ 85	85 ~ 90

注：1. 将饮水器均匀放在育雏舍光亮温暖、靠近料盘的地方。

2. 保证饮水器中经常有水，发现饮水器中无水，立即加水，不要待所有饮水器无水时再加水（雏鸡有定位饮水习惯），避免鸡群缺水后的暴饮。

3. 饮药水要现用现配以免失效，掌握准确药量，防止过高或过低，过高易引起中毒，过低无疗效。

4. 经常刷洗饮水器水盘，保持干净卫生。

5. 饮水免疫的前后 2 天，饮用水和饮水器不能含有消毒剂，否则会降低疫苗效果，甚至使疫苗失效。

6. 注意观察雏鸡是否都能饮到水，发现饮不到水的要查找原因，立即解决。若饮水器少，要增加饮水器数量，若光线暗或不均匀，要增加光线强度，若温度不适宜，要调整温度。

（2）雏鸡的开食 雏鸡第一次饲喂叫开食。雏鸡要适时开食，即大约 1/3 雏鸡有觅食行为时可开食。一般是幼雏进入育雏舍，休息、饮水后就可开食。最重要的是保证雏鸡出壳后尽快学会采食，学会采食的时间越早，采食的饲料越多，越有利于早期生长和体重达标。

开食最合适的饲喂用具是大而扁平的容器或料盘。因其面积大，雏鸡容易接触到饲料和采食饲料，易学会采食。传统的开食料使用碎玉米、碎米、碎小米等，现在开食使用蛋小鸡配合饲料。配合饲料营养全面平衡，含有雏鸡生长的各种营养物质。将开食料用温水拌湿（手握成块一松即散），撒在开食盘。湿拌料适口性好，获取的营养物质全面。1周后使用料桶喂干粉料。及早将料桶放入舍内并放一些料让雏鸡适应。见图5-19～图5-21。

图 5-19 大而扁平的开食盘（左图）或黄纸（右图）

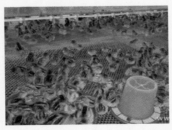

图 5-20 开食饲料（左图）、湿拌料（中图）、干粉料料桶饲喂（右图）

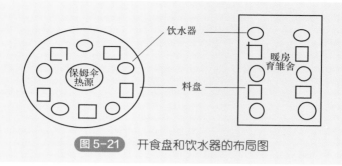

保姆伞
热源

图 5-21 开食盘和饮水器的布局图

【注意】对不采食的雏鸡群要人工诱导其采食，即用食指轻敲纸面或食盘，发出小鸡啄食的声响，诱导雏鸡跟着手指啄食，有一部分小鸡啄食，很快会使全群采食；开食后要注意观察雏鸡的采食情况，保证每只雏鸡都吃到饲料，尽早学会采食。开食几小时后，雏鸡的嗉囊应是饱的，若不饱应检查其原因（如光线太弱或不均匀、食盘太少或撒料不匀、温度不适宜、体质弱或其它情况）并加以解决和纠正。开食好的鸡采食积极、速度快，采食量逐日增加。

（3）雏鸡的饲喂

① 饲喂次数。开食后，第一天每 1 ～ 2 小时添料一次，少添勤添。添料的过程也是诱导雏鸡采食的一种措施。在前 2 周每天喂 6 次，其中早晨 5 点和晚上 10 点各一次；3 ～ 4 周每天喂 5 次；5 周以后每天喂 4 次。育成期一般每天饲喂 1 ～ 2 次。

② 饲喂方法。进雏前 3 ～ 5 天，饲料撒在黄纸或料盘上，让雏鸡采食，以后改用料桶或料槽。前 2 周每次饲喂不宜过饱。幼雏贪吃，容易采食过量，引起消化不良，一般每次采食九成饱即可，采食时间约 45 分钟。3 周以后可以自由采食。生产中要根据鸡的采食情况灵活掌握喂料量，下次添料时余料多或吃得不净，说明上次喂料量较多，可以适当减少一些，否则，应适当增加喂料。既要保证雏鸡吃好，获得充足营养，又要避免浪费饲料。

③ 定期饲喂沙砾。鸡无牙齿，食物靠肌胃蠕动和胃内沙砾研磨。4 周龄时，每 100 只鸡喂 250 克中等大小的不溶性沙砾（不溶性是指不溶于盐酸。可以将沙砾放入盛有盐酸的烧杯中，如果有气泡说明是

可溶性的）。

④ 喂给青绿饲料。青绿饲料富含维生素，雏鸡从 5 ～ 6 日龄起，可以喂给青绿饲料。青绿饲料切碎后混于粉状饲料中饲喂或单独饲喂，青绿饲料的用量占精饲料量 20% 为宜。适用于小型养殖场（户）。规模化养殖场不饲喂青绿饲料，在日粮中添加多种维生素。

⑤ 饲料中加入药物。为了预防沙门菌病、球虫病的发生，可以在饲料中加入药物。

【提示】饲料中加药时，剂量要准确、拌料要均匀、用药时间要适当，还要考虑雏鸡的采食量和体重，以防药物中毒。

3. 雏鸡的管理

（1）提供适宜的环境条件

① 适宜的温度。温度是饲养土雏鸡的首要条件，温度不仅影响雏鸡的体温调节、运动、采食、饮水及饲料营养的消化吸收和休息等生理环节，还影响机体的代谢、抗体产生、体质状况等。只有适宜的温度才能保证雏鸡生长发育和成活率的提高。

a. 育雏育成期适宜温度。见表5-4。

表 5-4　育雏育成期适宜温度

时间	1～2天	1周龄	2周龄	3周龄	4周龄	5周龄	6周龄	7～20周龄
温度 /℃	35～33	33～30	30～28	28～26	26～24	24～21	21～18	18～16

b. 不同温度雏鸡的表现。温度适宜时，雏鸡分布均匀，食欲、饮水良好。精神活泼，叫声轻快，羽毛光洁整齐，粪便正常；育雏温度低时雏鸡扎堆，尽量靠近热源，不愿采食，饮水减少，发出尖叫声（图5-22、图5-23，视频5-9，育雏温度低时雏鸡的表现）。幼雏易患感冒、腹泻等疾病，尚未吸收完的卵黄也因低温而不能正常继续吸收，腹部大、硬，鸡体软弱，甚至死亡；育雏温度高时雏鸡两翅和嘴张开，呼吸快，发出吱吱鸣叫声，采食少，饮水多，精神差，远离热源。若长时间处于高温环境，不食，频繁饮水，体质弱，易患呼吸道疾病和啄癖。见图5-24。

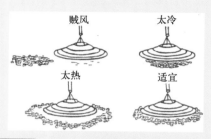

视频 5-9 育雏温度低时雏鸡的表现

图 5-22 不同温度状态下雏鸡表现示意图

图 5-23 温度适宜（左图）、温度过低（中图）、温度过高，雏鸡张口喘气（右图）

c. 温度的调整。可根据幼雏的体质、时间、群体情况等给予调整，使温度适宜均衡、变化小。一般出壳到 2 日龄温度稍高，以后每周降低 2℃，直至 20℃左右。白天雏鸡活动时，温度可稍低，夜晚雏鸡休息时，温度可稍高；周初比周末温度可稍高；健雏稍低，病弱雏稍高；大群稍低，小群稍高；晴朗天稍低，阴雨天稍高。

d. 温度测定。温度计的位置直接影响测量育雏温度的准确性，因温度计位置过高测得的温度比要求的育雏温度低而影响育雏效果的情况生产中常有出现。育雏前对温度计校正，标上记号。测量温度用普通温度计。保姆伞育雏，温度计挂在距伞边缘 15 厘米、高度与鸡背相平（大约距地面 5 厘米）处；网上和笼育雏，温度计挂在距网面和每层笼底网 5 厘米高处（图 5-24）。育雏过程中，根据雏鸡的行为表现进行适当的调整，即"看雏施温"。

图5-24　温度计位置图（左——保姆伞育雏；右——网上和笼育）

　　e. 脱温。当舍内外温差不大时可脱温。脱温要逐渐进行（3～5天），防止太快而引起雏鸡感冒，避开各种逆境（免疫、转群、寒潮、换料等）。

　　② 适宜的湿度。适宜湿度让雏鸡感到舒适，有利于健康和生长发育；育雏舍内过于干燥，雏鸡体内水分随着呼吸而大量散发，则腹腔内的剩余卵黄吸收困难，同时由于干燥饮水过多，易引起腹泻，脚爪发干，羽毛生长缓慢，体质瘦弱；育雏舍内过于潮湿，由于育雏温度较高，且育雏舍内水源多，容易造成高温高湿环境。在此环境中，雏鸡闷热不适，呼吸困难，羽毛凌乱污秽，易患呼吸道疾病，增加死亡率。

　　测定湿度可用干湿温度计（图5-25）。育雏前期为防雏鸡脱水，相对湿度为75%～70%，可以在舍内火炉上放置水壶、在舍内喷热水等方法提高湿度；10～20日龄，相对湿度降到65%左右；20日龄以后，由于雏鸡采食量、饮水量、排泄量增加，育雏舍易潮湿，所以要加强通风，更换潮湿的垫料和清理粪便，以保证舍内相对湿度在40%～55%之间。

　　【小常识】圆盘式湿度计使用方法：在干湿温度计的水盘中放上水，让包裹温度计的棉纱浸入水盘中，挂在舍内，待10分钟后，可以观察温度计的读数。转动中间有刻度（代表的是干温度计读数）的红色圆盘，使干温度计读数与圆盘周围黑色刻度（代表的是湿温度计读数）对齐，有一指针指向下方的刻度就是相对湿度。

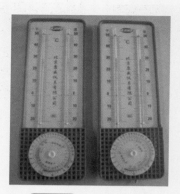

图 5-25 干湿温度计

③ 新鲜的空气。通过通风换气可以驱除舍内污浊气体、水汽、尘埃和微生物，换进新鲜空气，调节舍内温度。利用屋顶排风口和侧墙进气口或窗户进行通风换气（图5-26）。育雏舍内空气以人进入舍内不刺激鼻、眼，不觉胸闷为宜。大型育雏舍可以安装风机。

图 5-26 育雏舍的屋顶排风口和进风口位置

【注意】育雏舍内二氧化碳（CO_2）不应超过0.05%，氨气（NH_3）不应超过0.002%，硫化氢（H_2S）不超过0.001%，一氧化碳（CO）不超过0.0024%；育雏前期，注意保温，通风量少些；育雏后期，舍内空气容易污浊，应增加通风量；避免风直吹雏鸡，以免雏鸡着凉感冒。

④ 适宜的饲养密度。饲养密度过大，雏鸡易扎堆拥挤，发育不均匀，易发生疾病，死亡率高（图5-27）。不同饲养方式的饲养密度见表5-5。

图5-27 饲养密度过高

表5-5 饲养密度表

周龄	地面平养/（只/米²）	网上平养/（只/米²）	立体笼养/（只/米²）
1～2周	40～35	50～40	60
3～4周	35～25	40～30	40
5～6周	25～20	25	35
7～8周	20～15	20	30

⑤ 合理的光照。育雏前3天，采用24小时连续光照制度，光线强度为50勒克司（相当于1米³鸡舍面积15～20瓦白炽灯），便于雏鸡熟悉环境，尽快学会采食，也有利于保温。4～7日龄，每天光照20小时，8～14日龄每天光照16小时，以后采用自然光照，光线强度逐渐减弱。

⑥ 卫生。雏鸡体小质弱，对环境的适应力和抗病力都很差，容易发病，特别是传染病。所以要加强入舍前的育雏舍消毒，加强环境和出入人员、用具设备消毒，经常带鸡消毒，并封闭育雏，做好隔离。

（2）让雏鸡尽快熟悉环境 育雏器周围最好加上护拦（冬季用板

材，夏季用金属网），以防雏鸡远离热源，随着日龄增加，逐渐扩大护拦面积或移去护拦（图5-28）。育雏伞育雏时，伞内要安装一个小的白光灯或红光灯以调教雏鸡熟悉环境。2～3天雏鸡熟悉热源后方可去掉。

图5-28 育雏器周边护栏

暖房式（整个舍内温度达到育雏温度）加温的育雏舍，在育雏前期可以把雏鸡固定在一个较小的范围内，这样可以提高饲槽和饮水器的密度，有利于雏鸡学会采食和饮水。同时，育雏空间较小，有利于保持育雏温度和节约燃料；笼养时，育雏的前两周内笼底要铺上厚实粗糙并有良好吸湿性的纸张，这样笼底平整，易于保持育雏温度，雏鸡活动舒适。

（3）断喙　舍内饲养，特别是笼养的鸡，由于种种原因，如饲养密度大，光照强，通气不良，饲料不平衡及机体自身因素等会引起鸡群之间相互叼啄，形成啄癖，包括啄羽、啄肛、啄翅、啄趾等。一旦出现啄癖，鸡轻则伤残，重者死亡，损失很大，所以生产中要对鸡进行断喙。同时，断喙可节省饲料，减少饲料浪费，使鸡群发育整齐。

果园林地放养土鸡的环境发生了很大变化，土鸡有充足的活动空间，饲养密度较小，可以自由觅食青饲料和一些矿物元素，并且有丰富的嬉戏空间和"工具"，有利于减少恶癖。果园林地放养的土鸡断喙与否，可以根据具体情况确定。如果饲养的是种鸡，种母鸡可以断喙，而种公鸡则不可断喙；如果放养的密度小，可以不断喙，放养密度大，可以断喙；如果放养的产蛋鸡群有相互啄食的现象，可适当断喙。但放养鸡断喙的程度不应像舍内饲养或笼养鸡那样严重，适当浅断喙即可，以免影响鸡的啄食。

① 时间和用具。断喙时间应严格掌握，一般在 6 ～ 9 日龄断喙。断喙对雏鸡来说是较大的应激，断喙时间晚，喙质硬，不好断；断喙过早，雏鸡体质弱，适应能力差，都会引起较严重的应激反应。较好的用具是自动断喙器。

② 标准和方法。用拇指捏住鸡头后部，食指捏住下喙咽喉部，将上下喙合拢，放入断喙器的小孔内，借助于灼热的刀片，在喙尖与鼻孔间前端 1/3 处断掉（比笼养鸡断喙略轻），并烧烙 2 ～ 3 秒止血，防止感染（图 5-29）。

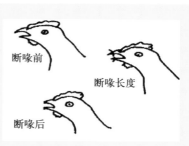

断喙前

断喙长度

断喙后

图 5-29　断喙操作（左图）；断喙前后比较（右图）

③ 断喙注意事项。

a. 鸡群发病期间不能断喙，待病痊愈后再断喙。断喙前后，饮水中可加维生素 K 和维生素 C，以缓解应激，减少出血。

b. 刀片温度 650 ～ 750℃为宜（断喙器刀片呈暗红色）。温度太高，会将喙烫软变形。温度低，很难断喙，即使断喙，也会引起出血、感染。发现有出血时，再轻烙一次或涂浓碘酊进行止血，以免失血过多造成死亡。

c. 注意勿将舌尖断掉。

d. 自然交配的鸡群，种公雏只要去掉喙尖的锐利部分就可以了。

否则，切去的部分过长，配种时公鸡无法咬住母鸡的颈羽，影响配种。

e. 断喙后食槽应有 1 ～ 2 厘米厚度的饲料，以避免雏鸡采食时与槽底接触引起喙痛影响以后采食。

f. 断喙器保持清洁，以防断喙时交叉感染。

④ 定期测定体重。第 3 ～ 4 周开始称测体重，每周或每 2 周称重 1 次。在每周同一天的同一时间称测。

a. 工具和取样。使用磅秤或较大的天平称重，磅秤要精确，误差在 15 克之内。取样方法：平养时常采用对角线法，随机在对角线两点用折叠的铁丝网将鸡包围起来（绿色圆圈内的鸡），所围的鸡数应接近计划抽样称重的鸡只数，抽测鸡数不少于总量的 1%。分栏饲养每栏都称，最少称 50 只鸡；围起的鸡都要称重，逐只称重（图 5-30）。

图 5-30 称重工具和取样示意图

b. 计算平均体重。将称重鸡只的体重相加，求得总重量，然后将总重量除以称重鸡数，即可得出平均体重。计算公式如下：

$$X（抽样平均体重）= \frac{\Sigma（抽样的重量总和）}{N（抽样个体数）}$$

c. 计算体重均匀度。体重均匀度是指鸡群中每只鸡体重大小的均匀程度（图 5-31）。它是鸡群生产性能和饲养管理技术水平的综合指标，不仅影响总产蛋量，而且脱肛、啄肛多，死淘率高。

体重均匀度的要求见表 5-6。影响体重均匀度的因素主要有开食、饮水、分群、断喙、应激和舍内小环境等。

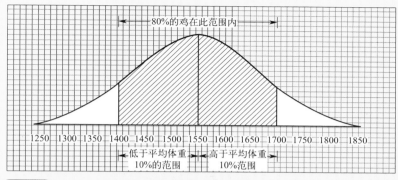

图 5-31 体重均匀度（指体重在鸡群平均体重 ±10% 范围内的鸡占鸡群总数的百分比）

表 5-6　土鸡各周龄均匀度标准

周龄	体重均匀度 /%
4 ～ 6	≥ 85
7 ～ 11	≥ 83
12 ～ 15	≥ 80
16 ～ 19	≥ 78
20 以上	≥ 75

　　d. 体重的调整。体重超出标准，下周不增加喂料量，直至与标准相符再恢复应该采食的喂料量；体重低于标准，下周增加喂料量，平均体重与标准相差多少克，增加多少克饲料，并在 2 ～ 3 周内喂完。

　　e. 均匀度的调整。科学管理，如正确断喙、保持鸡舍空气新鲜、适宜密度、减少应激以及控制好疾病等，保证采食均匀。采食位置充足、减少投料次数、快速投料及喂料后多次匀料等。分群管理，把鸡群内的鸡分为超标、达标和不达标三个群隔开饲养管理。超标的限制饲养；达标的正常饲养；不达标的提高营养水平，增加喂料量，使用抗生素、助消化剂和抗应激剂等，促进生长发育，尽快达标。

（4）日常管理　除控制好环境温度、湿度、通风、光照、饲养密度等环境条件外，还应注意如下管理。

① 垫料管理。地面平养，开始铺设 5 厘米厚垫料，3 周内保持垫料稍微潮湿（避免引起脱水），以后保持垫料干燥。加强靠近热源垫料的管理，因鸡常逗留于此，易污浊潮湿，要及时更换，可以减少霉菌感染。未发生传染病的情况下，潮湿的垫料在阳光下干燥暴晒（最好消毒）后可以重复利用（图 5-32）。

图 5-32　保持垫料清洁卫生

② 加强对弱雏的管理。随着日龄增加，雏鸡群内会出现体质瘦弱的个体。注意及时挑出小鸡、弱鸡和病鸡，隔离饲养，精心管理，以期跟上整个鸡群的发育。随着体格增大，占用的空间也大，要注意扩大饲养范围，降低饲养密度，并满足对饲槽和水槽的需求。

③ 注意观察鸡群　观察鸡群能及时发现问题，把疾患消灭于萌芽状态，所以每天都要细致观察鸡群。观察从以下几个方面进行：

a. 采食情况。正常的鸡群采食积极，食欲旺盛，触摸嗉囊饱满。个别鸡不食或采食不积极应隔离观察。有较多的鸡不食或不积极，应该引起高度重视，找出原因。

【小知识】鸡不食的原因有：一是突然更换饲料，如两种饲料的品质或饲料原料差异很大，突然更换，鸡只没有适应引起不食或少食；二是饲料腐败变质，如酸败、霉变等；三是环境条件不适宜，如育雏期温度过低或过高、育成期温度过高等；四是疾病，如鸡群发生较为严重的疾病。

b. 精神状态。健康的鸡活泼好动；不健康的鸡会呆立一边或离群独卧、低头垂翅等。

c. 呼吸系统情况。观察有无咳嗽、流鼻涕、呼吸困难等症状，在晚上夜深人静时，蹲在鸡舍内静听雏鸡的呼吸音，正常情况下应该听不到异常声音，如有异常声音，应引起高度重视，做进一步检查。

d. 粪便状态。粪便状态可以反映鸡群的健康状态，正常的粪便多为不干不湿黑色圆锥状，顶端有少量尿酸盐沉着，发生疾病时粪便会有不同的表现。如鸡白痢排出的是白色带泡状的稀薄粪便；球虫病排出的是带血或肉状粪便；法氏囊病排出的是稀薄的白色水样粪便等。粪便观察可以在早上开灯后进行，因为鸡只晚上卧在笼内或网上排粪，早上在鸡群没有活动前粪便的状态容易观察。

④ 调教。喂鸡时给固定信号，如吹哨、敲盆等，声音一定要轻，以防炸群，久而久之，鸡就建立起条件反射，每当鸡听到信号就会过来，为以后放养做准备。

⑤ 卫生管理。笼养和网上育雏时，每 2～3 天清 1 次粪，以保持育雏舍清洁卫生。厚垫料育雏时，及时清除沾污粪便的垫料，更换新垫料。搞好环境卫生及环境和用具的消毒，定期用百毒杀、新洁尔灭等带鸡消毒。

⑥ 疾病预防。严格执行免疫接种程序，预防传染病的发生。每天早上要通过观察粪便了解雏鸡的健康状况，主要看粪便的稀稠、形状及颜色等。2～7 日龄，为防止肠道细菌性感染进行预防性投药。20 日龄后，要预防球虫病的发生，尤其是地面散养的鸡群，投喂抗球虫药物。

⑦ 记录和成本核算。认真做好各项记录。每天检查记录的项目如下。

a. 日常记录。主要有雏鸡的精神状态、环境条件（温度、湿度、光照、通风换气、卫生等）、死亡淘汰情况、采食情况（饲料、饲喂时间、采食量、采食速度等）以及外界气候变化。

b. 用药防疫记录。使用药物的名称、含量、剂量、用药期和用药效果；疫苗的种类、生产厂家、有效期、使用剂量、接种时间和方法等；消毒药物的名称、有效成分、配比浓度、消毒时间和方法等；添加剂的名称、有效成分、添加的剂量和使用时间等。

c.财务记录。人员配备及费用；使用饲料、药物和其它物资的数量、价格和费用；出售的产品收入等。

d.雏鸡成本。雏鸡成本＝育雏期的总成本（元）÷成活的雏鸡数（只）＝（饲料费＋人工费＋医药费＋折旧费＋其它费用－粪便等收入）÷成活的雏鸡数

第六章
山林果园散养土鸡放养期的饲养管理技术

当雏鸡养育到一定阶段，能够适应外界环境条件变化后，就可以在山林果园进行散放饲养，生产优质的商品土鸡和鸡蛋。放养的鸡类型按用途可划分为商品肉用土鸡、商品蛋用或兼用型鸡。放养土鸡，在饲养管理方面有些相同，但由于饲养土鸡的目的和日龄不同，又有很多不同，应该注重共性，区别对待。

第一节　山林果园散养土鸡的活动规律

饲养方式和环境条件的改变，土鸡的活动规律和活动方式将发生一定变化。了解放养土鸡的活动规律，有利于确定鸡群放养密度、饲养规模和管理模式。

一、散养鸡的活动范围

1. 活动半径

一般活动半径指 80% 以上鸡的活动半径（图 6-1）。不同饲养密度条件下，鸡的活动半径不同。随饲养密度的增加，鸡的活动半径逐渐增加。但80%以上的鸡活动半径在100米以内；最大活动半径指群体中少数生命力较强的鸡超出一般活动范围，达到离鸡舍最远的活动距离。饲养密度增加，最大活动半径也增加。

图6-1　不同散养密度下的土鸡的活动半径

（左图——一般活动半径为100米；中图——低密度放养最大活动半径为500米；右图——高密度放养最大活动半径为1000米）

2. 活动半径的差异

土鸡散养的活动半径差异不仅受到个体、群体和品种的影响，而且还受其他因素影响（图6-2）。

二、散养鸡的活动规律

早出晚归是散养条件下鸡的一般生活习性。鸡的外出和归牧与太阳活动有密切关系。一般在日出前0.5～1小时离开鸡舍，日落后0.5～1小时归舍。一般季节，其采食的主动性以日落前后最强，早晨次之。中午多有休息的习惯。但冬季的中午活动比较活跃。

三、散养鸡的产蛋规律

散养鸡产蛋的时间分布为，80%左右集中在中午以前，以9点至11点为产蛋高峰期。但散养鸡的产蛋时间持续全天，不如笼养鸡集中。这可能与散养条件下其营养获取不足有关。

山林果园散养土鸡新技术（彩色图解＋视频升级版）

活动半径的差异	个体差异	活动半径有明显的个体差异。约5%的个体远远超出一般活动半径的范围，最大活动半径是它们创造的。这样的鸡体质健壮、抗病力强，活动范围广，产蛋性能高。而这种特性应该属于遗传因素造成的
	群体差异	如果群体活动半径较大的个体数量较多，其对同群其他鸡有一定的影响和带动作用；在一个多群体的山场上，离饲养员活动场地最近的群体的活动半径最小，离饲养人员较远的群体活动半径增加。这与饲养人员的频繁活动使鸡产生等、靠、要的依赖性有关
	品种差异	活动半径具有品种差异。如河北柴鸡的活动半径大于现代配套系，其一般活动半径相差10%左右，最大活动半径相差30%左右。河北柴鸡较大的活动半径是长期自然选择和人工选择的结果
	其他因素	(1)鸡的一般活动半径和最大活动半径与草场植被和地势有关。较好的植被山场，鸡的活动半径较小，而退化山场，可食牧草较少，植被覆盖率较低，鸡的活动半径增大；高低不平的地块，无论下行还是往上爬行，鸡的活动半径均缩小。而在平坦的地块，鸡的活动半径增大；(2)活动半径还与鸡舍门口位置、朝向、补料和管理有关。一般往鸡舍门口方向前行的半径大，背离门口方向的半径小。大量补充饲料会使鸡产生依赖性，其活动半径缩小；(3)经过调教后，一般活动半径增大，对最大活动半径没有明显影响

图6-2 活动半径的差异

第二节　山林果园散养土鸡散养前的准备

　　由舍内饲养突然转移到放牧地，环境发生了很大变化，饲养管理也发生变化，需要做好一些准备工作。

一、散养场地的选择

　　散养场地应符合产地环境质量标准 NY/T 391 的要求。

　　有土鸡可食的饲料资源，如昆虫、饲草、野菜等，可选用山地、林地、果园、农田、荒地、草场、草山及草坡等。地势平坦或有缓坡，背风向阳。一般每公顷放养 100 ～ 400 只。

二、散养模式确定

散养模式，是指散养鸡的周期性安排，如什么时间进雏，什么时间放养，饲养周期多长，以产肉还是产蛋为主，何时出栏等。散养模式的确定，不仅影响环境资源和饲料资源的利用，而且影响产品的销售价格和养殖效益。

1. 散养模式确定的原则

（1）气候特点　外界气候的变化对土鸡的生长和产蛋都有较大影响。由于育雏期需要额外供温，生长期和产蛋期需要一定的温度，所以，把生长期和产蛋的高峰期尽量安排在气候最适宜的时候，以充分利用自然资源；把出栏期安排在自然气候条件不适宜的季节内，如冬季。

（2）资源特点　散养土鸡以自由采食野外自然饲草饲料为主，如野草、野菜、虫体、腐殖质等，而这些自然食物具有很强的季节性。从我国华北大多数地区的自然条件看，每年4月上旬至10月下旬，均可获得数量不等的饲料，而最佳时期是6～10月份。因此，应将土鸡生长和产蛋的高峰期安排在这一季节，以通过大量采食优质的自然饲料提高产品质量，降低投入，提高效益。

（3）市场特点　土鸡或土鸡蛋，作为一种特殊商品，有特定的消费群体，产品的消费不均衡，其价格在一年四季不断波动。应根据一般规律，将出栏时间或产蛋高峰期安排在需求量较大的节日或月份，以同样的产品产量获得较多的收益。

2. 合理的散养模式

北方地区，合理的散养模式见表6-1。

三、搭建棚舍

根据放养场地的面积、散养土鸡的数量确定棚舍的面积和数量。每个棚舍能容纳300～500只青年鸡或200～300只产蛋鸡。多列棚舍要布列均匀，坐北朝南，间隔150～200米。

表 6-1　山林果园散养土鸡的散养模式

模式	产品	操作	效果
年生产两批模式	生产肉土鸡	第一批，3月中旬进雏，4月下旬放养，7月中旬出栏；第二批，6月中旬进雏，7月中旬放养，9月底至10月初出栏	一年在同一地块里出栏二批鸡。第一批在气候较温暖的4月上旬育雏。育雏结束后，野生饲料资源丰富，在整个放牧期以放牧为主，大量利用野生饲料，补充少量饲料；7月上旬后选择生长较快的公鸡先出栏，直至中旬全部出售。第一批全部出栏1个月前，开始育第二批雏鸡。第一批鸡出栏后，即可放养第二批鸡，两批鸡放养有一定的时间间隔。由于此时气温很高，育雏只需要少量供暖，1个月左右便可放养。出栏时间正值中秋节和国庆节，无论公鸡还是母鸡，全部出栏，市场价格高。鸡全部出栏后，正赶上农忙季节，即秋收秋种，这时可腾出时间用于农活
年生产一批模式	产蛋、产肉	1月上旬进雏（冬季育雏），3月放养（春季育成），6月上、中旬产蛋（牧草生产旺季产蛋），翌年1月淘汰。生产周期1年	年饲养一批，使产蛋期有充足的自然饲料资源，生产优质鸡蛋，降低饲养成本；并使鸡蛋的出售赶上国庆节、中秋节和元旦等几个大的节日。在产蛋高峰过后，停止饲养，全部作为肉鸡淘汰，以获得较高的效益。但这一模式育雏期和育成期是在较寒冷的季节进行，需要的投入较多，也要求较高的技术支持。在鸡全部淘汰的同时，引进下一年度的雏鸡，形成1年1个生产周期
	肉土鸡	4月上旬进雏，5月上旬放养，到9月底至10月初出栏	年饲养一批，使散养期有充足的自然饲料资源、适宜的环境条件，生产优质土鸡，降低饲养成本；并使土鸡在国庆节前后出售
500天散放模式	产蛋为主	4月下旬至5月上旬进雏，6月中旬放养，10月上旬产蛋，次年10月上旬作为肉用鸡淘汰	育雏期安排在气候较温暖的5月份，这时由于外界温度较高，可以降低育雏成本；散养期在整个自然资源比较充足的季节，可以降低饲养成本；产品供应正值供求紧张的中秋节、国庆节、元旦和春节，市场产品价格较高；产蛋1周年后淘汰，也是在供求矛盾突出的中秋节和国庆节

棚舍跨度4～5米，高2.5米；棚舍内设置栖架，每只鸡所占栖架的位置不低于17～20厘米（图6-3）；产蛋棚舍要环境安静，防暑

保温；每5～6只母鸡设1个产蛋窝，安静避光，窝内放入少许麦秸或稻草。

棚舍材料可以使用砖瓦、竹竿、木棍、角铁、钢管、油毡、石棉瓦以及篷布等搭建；棚舍四周要留通风口；对简易棚舍的主要支架要用铁丝从东南西北4个方向拉牢固定。

林地散养土鸡鸡舍及山地散养土鸡简易棚舍见视频6-1和视频6-2。

图6-3 产蛋棚舍内的栖架

视频6-1 林地散养土鸡鸡舍

视频6-2 山地散养土鸡简易棚舍

四、围网筑栏

山林果园散养土鸡，散养场地比较大，要用尼龙网或铁丝网将放养场地围栏封闭（图6-4）。一是防止丢失。刚刚放牧时，通过围网限制其活动范围，可以防止丢失，以后逐渐放宽活动范围，直至自由活动。二是可放牧均匀。当一个群体数量很大时，鸡有一定的群集性。由于鸡的活动半径较小（一般100米以内），众多土鸡生活在较小的范围内，容易形成鸡经常活动的区域出现过牧现象，形成"近处光秃秃，远处绿油油"。通过围栏筑网，将较大的鸡群隔离成若干小的鸡群，可防止出现这种现象。三是限制活动区域。可根据需要将土鸡限制在一定区域范围，如限制在没有喷洒农药的区域或能够放牧的地块等。四是分区轮牧。为防止过牧现象发生，将一个地块用围网分成若干小区（一般 3 个左右），使鸡轮流在 3 个区域内采食，每个小区放牧 1～2 周，使土地生息结合，可有利于资源开发和提高资源利用效率。

图 6-4　铁丝网围栏（左图），尼龙网围栏（右图）

五、设备用具准备

在散养场地安装好自动饮水装置，配备足够数量的饮水器，满足土鸡散养时的饮水需求。鸡舍内安装栖架，产蛋舍安装产蛋箱。在鸡舍一侧可专门设置一个补料区，放置饲槽等用具。

六、免疫接种

按照制定的免疫程序进行免疫接种，为散养鸡提供良好的健康保证。

第三节　山林果园散养土鸡的分群管理

根据放牧条件和土鸡的具体情况，将不同品种、不同性别、不同年龄和不同体重的鸡分开饲养，以便于有针对性地采取有效管理措施，就是分群。规模化散养鸡的数量大，通过科学的分群管理，可以提高成活率、生长速度和饲料效率，充分利用自然资源，最大限度地提高劳动效率，获得较好的经济效益。

一、分群的时间

分群可在从育雏室转到散养场地时进行。要在晚上进行，以减少应激发生。

二、分群方法

可以根据不同日龄、不同体重和不同生理阶段将土鸡分为不同的群体，避免大小混养。不同日龄、不同体重和不同生理阶段的鸡，其营养需要、饲料类型、管理方式和疾病发生的种类及特点都不一样。如果将它们混养在一起，无法有针对性地饲养和管理。例如，产蛋鸡和大雏鸡混养，饲料无法配制和提供。如果按照产蛋鸡补料，其含钙、磷过高，大雏鸡采食过多会造成疾病。按照大雏鸡的营养需要补料，产蛋鸡明显钙、磷不足而严重影响产蛋率和鸡蛋品质。特别是疾病预防，难以按照防疫程序执行，病鸡相互传染，导致疾病不断而无法控制。

一般同一批散养的鸡分群应与育雏阶段的分群相一致，即育雏室内每个小区内的雏鸡最好分在1个鸡舍内。根据散养场地每个简易鸡舍容纳鸡的数量，一次性放进足量的小鸡。如果散养场地简易鸡舍的面积较大，安排的土鸡数量较多，应将鸡舍分割成若干单元，每个单元容纳的鸡数量最好小于500只。

三、群体大小

确定群体大小的依据是品种、周龄、性别和放牧地的可食植被状况及鸡舍之间的距离、鸡舍大小。一般而言，土鸡活泼爱动，体质健康，适应性强，活动面积大，群体可适当大些；小鸡阶段采食量小，饲养密度和群体适当大些；而大鸡的采食量较大，在有限的活动场地散养的数量适当小些；植被状况良好，群体适当大些；植被较差，饲养密度和群体都不应过大，否则容易产生过牧现象；公、母鸡混养，

山林果园散养土鸡新技术（彩色图解＋视频升级版）

公鸡的活动量大，生长速度快，可提前作为肉鸡出栏，群体可适当大些；若饲养鉴别母雏，一直饲养到整个生产周期结束，群体不宜过大。

群体大小要适宜。如根据植被状况、鸡的日龄和活动范围、鸡舍之间的距离和鸡舍的大小来确定，一般平原地区的草场、农田和果园等，以鸡舍为圆心，70％以上的鸡在半径 50 米以内活动，90％以上在半径 100 米以内活动。因此，群体大小应以 50～100 米为半径的圆面积为 1 个活动单元，根据牧草的情况，确定单位面积散养鸡的数量。如一般草地每亩（667 平方米）容纳鸡的数量为 20～30 只，好的草场可达到 40～50 只，最高不宜超过 80 只。以这样计算，1 个饲养单元的面积应控制在 7000～18000 平方米，如此，一般群体应控制在 300～500 只。

群体过小，管理不方便，资源浪费；群体过大，饲养效果差。首先，群体大，在较小的放牧面积内饲养过多鸡，容易造成草地的过牧现象而使草地退化。其次，由于过牧，草生长受到严重影响，鸡在野外获取的营养较少，主要依靠人工饲喂。因此，更多的鸡在鸡舍附近活动，形成了采食依赖性，不仅增加了饲养成本，而且鸡的生长发育和产品品质都受到影响。第三，在较小的范围内有较多的鸡活动，饲养密度过大，疾病的发生率较高。第四，密度大，营养供应不足或营养单调，容易发生恶癖，如啄肛、啄羽和打斗等。

第四节　山林果园散养土鸡的调教

调教是指在特定环境下给予特殊信号或指令，使之逐渐形成条件反射或产生习惯性行为。调教是放养鸡饲养管理工作中不可缺少的技术环节。早上放鸡、晚上收鸡以及饲喂、饮水等，必须有统一的集体行动，特别是遇到不良天气和野生动物侵入时，如刮风、下雨、冰雹、老鹰或黄鼠狼侵害等，应在统一的指挥下进行规避。同时，也可避免相邻鸡群之间的混杂。对土鸡的调教应该从小鸡就开始进行。调教包括喂食和饮水的调教、放牧的调教、归巢的调教、上栖架的调教和紧急避险的调教等。

一、喂食和饮水的调教

放养鸡每天的补料量是有限的，因此，要保证每只鸡都获得应获数量的饲料，应在补充饲料时的同一个时间段共同采食。在野外饮水条件有限时，为了保证饮水的卫生，尽量减少开放式饮水器暴露在外的时间，需要定时饮水，也需要同时进行。

喂食和饮水的调教应在育雏时开始，在放养时进一步强化，并形成条件反射。一般以一种特殊的声音作为信号。这种声音应该柔和而响亮，不可使用爆破声和模仿野兽的叫声，持续时间可长可短。生产中多用吹口哨和敲击金属物品。

以喂食为例，调教前应使鸡有一定的饥饿时间，然后，一边给予信号（如吹口哨），一边喂料，喂料的动作尽量使鸡看得到，以便产生听觉和视觉双重感应，加速条件反射的形成。每天反复如此动作，一般 3 天后即可建立条件反射。

二、放牧的调教

很多鸡的活动范围很窄，远处尽管有丰富的饲草资源，但它宁可饥饿，也不远行一步。为使牧草得到有效利用，应当对鸡群进行调教。调教的方法是：一人在前面引导，即一边慢步前行，一边按照一定的节奏给予一定的语言口令（如不停地叫"走……"），一边撒扬少量的食物（作为诱饵）；后面一人手拿驱赶工具，一边发出驱赶的语言口令，一边缓慢舞动驱赶工具前行，直至到达牧草丰富的草地。这样连续几日后，这群鸡即可逐渐习惯往远处采食。

三、归巢的调教

土鸡具有晨出暮归的特性。每天日出前便离巢采食，出走越早、越远的鸡，采食越多，生长越快，抗病力越强。而日落前多数鸡从远处向鸡舍集中。但是个别鸡不能按时归巢，有的是由于外出过远，有的是由于迷失了方向，也有的个别鸡在外面找到了适于自己夜宿的场所。如果这样的鸡不及时返回，以后不归的鸡可能越来越多，而造成损失。因此，应于傍晚前，在放牧地的远处查看，是否有仍在采食的鸡，并用信号引导其往鸡舍方向返回。如果发现个别鸡在舍外的远处夜宿，应将其抓回鸡舍圈起来，将其营造的窝破坏。第二天早晨晚些时间将其放出采食，傍晚再检查其是否在外宿窝。如此几次后，便可按时归巢。

四、上栖架的调教

鸡具有栖居的特性，善于在高处过夜。但在野外放养条件下，有时由于鸡舍面积小，比较拥挤，有些鸡抢不到有利位置而不在栖架上过夜。野外鸡舍地面比较潮湿，加之粪便的堆积，长期卧地容易诱发疾病。因此，在开始转群时，每天晚上打开手电筒，查看是否有卧地的鸡，有卧地的应及时将其抓到栖架上。经过几次调教之后，形成固定的位次关系，也就会按时按次序上栖架。

第五节　山林果园散养土鸡的补料、补草、供水和诱虫

一、补料

补料是指野外放养条件下人工补充精饲料（视频6-3为散养土鸡补料）。山林果园放养的鸡，仅仅靠野外自由觅食天然饲料是不能满足其生长发育需要的。无论是生长期、后备期，还是产蛋期，都必须补充饲料。但应根据鸡的日龄、生长发育状况、草地类型和天气情况，决定补料次数、时间、类型、营养浓度和补料数量。

视频6-3 散养土鸡补料

1. 补料次数

补料次数多少对养好鸡非常重要。研究发现，补料次数越多，饲

养效果越差。有的鸡场每天补料 3 次，甚至更多，这样使鸡养成了等、靠、要的懒惰恶习，不到远处采食，每天在鸡舍周围等主人喂料。在鸡舍周围的鸡，尽管它获得的补充饲料数量较多，但生长发育最慢，疾病发生率也高。凡是不依赖喂食的鸡，生长反而更快，抗病力更强。有资料显示在相似地块不同的鸡群（均为同批孵化的 80 日龄生长鸡），下午 5 时左右 1 次补料（每日每只喂料数量为 27 克）、中午和傍晚 2 次补料（每日每只喂料数量为 30 克）和早、中、晚 3 次补料（每日每只喂料数量分别为 33 克），饲喂 1 个月后发现，无论是生长速度，还是成活率，喂料 3 次的不如喂料 2 次的，喂料 2 次的不如喂料 1 次的。所以，放养土鸡每天补料 1 次最为适宜。如遇下雨、刮风、冰雹等不良天气或野生饲料严重不足，难以保证鸡在外面的采食量时，可临时增加补料次数。但一旦天气好转或野生饲料充足，立即恢复每天 1 次。

2. 补料时间

补料的时间安排在傍晚效果最好。其原因：一是早晨和傍晚是鸡食欲最旺盛的时候。如果早晨补料，鸡采食后就不愿意到远处采食，影响全天的野外采食量。鸡的食欲中午最低。中午是鸡的休息时间，应让其得到充分的休息。二是傍晚鸡的食欲旺盛，可在较短的时间内将补充的饲料采食干净，防止撒落在地面的饲料被污染或浪费。三是鸡在傍晚补料，可根据 1 天的采食情况（看嗉囊的鼓胀程度和鸡的食欲）确定补料量。如果在其他时间补料，难以准确判断补料数量是否合理。四是鸡在傍晚补料后便上栖架休息，经过一夜的静卧歇息，肠道对饲料的利用率高。五是傍晚补料可配合信号的调教，诱导鸡回巢，减少窝外鸡。

3. 补料形态

饲料形态可大体分为粒料（原粮）、粉料和颗粒料。粒料即未经加工破碎的谷物，如玉米、小麦、高粱、谷子、稻子等；粉料即经过加工粉碎的（单一、配合或混合）原粮；颗粒料是将配合的粉料经颗粒饲料机压制后形成的饲料。

从鸡的采食习性来看，粒状是理想的饲料形态。粒料容易饲喂，鸡喜欢采食，消化慢，故耐饥饿，适于傍晚投喂。其最大缺点是营养不完善，不宜单独饲喂。

粉料的优点是加工费用较低，经过配合后营养较全面，鸡采食的速度慢，所有的鸡都能均匀采食，适于各种日龄的鸡。但其缺点更为突出：第一，鸡不喜欢粉状饲料，采食速度慢，不利于促进其消化液的分泌。尤其是放牧条件下，每天傍晚补料1次，如果在长时间内不能将饲料吃完，日落后不方便采食。如果在傍晚前提前补料，将影响鸡在野外的采食。第二，粉料容易造成鸡的挑食，使鸡的营养不平衡。第三，投喂粉料必须增加料槽或垫布等饲具。大面积野外养鸡，饲具有时难以解决。第四，野外投喂粉料容易被风吹飞扬散失，也容易采食不净而造成一定浪费。如果投喂粉料，细度应在1～2.5毫米。如果太细，鸡不容易下咽，适口性更差。

颗粒饲料的适口性好，鸡采食快，不易剩料和浪费，可避免挑食，保证了饲料的全价性。在制作颗粒饲料的过程中，短期的高温使部分抗营养因子灭活，破坏了部分有毒成分，杀死了一些病原微生物，饲料比较卫生。但其也有一些缺点，如加工成本高，一部分营养（如维生素）受到一定程度的破坏等。但从总体来说，颗粒料饲养效果比较好。

4. 补料注意的问题

（1）补料场地　为了防止饲料的浪费和污染，有条件的地方可在特定地方补料，不要到处乱撒料，否则浪费非常严重。

（2）信号　每次补料应与信号相结合，尤其是在放养前期更应强化信号。一般是先给予明确的信号（吹哨或敲击金属），使在较远地方采食的鸡能听到声音，促使其返回吃料。

（3）补料数量　每次补料量应根据鸡采食情况而定。每次撒料时，不要一次撒完，要分几次撒，看到多数鸡已经基本吃饱，采食不急时，记录补料量，作为下次补料量的参考数据。一般是次日较前日稍微增加一点补料量。也可以定期测定鸡的生长速度，即每周的周末，随机抽测一定数量的鸡的体重，比较与标准体重的符合度。如果体重严重低于标准，应该逐渐增加补料量，否则，如体重超标，可适当减少补料量。

（4）采食均匀度　补料时应观察整个鸡群的采食情况，防止胆小的鸡不敢靠近采食。据此，可将部分饲料撒向补料场的外围，也可以延长补料时间，使每只鸡都能采食足够的饲料，以便发育整齐。

二、补草

一般情况下，在放养期间让鸡自由采食野草野菜。但是，当经常放牧的场地青草或青菜生长不良，不能满足采食需要时，为减少对牧地生态的破坏，同时也为降低饲养成本，提高养殖效益（通过投喂青草减少精饲料的喂量）和效果（经常采食野草野菜的鸡，其产品无论是鸡蛋，还是鸡肉，质量高于精料喂养的鸡），往往在其他地方采集青草喂鸡。

人工采集青草喂鸡有三种方法。第一种，直接投喂法，即将采集到的野草野菜直接投放在鸡的放牧场地或集中采食场地，让其自由采食。这种方法简便，省工省力，但有一定的浪费。第二种，剁碎投喂法，即将青草或青菜用菜刀剁碎后饲喂。这种方法一般将青草或青菜投放在饲料槽中，其虽然花费一定的劳动，但浪费较少。第三种，打浆饲喂法，即将青草青菜用打浆机打成浆，然后与一定的精饲料搅拌均匀饲喂。这种方式适合规模较大的鸡场，需要配备一定的人工牧草种植。虽然这种方式投入较大，但可有效利用青草，减少饲料浪费，增加鸡的采食量，饲养效果最好。

三、供水

尽管鸡在野外放养可以采食大量的青绿饲料，但是水的供应也是必不可少的。没有充足的饮水，就不能保证鸡快速生长、较高的产蛋率和健康的体质以及饲料的有效利用，尤其是在植被状况不好、风吹日晒严重的牧地更应重视水的供应。

饮水以自动饮水器最佳，以减少饮水污染，保证水的随时供应。自动饮水应设置完整的供水系统，包括水源、水塔、输水管道、供水器（饮水器）等（图6-5）。输水管道最好在地下埋置，而终端饮水器应设在放牧地块，根据面积大小设置一定的饮水区域，最好与补料区域结合，以便鸡采食后饮水。饮水器的数量应根据鸡的多少设置。

图6-5　放养土鸡的自动饮水系统

但更多的鸡场不具备饮水系统，特别是水源（水井）的问题难以解决，一般采取异地拉水。这种情况下，可制作土饮水器，即利用铁桶作为水罐，利用负压原理，将水输送到开放的饮水管或饮水槽。

四、诱虫

诱虫的目的有两个：一是通过诱虫，为鸡提供一定的动物蛋白，降低养殖成本，提高养殖效果。昆虫虫体不仅富含蛋白质和各种必需氨基酸，还含有抗菌肽及多种未知生长因子。二是消灭虫害，降低作物和果园的农药使用量，实现生态种植与养殖的有机结合。实践表明，若鸡采食一定量的昆虫饲料，则生长发育速度快，发病率降低，成活率提高。可能由于昆虫体内存在特殊抗菌抗病毒物质，经常采食昆虫的鸡，对于一些特殊的疾病（如马立克病）有一定的抵抗力，发病率较低。

诱虫一般采用3种方法，生产中常用的诱虫方法有高压电网灭虫灯诱虫和性激素诱虫。

1. 高压电网灭虫灯诱虫

高压电网灭虫灯由黑光诱虫灯、变压器、电网及保护指示器等组成。工作时电网上有 3000～5000 伏高电压，黑光灯诱来的害虫触网即被电击杀死。夏季既是放养鸡的最佳季节，也是昆虫大量滋生的季节，利用昆虫的趋光性，使用黑光灯可大量诱虫。

安装时应在黑光灯上设 1 个防雨的塑料罩，可安装在果园一定高度的杆子上，或吊在离地面 1.5～2 米高的地方。安装要牢固，不要左右摇摆。黑光灯诱虫在傍晚开灯，昆虫飞向黑光灯，碰到灯即撞昏落到地面，被鸡直接采食；或落入安装在灯管下面的虫体袋内，次日将收集在袋内的虫体喂鸡。使用 9YH—20 型黑光灯，1 盏 20 瓦的灯在 6～9 月份，平均每夜诱捕昆虫量在 20 千克左右。

黑光灯诱虫效果受天气影响较大，高温、无风的夜间虫子较多，而大风、雨天和降温的天气昆虫较少。因此，遇有不良天气时不必开灯。雨后 1 小时也不要开灯。灯具的周围不要使用其他强光灯具，以免影响应用效果。使用黑光灯一定要注意用电安全，灯具工作时不要用手触摸。

2. 性激素诱虫

利用性激素诱虫也是农田和果园诱杀虫子的一种方法。不过相对于光线诱虫而言，其主要应用于作物或果树的虫情测报和降低虫害发生率（多数是捕杀雄性成虫，使雌性成虫失去交配机会而降低虫害的发生率）。生产中使用的性激素是人工合成的，其诱虫效果较自然激素还要高。

每逢害虫成虫盛发期，在放牧地块中放上高约 1 米的三脚架，架上搁 1 个盛大半盆水的诱杀盆，中央悬挂 1 个由性激素剂制成的信息球，此球发出雌性信息，当雄性成虫嗅到雌性信息后便从四面八方飞来，撞入水盆被淹死，然后作为鸡的饲料（图6-6）。

性激素诱虫的效果受多种因素制约，如性激素的专一性、种群密度、靶害虫的飞行距离、性诱器周围的环境及气象条件，尤其是温度和风速。性诱器周围的植被也影响诱捕效率。

图 6-6 性激素诱杀剂灭蝇

第六节 山林果园散养土鸡的兽害控制

老鼠、老鹰、黄鼠狼和蛇等动物会伤害放养鸡群，必须采取措施防治兽害。

一、防鼠

老鼠对放牧初期的小鸡有较大的危害性。因为此时的小鸡防御能力差，躲避能力低，很容易受到老鼠的侵袭，即便大一些的鸡，夜间受到老鼠的干扰也会造成惊群。预防老鼠的危害可采用鼠夹法、毒饵法、灌水法及养鹅驱鼠法。

1. 毒饵法

在放牧前 2 周，在放牧地投放一定的毒饵。一般每亩（667 平方米）地块投放 2～3 处，记住投放位置，设置明显的标志。每天在放牧地块检查被毒死的老鼠，及时捡出并深埋。连续投放 1 周后，将剩余的毒饵全部取走，一个不剩。然后继续观察 1 周，将死掉的老鼠全部清除。

2. 鼠夹法

在放牧前 7 天，在放牧地块里投放捕鼠夹或捕鼠笼（图 6-7）等捕鼠工具。一般每亩（667 平方米）投放 2 ～ 3 个捕鼠工具，每天傍晚投放，次日早晨观察。凡是捕捉到老鼠的鼠夹，应经过处理（如清洗）后再重新投放（夹住过老鼠的鼠夹，带有老鼠的气味，使其他老鼠产生躲避行为）。但在放牧期间不可投放鼠夹。

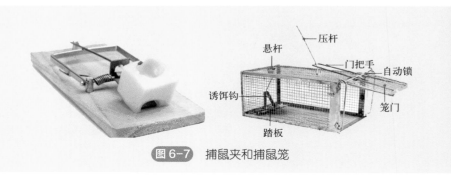

图 6-7　捕鼠夹和捕鼠笼

3. 灌水法

在放牧前，将经过训练的猫或狗牵到放牧地，让其寻找鼠洞，找到后往洞内灌水，迫使老鼠从洞内逃出，然后捕捉。注意防备部分鼠洞一洞多口，老鼠从其他洞口逃出。

4. 养鹅驱鼠

利用鹅的警觉性、攻击性、合群性、草食性、节律性等特点，进行以鹅护鸡、养鹅驱鼠，可收到较好的效果。将鹅圈养在鸡舍周围，平时同样放牧，单独补饲，以吃饱为度。鸡、鹅比以 100 ：（2 ～ 3）为宜。

二、防鹰类

鹰类是益鸟，具有敏锐的双眼、飞翔的翅膀和锋利强壮的双爪，可以灭鼠、捕兔。其对于农作物和草场的鼠害及兔害的控制、维护生态平衡有非常重要的作用。但是，它们对于放养鸡（特别是草场放养鸡）也具有一定的威胁。

鹰类在山区和草原出现较多，平原较少。由于鹰类是益鸟，不能捕杀，在放养鸡的过程中，可采取表 6-2 的驱避的方法。

表 6-2　驱避老鹰的方法

方法	操作
鸣枪放炮法	放牧过程中有专人看管，注意观察老鹰的行踪。发现老鹰来袭，立即向老鹰方向的空中鸣枪，或向空中放两响鞭炮，使老鹰受到惊吓而逃跑。连续几次之后，老鹰不敢再接近放牧地
稻草人法	在放牧地里，放置几个稻草人，尽量将稻草人扎得高一些，上部捆一些彩色布条，最上面安装 1 个可旋转、带有声音的风向标，其声音和颜色及风吹后的晃动，对老鹰产生威慑作用而使其不敢靠近
人工驱赶法	放牧时有专人看管，手持长柄扫帚或其他工具，发现老鹰接近，立即边跑边挥舞工具、边高声驱赶。如果配备牧羊犬效果更好
罩网法	如果放养地是草地，没有遮挡物，可以在放养地架起一个大网，离地面 2.8～3 米，并将鸡围起来，在特定的范围放牧。老鹰发现目标后直冲而下，接触网后，其爪被网线缠绕，此时饲养人员舞动工具，高声驱赶，老鹰夺路而逃（山林果园放养鸡不适宜用）

三、防黄鼠狼

黄鼠狼又名黄狼、黄鼬。黄鼠狼生性狡猾，一般昼伏夜出，黄昏前后活动最为频繁。主食野兔、鸟类、蛙、鱼、泥鳅、家鼠及地老虎等。黄鼠狼对野生食物采食不足时，对养鸡形成威胁，尤其是野外放养鸡，经常会遭到黄鼠狼的侵袭，因此应引起高度重视。

对于黄鼠狼，可采取多种方法进行捕捉或驱赶（表 6-3）。此外，养鹅护鸡对黄鼠狼也有较好的驱避效果。

表 6-3　捕捉或驱赶黄鼠狼的方法

方法	操作
竹筒捕捉法	选择较黄鼠狼稍长的竹筒（60～70 厘米），里口直径 7 厘米，筒内光滑无节。把竹筒斜埋于土中，上口与地面平齐或稍低于地面。筒底放诱饵如小鼠、青蛙、小鱼、泥鳅等，也可放昆虫等活物（用网罩住）或火烤过的鸡骨。黄鼠狼觅食钻进竹筒后，无法退出而被活捉

方法	操作
木箱捕捉法	制作长 100 厘米、高 16 厘米、宽 20 厘米的木箱，两头为活闸门。闸门背面中间各钻 1 个小浅眼，箱体上盖中间钻 1 个小孔。闸门升起，浅眼与上盖面平齐。用与箱体等长细绳，两头各拴 1 根小钉插入闸门眼中，将闸门定住。细绳中间拴 1 条长 7 ~ 10 厘米短绳，穿入箱内；底端拴 1 个小钩，挂上诱饵。黄鼠狼拉食饵料，即带动小钉脱离闸门，闸门降下将其关住，遂被活捉
夹猎法	将踩板夹置于黄鼠狼的洞口或经常活动的地方，黄鼠狼一触即被夹获。还可在夹子旁放上鼠、蛙、鱼、家禽或其内脏等诱饵，待黄鼠狼觅食时夹住
猎狗追踪捕捉法	猎狗追踪黄鼠狼到洞口，如黄鼠狼在洞内，狗会不断摇尾巴或吠叫，这时在洞口设置网具，然后用猎杆从洞的另一端将其赶出洞，将其活捉
灌水、烟熏捕捉法	利用狗寻找黄鼠狼洞口，随后用网封住洞口，然后往洞内灌水，或往洞内吹烟，迫使其出洞而被活捉。采取这种办法时应注意黄鼠狼的多个洞口，防止其从其他洞口逃窜

四、防蛇

蛇隶属于爬行纲，蛇目。按照其毒性分为有毒蛇和无毒蛇。蛇类的食物很广，主要以活体小型动物为主，如黄鳝、泥鳅、蛙类、鸟类、鼠类、蚯蚓等。

蛇是捕鼠能手，对于保护草场生态起到重要作用。但是对于野外放养土鸡，蛇也是天敌之一。其主要对育雏期和放养初期的小鸡危害大。养鹅是预防蛇害非常有效的手段，无论大蛇、小蛇，还是毒蛇或无毒蛇，鹅均不惧怕，或将其吃掉，或将其驱走。其他防蛇方法见表6-4。

表 6-4 防蛇方法

方法		操作
捕捉	徒手捕捉法	要胆大心细，做到眼尖、脚轻、手快，切忌用力过猛或临阵畏缩。当发现蛇时，先悄悄地接近它，然后脚一顿造成震动，使蛇突然受惊不动，然后趁势下蹲迅速抓住蛇颈，立即踏住蛇尾用力拉直蛇身，松动其脊椎骨，使蛇暂时失去缠绕能力并处于半瘫痪状态，再将蛇体卷好，用绳扎牢蛇颈和蛇体，然后放入容器中或用棍棒挑起来。此法有一定危险性，技术不熟练者勿用

方法		操作
捕捉	引蛇出洞麻醉捕捉法	咖啡 50 克，胡椒 25 克，鸡蛋清 3 个，面粉 50 克，混合搅成糊团，放在有蛇的地方，能引诱大量蛇群出洞。或在蛇经常出入的地方，将狗血洒在地上，人即远离。约过 30 分钟后，方圆 200 米内大、小蛇类，不论毒蛇还是无毒蛇，凡闻到腥味都向狗血处聚集。捕蛇前先用云香精配雄黄擦手，然后用云香精、雄黄水向蛇身上喷洒，蛇立即浑身发软乏力，不能行动，软瘫在地任人捕捉。切记捕蛇时，人接近蛇群既要隐蔽又要迅速
	捕蛇工具捕捉法	一种是圈套法。一条打通的竹竿，用一根绳穿过其中，一边套成圈。看到蛇时，把圈套迅速套入蛇颈，立即拉紧绳子，这样蛇即被套住。另一种是钩压法。工具是一头较尖锐的铁制蛇钩，用蛇钩把毒蛇的头部钩住压在地面上，再用另一只手去抓蛇的颈部
驱避方法	凤仙花（花梗）驱避法	凤仙花是具有观赏、药用和食用等多用途植物。蛇忌讳此花，不愿靠近。在放养的地边种植一些凤仙花，可有效地预防蛇的进入和对鸡的伤害
	其他植物驱避法	七叶一支花、一点红、万年青、半边莲、八角莲、观音竹等，均对蛇有驱避作用；还可在鸡场隔离区种些芋艿，不仅能遮阴，而且芋艿汁碰到蛇身上就会让它蜕一层皮，所以蛇不敢靠近芋艿地
	化学药物	用亚胺硫磷（果树农药）0.5 千克加水拌匀喷洒在放养的牧地周围，蛇类闻到药味也会逃之夭夭，唯恐避之不及，以后则极少在此间出没活动，效果非常显著

第七节　山林果园散养土鸡的应激控制

"应激"是外界不利因素影响所引起的非特发性生物现象的总称，包括伤害和防卫。如严寒酷暑的刺激、暴风骤雨的袭击、雷声的惊吓、噪声、营养失调、饲喂方法突变、捕捉、驱虫、接种疫苗等都可引起鸡的应激反应。

山林果园放养的土鸡，受到外界气候、野生动物、饲料结构和环境条件等多种因素的变化影响较大，容易产生应激而影响健康和生产，必须加强应激的控制。

一、应激的主要因素

引起应激反应的因素多种多样，有些因素的单独应激作用虽然不大，但多种因素合在一起就会造成大的应激，使鸡达不到理想的生产水平。

1. 气候因素

如强风侵袭、雨淋日晒、严寒酷暑、雷鸣闪电等。

2. 环境因素

高温、低温及气温突变（夏季超过28℃，冬季低于5℃，以及日温差10℃以上）；冬季和夏季环境湿度过高等；舍内换气不良；饲养密度过大；突发性噪声恐吓；不适宜的光照。

3. 饲养管理因素

如饲料品质不良，断料断水，长途运输，转群和移舍，断喙，捉鸡，注射疫苗，野兽的侵袭，药物或农药使用不当，如磺胺类、呋喃类、灭鼠药、农药等。

二、防止应激的措施

1. 防范气候突变

山林果园放养土鸡，气候变化对鸡群的影响最大。包括突然降温、突然升温、大雨、大风、雷电和冰雹。生态放养鸡的实践中，因疾病死亡占据非常小的比例，而气候条件的变化所造成的死亡占50%左右。

在放牧期间，突遇大雨和大风，鸡来不及躲避，被雨水淋透。大雨必然伴随降温，受到雨水侵袭的鸡饥寒交迫，抗病力减退，如不及时发现，很容易继发感冒和其他疾病而死亡。若及时发现，应将其放入温暖的环境，使其羽毛快速干燥，可避免死亡。

放牧期间，雷电对鸡群的影响也很大。打雷的剧烈响声和闪电的强烈光亮的刺激，往往导致出现惊群现象，大批鸡拥挤在一起，造成底部被压的鸡窒息而死。没有被挤压的鸡，也由于受到强烈的刺激，几天后才能逐渐恢复。因此，若遇到这样的情况，必须观察鸡群，发现炸群，及时将挤压的鸡群拨开。所以，放养土鸡必须关注当地的天气预报。如遇不良天气，提前采取措施。

2. 创造适宜的生活环境

尽可能设法创造鸡舍内良好的环境。做好夏季防暑降温和冬季防寒保暖。尽量保持鸡舍最佳温度；鸡舍相对湿度保持在 50%～60%；鸡舍通风良好，舍内空气新鲜；经常清除粪便，防止氨气含量超标；保持舍内安静，防止出现突然声响或噪声过大；保持适宜的光照，产蛋期实行 16 小时光照，光照强度以每平方米 3～5 瓦为宜，光照制度要稳定；保持合适的饲养密度，产蛋鸡地面散养或网上平养密度以每平方米 6～8 只为宜。

3. 科学饲养管理

（1）稳定饲喂制度　饲喂时间、饮水时间、放牧时间或归牧时间等的改变都会对土鸡造成一定的应激，影响土鸡的生长和产蛋，要保持饲喂制度的稳定，不应轻易变更。

（2）避免饲养人员更换　在长期的接触中，鸡对饲养人员形成了认可的关系。如果饲养人员突然被更换，对鸡群是一种无形的应激。因此，应尽量避免饲养人员的更换。如果要更换饲养人员，应该在更换之前让两个人共同饲养一段时间，使鸡对新的主人产生感情，确认其主人地位。

（3）固定鸡舍和设备位置　由于在某一地点和环境中放牧了一段时间，鸡群对其生活周围的环境比较熟悉，也逐渐适应，如果更换鸡舍（鸡棚）、饲喂和饮水用具的位置等，对鸡都有不良影响。因此需要固定鸡舍和设备位置。

（4）科学捕捉　山林果园放养土鸡，转群移舍、免疫接种等许多操作环节都要捕捉鸡只，容易产生应激和伤亡（引起鸡骨折、挫伤甚至死亡）。只有科学捕捉，才能减少应激和伤亡。

① 要尽量选在早、晚光线较暗、温度较低时捉鸡。因为昏暗环境下鸡的活动减少，便于捕捉。

② 捉鸡前要将地面或网上所有的设备，如料桶、饮水器等升高或移走，以免鸡在跑动过程中发生碰撞而致皮下出血。

③ 捉鸡前用隔网将鸡群分成小群，以减少惊吓、拥挤造成的死亡。用隔网围起的鸡群大小应视鸡舍温度、鸡体重和捕捉人手多少而定。

④ 捕捉动作要轻柔而快捷。对于较小的鸡，可用手直接抓住其整个身体，但不可抓得太紧；对较大的鸡，可从后面握住其双腿，倒提起轻轻放入筐内，严禁抓翅膀和提一条腿，以免导致骨折。鸡出栏时，每筐装的鸡不可过多，以每只鸡都能卧下为度。

（5）严禁动物闯入　在放牧期间，家养动物的闯入（以狗和猫为甚），对鸡群有较大的影响。特别是在植被覆盖较差的地块放牧，鸡和其他闯入动物均充分暴露，动物的奔跑、吠叫，对鸡群造成较强的应激。应避免其他动物进入放牧区。有条件的鸡场，可将放牧区用网围住。

4. 添加饲喂抗应激添加剂

（1）维生素　遇到应激（如转群、免疫、放养和气候突变）的前后几天，在饲料或饮水中加入 100 毫克维生素 C 或复合维生素等预防应激；发生应激时可加倍添加饲喂。日粮中添加维生素 C 有助于热应激条件下的鸡维持正常体温。给热应激的鸡按 $0.02\% \sim 0.04\%$ 的比例添加维生素 C，可以使血浆中的钠、蛋白质和皮质醇的浓度恢复正常。维生素 E 有保护细胞膜和防止氧化的作用，高水平的维生素 E 可降低细胞膜的通透性，减少应激时肌肉细胞中肌醇激酶的释放，从而防止过多的钙离子内流而造成对正常细胞代谢的干扰。维生素 E 还可缓解由于高温时肾上腺激素释放而引起的免疫抑制，提高抗病力。

（2）微量元素　应激能造成鸡体内某些微量元素的相对缺乏或需

要量增加，适当补充饲喂锌、碘、铬等元素可减轻应激反应。

（3）药物　安定药有较强的镇静作用，使动物镇定和安宁，有抗应激效果。在鸡转群、断喙、接种疫苗前 1～1.5 小时，在每千克饲料中加入氯丙嗪 30 毫克，可降低鸡对应激的反应。某些天然中草药有抗应激效果，投喂钩藤、菖蒲、延胡索酸、枣仁等，能使鸡群避免骚动，保持安静；投喂清热泻火、清热燥湿、清热凉血的中草药，如石膏、黄芩、柴胡、板蓝根、蒲公英、生地、白头翁等，可缓解热应激；投喂开胃消食中药，如山楂、麦芽、神曲等，可维持正常食欲，提高机体抵抗力。

（4）其他添加剂　某些饲料添加剂能促进营养物质的消化吸收，增强畜禽抗病能力，均有抗应激作用，如阿散酸、酶制剂、黄霉素、寡聚糖等。

5.做好疫病防治

保持鸡舍清洁，定期进行消毒，严格执行免程序，防止疾病发生。适时在饲料中投放驱虫药，预防寄生虫病发生。在鸡群转群、断喙、免疫接种或天气突变等强应激情况下，加喂抗菌药物，防止细菌感染。

第八节　山林果园散养土鸡育成期的饲养管理要点

育成期的饲养管理直接影响育成新母鸡的质量，从而影响以后生产性能的发挥、饲料转化率、死亡淘汰率和经济效益。

一、土鸡育成期的生理特点

育成鸡的羽毛几经脱换，长出成年羽毛，羽毛丰满密集而呈片状，体温调节能力健全，对外界适应能力强。消化能力增强，采食多，鸡体容易过肥；钙、磷的吸收能力不断提高，骨骼发育处于旺盛时期，此时肌肉生长最快。适当降低饲粮蛋白质水平，保持微量元素和维生素的供给，育成后期增加钙的补充。

　　小母鸡从第 11 周龄起，卵巢滤泡逐渐积累营养物质，滤泡渐渐增大；小公鸡 12 周龄后睾丸及性腺发育加快，精子细胞开始出现。18 周龄以后性器官发育更为迅速。由于 12 周龄以后鸡的性器官发育很快，对光照时间长短的反应非常敏感，应注意控制光照。

二、土鸡育成鸡的培育目标

　　育成鸡（图 6-8）体重符合品种要求；群体均匀整齐，体重均匀度 ≥ 80%；体质健壮；适时性成熟；抗体水平符合要求。

瞧，我们多健壮，大小多一致

图 6-8　育成鸡

三、散养前的准备

　　育雏一般是在舍内饲养，舍内的环境与放养环境有巨大的差异，不做好准备而突然进行山林果园放养，鸡群会不适应而引起不必要的损失。所以，放养前要做好一些准备工作。

1. 加强训练

　　（1）消化机能训练　育雏期根据室外气温和青草生长情况而定，一般为 4 ～ 8 周。为了适应放养期大量采食青绿饲料和一定的虫体饲料的特点，应在育雏期进行消化机能适应性训练。即在放牧前 1 ～ 3 周，可在育雏料中添加一定的青草和青菜，有条件的鸡场还可加入一定的动物性饲料，特别是虫体饲料（如蝇蛆、蚯蚓、黄粉虫等），使土鸡的消化系统得到应有的训练，减少放养后的饲料应激。青绿饲料的添加量，要由少到多逐渐添加，防止一次性增加过多而造成消化不良或腹泻。在放牧前，青绿饲料的添加量应占雏鸡饲喂量的50%以上。

（2）适应外界温度的训练　放牧对于雏鸡而言，环境发生了很大的变化。特别是由室内转移到室外，由温度相对稳定的育雏舍转移到气温多变的野外，因温度发生剧烈变化而对土鸡产生应激。放养最初2周是否适应放养环境的温度条件，在很大程度上取决于放牧前温度的适应性锻炼。在育雏后期（放养前1～2周），应逐渐降低育雏室的温度，使舍内温度与外界气温一致，也可适当进行较低温度和小范围变温的训练，使小土鸡具有一定的抗外界环境温度变化的能力，以便适应室外放养的气候条件，将有利于提高放养初期的成活率。

（3）活动的训练　育雏期雏鸡仅仅在育雏室内进行有限的地面活动，活动范围小，活动量少，而放入山林果园后，活动范围突然扩大，活动量数倍增加，很容易造成短期内的不适应而出现因活动量过大造成的疲劳和诱发疾病。因此，在育雏后期，应逐渐扩大雏鸡的活动范围和增加运动量（必要时可以驱赶鸡群，加强运动），增强其体质，以适应空旷的放养环境。

2. 管理转变

舍内育雏，为了保证雏鸡成活率和良好的生长发育，必须进行精细的饲养管理，提供适宜的环境条件等。在育雏后期，为了提高土鸡适应野外生活的能力，在管理上要有所转变，逐渐由精细管理过渡到粗放管理。如在饲喂制度、饮水方式、管理形式、环境条件等方面接近放养下的状态，特别要注意调教，形成条件反射，为放养奠定良好的基础。

3. 减少应激

放牧前和放牧的最初几天，由于转群、脱温、环境变化等影响，鸡出现一定的应激，免疫力下降。为避免放养后出现应激性疾病，可在补饲饲料或饮水中加入适量维生素 C 或复合维生素，以预防应激。

四、育成期的饲养管理要点

山林果园放养土鸡育成期除了做好前面的一般饲养管理外，还要注意做好如下管理。

1. 放牧过渡期的管理

由育雏室转移到野外放牧的最初 1～2 周是放养成功与否的关键时期。如果前期准备工作做得较好，过渡期管理得当，小鸡很快适应放牧环境，不会因为饲养环境的改变而影响生长发育。

选择在天气暖和的晴天转群。转群时间安排在晚上，当育雏舍灯光关闭后，鸡群稍微安静后可以开始转群。为减少鸡群的骚动和便于转群，可以使用手电筒，在手电筒头部蒙上红色布，或在舍内留一个功率较小的光源，用红色布或红纸包裹，使之放出黯淡的红色光，有利于鸡群保持安静。转群人员应抓住鸡脚，轻轻将鸡放进运输笼，然后装车。按照分群计划，一次性放入鸡舍，使鸡在放养地的舍内过夜，第二天早晨不要马上放鸡，要让鸡在鸡舍内停留较长的时间，以便熟悉其新居。待到九、十点钟以后放出喂料，饲槽放在离鸡舍 1～5 米远，让鸡自由觅食，切忌惊吓鸡群。转群时动作要轻，避免粗暴而引起鸡的伤残。

转群后的饲料与育雏期相同，不要突然改变。开始几天，每天放养鸡的时间可以短些，以后逐日增加放养时间。为了防止个别小鸡乱跑而不会自行返回，可设围栏限制，并不断扩大放养面积。1～5 天内仍按舍饲喂量给料，日喂 3 次；5 天后要限制饲料喂量。分两步递减饲料：首先是 5～10 天内饲料喂平常舍饲日粮的 70%；其次是 10 天后直到育成或出栏，饲料喂量减少 1/2，只喂平常各生长阶段舍饲日粮的 30%～50%，日喂 1～2 次（天气好时喂 1 次，天气不好时喂 2 次），饲喂的次数越多效果越差，因为鸡会变得懒惰和形成依赖性。

2. 补料和饮水

饲料的补充量不足，或者投料工具的实际有效采食面积小，会严重影响鸡的采食，使那些体小、体弱、胆小的鸡永远处于竞争的不利地位而影响生长发育。根据鸡在野外获得的饲料情况，满足其营养要求，合理补充饲料，并集中补料；增加采食面积，保证每一只鸡在相同时间内获得需要的饲料量。使用自动饮水装置饮水，饮水碗或水槽应靠近饲喂区，数量充足。育成期间一般不限制饮水，特别在夏季，要保证充足供水。料槽和饮水器每周要清洗消毒 2～3 次。

3. 饲养规模和密度

群体规模适中，过大的群体规模易造成群体参差不齐（规模过大，个体过小的和过弱的个体不易获得饲料营养，并且容易受到践踏，导致群体的差异越来越大）。一般来说，群体规模控制在 500 只左右，最多也不应超过 1000 只。对于数万只鸡规模的鸡场，可以分成若干个小区隔离饲养。

放养密度是一个动态指标，它因地而异、因鸡而异、因季节而异。首先放养地的植被情况决定了放养密度，植被情况（品种和数量）良好，放养密度可大一些。根据经验，一般每 100 平方米草场面积可放养 5 只左右，稍好点的草场可放养 8 只左右，最好的草场也不能超过 12 只，次一点草场也就放养 3 只，有些植被很差的草场仅能放养 1 只，荒漠化草场连 1 只也无法放养。

在刚刚开始的放养初期，因鸡的体重很小，采食量也不是很大，放养密度可高一些；随鸡体重的增加，采食量加大，鸡自主觅食半径的增加，放养密度也要随之下降。确定放养密度时还要考虑季节因素，早春与初冬季节，地表上绿色植被很少，这时放养密度要降下来；反之在夏秋季节，植被丰富，昆虫也处于生长繁殖的旺季，这时放养密度可相应提高。

4. 体重控制

育成新母鸡的体重与以后的产蛋关系密切，所以，育成期加强体重控制，保证育成结束时体重达标，为产蛋奠定良好基础。

从育雏期开始至育成末期基本结束，每周或每 2 周抽测体重一次。测定体重的时间应安排在周末夜间同一时间进行。晚上关灯鸡群安静以后，手持手电筒，蒙上红色布料，使之发出较弱的红色光。随机轻轻抓取鸡，使用电子秤逐只称重，并记录。设计记录表格，每次将测定数据记录在同一表格内，并长期保存。最后将体重绘制成完整的鸡群生长发育曲线。

测定体重抽取的样品应具有代表性，做到随机取样。在鸡舍的不同区域、栖架的不同层次均要取样，防止取样偏差。每次抽测的数量依据群体大小而定，一般为群体数量的 5％，大规模养鸡不低于群体数量的 2％，小规模养鸡每次测定数不小于 50 只。

5. 体重的调整

测定体重并计算平均数后，根据体重大小进行必要的调整。如果育成期发育缓慢，没有达到标准体重，要分析原因。如果营养不足，应根据体重的变化及与标准的比较，酌情补料。育成期阶段，是生长发育最快的时期，仅靠采食一些植物性青饲料，很难满足鸡自身快速生长的需要，不能满足能量和蛋白质总量的需求，必然影响生长发育。根据每周称测的体重情况，调整补充的饲料量，以满足育成鸡的营养需要，避免饲料的浪费，获得体重符合要求的新母鸡。

同时要注意及时淘汰体重过小的鸡和体质过弱的鸡。这些鸡开产期非常晚，产蛋性能也差。

6. 注意观察

（1）观察环境变化　注意观察气候变化，遇到气候突然变化，要提前采取防范措施。如下大雨前要及早收鸡或不放土鸡出舍等，防止鸡被雨淋。注意观察有没有野生动物入侵，可以借助摄像头、音响报警器等设备，避免鸡受到野兽侵害等。及时观察和了解放养场地状况，如有没有喷洒农药以及一些人为破坏的迹象，以减少对鸡的伤害。

（2）观察鸡群状况　观察鸡群的精神状态、采食情况、粪便状态、呼吸系统状况等，及时发现问题并解决，以减少损失。

7. 卫生管理

鸡栖息的棚舍及附近场地要坚持每天打扫、消毒。定期清洗消毒料槽、水槽，保持清洁卫生。定期驱虫。放养开始后到产蛋前，每4周要使用抗球虫药物1次以预防球虫病发生。

第九节　山林果园散养土鸡产蛋期的饲养管理要点

影响山林果园散养土鸡产蛋期产蛋率高低的因素主要取决于两个方面：一方面是育成新母鸡的质量，另一方面是产蛋期的饲养管理。在培育优质育成新母鸡的基础上，做好产蛋期的饲养管理工作，就可以获得良好的饲养效果。

一、土鸡产蛋规律

土鸡开产后产蛋率和蛋重的变化具有一定的规律，饲养管理中应注意观察这一规律，采取相应措施，增加产蛋量和提高蛋的质量。土鸡产蛋曲线及产蛋特点见图6-9。刚开产，产蛋模式没有形成，出现产蛋间隔时间长（产蛋后几天不见产蛋）、一天产两个蛋（一个正常蛋，一个异状蛋）、产双黄蛋比例高以及软壳蛋多等异常情况。

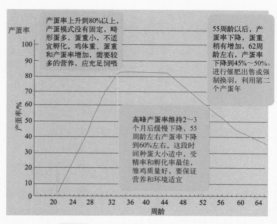

图6-9　产蛋曲线图及产蛋特点

二、土鸡产蛋期的饲养管理要点

1. 做好开产前的准备

开始产蛋的前一周，将产蛋箱准备好，让土鸡适应环境。每4～5只鸡准备1个产蛋箱，产蛋箱放置在较暗的地方，箱中铺些垫草，并放上假蛋；并根据鸡群的免疫程序要求和抗体水平接种疫苗；安装好产蛋期需要的各种设备；进行全面彻底的消毒。

2. 科学补料

由于山林果园的野生饲料资源有限，不能完全满足土鸡产蛋的营养需要，为避免影响产蛋性能发挥，需要补充饲喂。

（1）影响补料量的因素 影响山林果园散养土鸡产蛋期精料补充量的因素主要有鸡种、产蛋阶段和产蛋率、草地状况和饲养密度。

① 品种。不同品种的鸡适应能力和觅食能力不同，采食的野生饲料种类和数量不同，需要补充的饲料量也不同。土鸡的觅食力较强，觅食的范围较广，产蛋性能较低，补料量可以少一些。而培育的高产杂交品种鸡对野外生存环境的适应性较差，自我寻找食物的能力较低，加之生产性能较高，因此，饲料补充量需要多一些。

② 产蛋阶段和产蛋率。土鸡产蛋前期产蛋率不断提高，体重和蛋重不断增加，需要的营养物质多，补充的饲料量也多；产蛋后期产蛋率不断下降，体重不再增加，需要的营养物质比较稳定，可以适当减少补充饲料量；产蛋高峰期，为保证产蛋率的稳定，要维持适宜的补料量。生产中发现，同样的鸡种、同一产蛋日龄，但产蛋率差异很大。有的高峰期产蛋率80%左右，需要较多的补料量，而有的仅仅40%，补料量就应该少。所以，应根据鸡群的具体情况灵活掌握补料量。

③ 自然饲料资源状况和饲养密度。山林果园放养鸡主要依靠其自身在山林果园采食自然饲料，补充饲料仅是营养的补充，而采食自然饲料的多少，主要受到自然饲料资源状况和饲养密度的影响。当草地的自然饲料资源充足（可食牧草、虫体很多），同样的放养密度下，补饲的精料数量可以少一些，否则，补饲的精料数量就多一些。一定的自然饲料资源状况下，如果饲养密度较低，自然饲料资源基本可以

满足鸡的营养需求时，每天仅少量补充饲料即可。否则，饲养密度较大，山林果园可供采食的植物性饲料和虫体饲料较少，主要营养的补充需依靠人工补料。在这种情况下，必须增加补料量。

（2）补料量确定　由于放养鸡采食的饲料种类和数量难以确定，所以，很难给出一个绝对的补充饲料数量。在生产中，具体补充饲料数量的确定可根据如下情况灵活控制。

① 体重变化。开产前通过科学饲养、分群等措施使体重达到标准，而且均匀整齐。如果体重不达标，要增加饲喂量，促进增重。刚开产时，土鸡的体重应该有所增加，在40～45周龄时体重达到最大，以后体重保持稳定。开产时应在夜间抽测鸡的体重。45周龄以前，土鸡体重稍有增加，说明管理恰当，补料适宜。体重降低或不变，说明营养不足，需要增加补料量；45周龄以后，体重应保持稳定，如果增重过多，说明营养过剩，减少饲料补充量（在山林果园放养条件下，除了停产以外，很少出现鸡体过肥现象）。如鸡体重下降，说明营养不足，应提高补料质量和增加补料数量，以保持良好的体况。

② 蛋重变化。初产蛋较小，随着日龄增加，蛋重不断增加。如土鸡初产蛋重一般只有35克左右，2个月后蛋重增重达到42～44克，基本达到土鸡蛋标准。开产后蛋重不断增加，每千克蛋重含鸡蛋平均23～24个，说明鸡营养适当。营养不足时鸡蛋的重量小，如果每个鸡蛋不足40克，说明土鸡的营养不平衡或不足，或管理不当，需要增加补料量。

③ 蛋形变化。正常蛋蛋形圆满，大小端分明。若蛋大端偏小，大小两头没有明显差异，是营养不足的表现。这样的鸡蛋往往重量小，说明需要增加补料量。

④ 产蛋率变化。开产后产蛋上升很快，在2个多月、最迟3个月达到产蛋高峰期（柴鸡60%以上），说明营养和饲料补充得当。如果产蛋率上升较慢、波动较大，甚至出现下降，可能在饲料的补充和饲养管理上出现了问题。

⑤ 产蛋时间分布。大多数鸡产蛋在中午以前。上午10点左右产蛋比较集中，12点之前产蛋占全天产蛋的77%以上。如果产蛋不集中，如下午产蛋较多，说明饲料补充不足。

⑥ 食欲情况。每天傍晚喂鸡时，鸡来得慢，不聚拢、不争食、不抢食，说明食欲差或已吃饱，应少喂些。如果很快围聚争食，说明食欲旺盛，鸡对营养的需求量大，可以适当多喂些。

⑦ 行为表现。如果鸡群正常，没有发现相互啄食现象，说明饲料配合合理，营养补充满足鸡的需要。如果出现啄羽、啄肛等异常情况，说明饲料搭配不合理，必需氨基酸比例不合适，或饲料补充不足，应查明原因，及时处理。

(3) 饲料的更换　不同阶段饲喂不同的饲料，既可以降低饲料成本，又能满足营养需要。开产前要调整饲料中的钙含量。产蛋鸡对钙的需要量比生长鸡多 3 ～ 4 倍。笼养条件下，产蛋鸡饲料中一般含钙 3%～ 3.5%，不超过 4%。而放养鸡的产蛋率低于笼养鸡。此外，在放养场地鸡可获得较多的矿物质。因此，放养鸡的钙补充量低于笼养鸡。散养情况下，19 周龄以后，饲料中钙的水平提高到 1.75%，20 ～ 21 周龄提高到 3%。

散养土鸡产蛋鸡补钙要适量，如果产蛋鸡喂过多的钙，不但抑制其食欲，也会影响磷、铁、铜、钴、镁、锌等矿物质的吸收。同时也不能过早补钙，补早了反而不利于钙在骨骼中的沉积。这是因为生长后期如饲料中含钙量少时，小母鸡体内保留钙的能力就较高，此时需要的钙量不多。生产中，散养土鸡产蛋鸡补钙的方法一般是：鸡群见第一枚蛋时或开产前两周在饲料中加碳酸钙颗粒，也可放一些矿物质于料槽中，任由开产鸡自由采食，直到鸡群产蛋率达 5%，再将生长饲料改为产蛋饲料。

当产蛋率达到 25% 以上时，应该将生长料更换为蛋鸡料。开产时增加光照时间要与改换日粮相配合，如只增加光照，不改换饲料，易造成生殖系统与整个鸡体发育的不协调。如只改换日粮不增加光照，又会使鸡体积聚脂肪，故一般在增加光照 1 周后改换饲粮。

(4) 补充饲料的营养浓度和参考配方　见第三章饲养标准和参考配方。

3. 环境控制

(1) 温湿度的控制　蛋鸡产蛋需要适宜的温湿度。舍外散养，注意气温低时晚放鸡、早收鸡；气温高时早放鸡、晚收鸡。夏季充分利用树木、植物遮阳，冬季由于外界气温低，可以舍内饲养。

（2）光照的控制　光照是影响蛋鸡生产性能的重要因素。蛋鸡每日的光照时数和光照强度对其生产性能有决定性作用，即对蛋鸡的性成熟、排卵和产蛋等均有影响。

规模化山林果园散养土鸡，应该做好土鸡产蛋期的光照控制，提高其产蛋性能。

① 土鸡的光照原则。基本原则是育成期光照时间渐减或恒定，不能增加；产蛋期光照时间保持恒定或渐增，不能缩短。一般产蛋高峰期光照时间应控制在 15 ～ 16 小时，如果日自然光照时间不足时需要人工光照补足。产蛋期的光照强度要达到 10 ～ 20 勒克斯。

② 土鸡的补光方法。土鸡的补光可以采取两头补光，即早晨和傍晚两次将光照时间补充到设计程序规定的时数。生产中，采取晚上补光比较好，这样可以配合喂料和进行光照诱虫，一举多得。

③ 光照程序的制定。见表 6-5。

表 6-5　山林果园放养土鸡产蛋期的光照程序

项目	顺季出雏时间（月份）						逆季出雏时间（月份）					
北半球	9	10	11	12	1	2	3	4	5	6	7	8
南半球	3	4	5	6	7	8	9	10	11	12	1	2
日龄	光照时数											
1 ～ 2	辅助自然光照补充到 23 小时						辅助自然光照补充到 23 小时					
3	辅助自然光照补充到 19 小时						辅助自然光照补充到 19 小时					
4 ～ 35	逐渐减少到自然光照						逐渐减少到自然光照					
36 ～ 140	保持 14 小时						自然光照					
141 ～ 147	增加 0.5 小时						增加 0.5 小时					
148 ～ 154	增加 0.5 小时						增加 0.5 小时					
155 ～ 161	增加 0.5 小时						增加 0.5 小时					
162 以后	保持 16 ～ 17 小时（光照强度 20 ～ 30 勒克斯）						保持 16 ～ 17 小时（光照强度 20 ～ 30 勒克斯）					

④ 光照注意事项

a. 熟悉当地自然光照情况。我国大部分地区自然光照情况是冬至到夏至期间日照时间由短逐渐变长，称为渐长期。从夏至到冬至期间由长逐渐缩短，称为渐短期。应从当地气象部门获取当地每日光照时间资料，以便制定每日的光照计划。

b. 人工补充光照，应尽量使光照基本稳定，促进产蛋性能相应提高。增加光照时间不要突然增加，应逐渐完成补光程序一经固定下来，就不要轻易改变。

c. 光照逐渐增加。21周龄开始逐渐增加光照。另外增加光照要与改换饲料相配合。

（3）保持环境稳定、安静　产蛋高峰期最忌应激，特别是惊吓，如陌生人的进入、野生动物的侵入、剧烈的爆炸声和其他噪声等造成的惊群。

4. 注意观察鸡群

平时要认真观察鸡群的状况，发现个别鸡出现异常，及时分析和处理，防止传染性疾病的发生和流行。

（1）观察精神状态　观察鸡群的精神状态（图6-10），可及时发现病鸡，及时治疗和隔离，以免疫情传播。每天早晨放鸡时观察鸡群活动情况。健康鸡总是争先恐后向外飞跑，弱者常常落在后边，病鸡则不愿离舍或留在栖架上。每天补料时观察鸡的精神状态。健康鸡特别敏感，往往显示迫不及待；病弱鸡不吃食或被挤到一边，或吃食动作迟缓，反应迟钝或无反应。病重鸡表现精神沉郁、两眼闭合、低头缩颈、翅膀下垂、呆立不动等。应及时挑出异常的鸡并严格隔离，如有死鸡，应送给有关技术人员剖检，以便及时发现和控制病情。

冠的变化也可以反映出产蛋鸡的状态（图6-11）：①红冠。冠颜色鲜红，温暖湿润，鸡体健康。②冠色苍白。肠道机能失调或内脏出血。③冠蓝。大肠杆菌感染或病毒性疾病。④冠萎缩。停产或内脏有肿瘤、凝固的卵黄等。

（2）观察粪便变化　粪便变化能够反映出土鸡的健康状况，粪便异常说明鸡群可能出现问题。正常鸡粪便是软硬适中的堆状或条状物，

图 6-10 鸡的精神状态

健康母鸡，站立时挺拔（左图）；体况不佳鸡，蜷缩俯卧（右图）

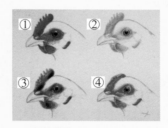

图 6-11 鸡冠的变化

小肠粪比较干燥，上面覆有少量白色尿酸盐沉积物。盲肠粪较有光泽、糊状、深绿或深褐色（图 6-12）。呈现白色乳样、绿色、黄色、橘红色或血便，以及粪便不够结实、太稀、起泡、含有饲料成分或饲料颜色（消化不良）等都是异常粪便（图 6-13）。若粪过稀，则为摄入水分过多或消化不良。如为浅黄色泡沫粪便，大部分是由肠炎引起。白色稀便则多为白痢病。排泄深红色血便，则为鸡球虫病。排白绿色稀便可能是新城疫等。

（3）观察呼吸系统状况　每天晚上观察鸡群的呼吸状况。晚上关灯后倾听鸡的呼吸是否正常，如果带有咯咯声，说明鸡群呼吸道有疾病。

（4）观察产蛋情况　加强对鸡群产蛋数量、蛋壳质量、蛋的形状及内部质量等的观察，可以掌握鸡群的健康状态和生产情况。鸡群的健康和饲养管理出现问题，都会在产蛋方面有所表现。如营养和饮水供给不足、环境条件骤然变化、发生疾病等都能引起产蛋下降和蛋的质量降低。

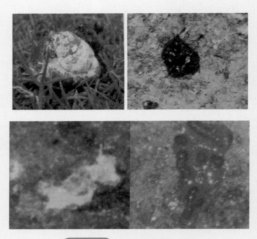

图6-12 鸡不同的粪便

正常的小肠粪（左上）；盲肠粪便（右上）；小肠的异常粪便（左下）；盲肠的异常粪便（右下）

图6-13 粪便带血

粪便中的鲜血来源于肠道，鸡粪带血说明鸡群盲肠感染了急性球虫病

（5）观察其它情况

① 啄癖。产蛋高峰期，由于光照、环境或营养不足，可能出现个别鸡互啄（啄肛、啄羽等）现象。如果发现不及时，被啄的鸡很快

山林果园散养土鸡新技术（彩色图解＋视频升级版）

被啄死（图 6-14）。因此，应认真观察，及时隔离被啄鸡，并予以治疗。如果发生啄癖的鸡比例较高，应查明原因，尽快纠正。

图 6-14　发生啄癖后被啄的鸡

② 羽毛情况。如果鸡周身掉毛，但鸡舍内未见羽毛，说明已被其他鸡吃掉，这是鸡体内缺硫所致，应采取补硫措施。鸡在换羽结束、开产前及开产前期羽毛是光亮的，如果此期羽毛不光亮是由于缺乏胆固醇的缘故，要补喂一些含胆固醇高的饲料。产蛋后期羽毛不光亮、污浊或背部掉毛的为高产鸡。

③ 肛门污浊情况。鸡在产蛋期，肛门周围大都有粪便污染的痕迹。停产期及不产蛋鸡的肛门清洁，腹部羽毛丰满光滑。若肛门周围有黄色、绿色粪便或有黏液附着，并伴有其他异常表现，则表明鸡患有疾病（肛门附有黏液的鸡患有卵巢炎、腹膜炎，已没有生产价值，应尽快淘汰）。

5. 集蛋管理

山林果园养殖土鸡，虽然鸡蛋的内在品质提高，但如果管理不善、处理不当，也会带来一些问题，影响放养土鸡所产鸡蛋的外在品质，如出现窝外蛋多、蛋壳脏、污染严重，极大地影响鸡蛋的外观和保存期。所以，要了解放养土鸡的产蛋习性，提供适宜的条件，加强集蛋管理，减少窝外蛋，提高土鸡蛋的内外品质。

（1）产蛋习性

① 喜暗性。鸡喜欢在光线较暗的地方产蛋，所以，产蛋箱要避

开光源直射，背光放置在光线较暗的地方或遮掩，使土鸡能够安静地进入产蛋箱产蛋。

② 定巢性。鸡的习惯是第一个蛋产在什么地方，以后仍到此产蛋。如果这个地方被别的鸡占用，宁可在巢门口等候也不愿进入旁边的空巢，等不及时往往几只鸡同时挤在一个产蛋箱内，这样就会发生等窝、争窝现象，相互争斗和踩破鸡蛋，斗败的鸡就另寻去处或将蛋产在箱外。另外，等待时间过长会抑制排卵，推迟下次排卵而减少产蛋量。所以，要设置充足的产蛋箱。

③ 色敏性。禽类的视觉较发达，能迅速识别目标，但对颜色的区别能力较差，只对红、黄、绿光敏感。有研究认为，母鸡喜欢在深黄色或绿色的产蛋箱内产蛋，如果产蛋箱颜色能与此一致，则效果较好。

④ 隐蔽性。鸡喜欢到安静、隐蔽的地方产蛋，这样有安全感，产蛋也较顺利。因此，产蛋箱的设置要有一定的高度和深度，鸡进入其中后隐蔽性较好，能免受其他鸡的骚扰。饲养员在操作中要轻、稳，以免弄出突然的响声惊吓正在产蛋的鸡，从而出现产双黄蛋等异常现象。

⑤ 探究性。母鸡在产第一个蛋前，往往表现出不安，寻找合适的产蛋地点。在临产前爱在蛋箱前来回走动，伸颈凝视箱内。认好窝后，轻踏脚步试探入箱，卧下后左右铺开垫料成窝形。离窝回顾时发出产蛋后特有的鸣叫声。因此，土鸡蛋箱的踏步高度应不超过40厘米。

（2）产蛋箱放置 产蛋箱的数量、位置、高度以及箱内垫料情况等，对鸡的产蛋行为和鸡蛋的外在质量影响较大。

① 产蛋箱放置时间。开始产蛋的前1周（土鸡在20周龄左右），将产蛋箱准备好，让其适应环境。

② 产蛋箱的数量。产蛋箱数量少，容易造成争窝现象，久而久之使争斗的弱者离开而到窝外寻找产蛋处。因此，配备足够数量的产蛋窝很有必要。由于放养土鸡的产蛋率较低，产蛋时间较分散，一般每5只母鸡配备1个产蛋窝。

产蛋箱要安置稳定，底板结实，维护良好，母鸡进出产蛋箱时不应摇晃或活动。进出产蛋箱的板条应有足够的强度，能同时承受几只鸡的重量。产蛋是鸡繁衍后代的行为，它喜欢在最安全的地方产蛋或将蛋产在最安全的地方。

③ 产蛋箱摆放。产蛋箱放置应与鸡舍纵向垂直，均匀分布，即产蛋箱的开口面向鸡舍中央。蛋箱应尽可能置于避光幽暗的地方。要遮盖好蛋箱的前上部和后上部。开产前将产蛋箱放在地面上，鸡很容易熟悉和适应产蛋环境，避免了部分母鸡在产蛋箱下较暗的地方做窝产蛋。产蛋高峰期再将蛋箱逐渐提高，此时鸡已经形成了就巢产蛋习惯，便不再产地面蛋。

④ 产蛋箱中的垫料。产蛋箱中的垫料不仅影响土鸡窝外蛋的数量，而且影响蛋的外在质量。垫料的影响因素包括垫料的颜色、垫料卫生和垫料厚度等。

a. 垫料颜色对窝外蛋的影响。垫料颜色会影响鸡的窝外蛋百分率。资料显示，产蛋鸡对垫料的颜色有选择性，褐色垫料比橘黄色、白色和黑色的同种垫料更受鸡的喜欢，而灰色垫料明显受母鸡偏爱。国外科学家进行了较细致的研究，专门比较了褐色和灰色两种垫料的窝外蛋的百分率。结果开产时在灰色垫料产蛋箱中下蛋的母鸡产较少的窝外蛋，而褐色垫料组表现出较高的窝外蛋百分率。另外，灰色垫料产蛋箱中产蛋的母鸡产蛋总数增加（窝内蛋与窝外蛋总和），并且表现出较好的饲料转化率（整个 40 周龄）。

b. 垫料卫生和厚度对蛋品质的影响。鸡产出的蛋首先接触的便是产蛋窝内的垫料，如果垫料污浊和厚度不够，可以引起蛋壳的污染和破裂，影响蛋品质量。由于刚产出的蛋表面有一层胶质层，比较湿润，容易黏附一些污浊物质，刚产出的蛋温度（鸡的体温是 41℃，蛋内温度应该等于体温）与室温温差较大，表面细菌极易侵入。因此，要保证产蛋箱内垫料干燥、清洁、无鸡粪，及时清除窝内垫料中的异物、粪便或潮湿的垫料，经常更换新的、经消毒过的疏松垫料；垫料的厚度大约为产蛋窝深度的 1/3，带鸡消毒时对产蛋箱一并喷雾消毒。防止舍内垫料潮湿和饮水器具的跑冒漏现象，降低舍内湿度。

（3）诱导窝内产蛋 鸡具有学习的本能，山林果园散养土鸡时要做好训练母鸡进入产蛋箱产蛋的工作。为了诱导母鸡进入产蛋箱，可在里面提前放入鸡蛋或鸡蛋样物——引蛋（如空壳鸡蛋、乒乓球等）。鸡进入产蛋期后，饲养人员应经常在棚架区域内走动。早晨是母鸡寻找产蛋地点的关键时期，饲养员在舍内走动时密切关注母鸡的就巢情况。较暗的墙边、角落、台阶边、棚架边、钟形饮水器下方和产蛋箱下方比较容易吸引母鸡去就巢。饲养员应小心地将在这些地点筑窝的母鸡放到产蛋箱内，最好关闭产蛋箱，使其熟悉和适应这个产蛋环境，不再到其他地点筑窝。如果母鸡继续在其他地点筑窝，必要时可以用铁丝网进行隔开。通过几次干预，母鸡就会寻找比较安静的产箱产蛋。发现地面或其他非产蛋箱处有蛋，应及时捡起。

（4）捡蛋　捡蛋次数影响蛋的破损率和污染程度，捡蛋次数越多，蛋的破损率和污染程度越低。最好是蛋刚产下时即捡走，但生产中捡蛋不可能如此频繁，这就要求捡蛋时间、次数要制度化。大多数鸡在上午产蛋，第一次和第二次捡蛋时间要调节好，尽量减少蛋在窝内的停留时间。一般要求每天捡蛋 3～4 次，捡蛋前用 0.1% 的新洁尔灭洗手消毒，持经消毒的清洁蛋盘捡蛋。捡蛋时要净、污蛋分开，薄、厚蛋分开，完好蛋、破损蛋分开，将那些表面有垫料、鸡粪、血污的蛋和地面蛋以及薄壳蛋、破蛋单独放置。在最后 1 次收集蛋后要将窝内鸡只抱出。

（5）蛋的处理　捡蛋后，将脏蛋、破壳蛋、沙壳蛋、钢皮蛋、皱纹蛋、畸形蛋，以及过大、过小、过扁、过圆、双黄和碎蛋挑出，单独放置。对有一定污染的鸡蛋（脏蛋），可先用细纱布将污物轻轻拭去，并对污染处用 0.1% 百毒杀进行消毒处理（不能用湿毛巾擦洗，这样做破坏了鸡蛋表面的保护膜，使鸡蛋更难以保存）。

（6）优质蛋品的鉴别

①外在质量。优质蛋外表洁净光滑，无沙壳、裂纹、畸形等。

②新鲜度。山林果园放养鸡生产的高品质蛋，多是鲜蛋销售，要求必须新鲜。鸡蛋新鲜度的鉴别有如下方法。

a. 外观鉴别。观察蛋的外观形状、色泽、清洁程度。蛋壳干净、无光泽，壳上有一层白霜、色泽鲜明的蛋是新鲜鸡蛋；蛋壳表面的粉霜脱落，壳色油亮，呈乌灰色或暗黑色，有油样浸出，可能有较多霉斑的是陈旧蛋。

b. 耳听鉴别。相互碰击声音清脆，手握蛋摇动无声的是新鲜蛋；蛋与蛋相互碰击发出嘎嘎声（孵化蛋）、空空声（水花蛋），手握蛋摇动时是晃荡声的是陈旧蛋。

c. 照蛋鉴别。在光线下观察钝端气室部位，如果只是一点阴影，气室很小，是新鲜蛋；如果气室明显，则是时间长的蛋。也可用专门的照蛋器（图6-15）（或用一箱子，上面挖一个小洞，箱子里放一盏灯泡，将需要检验的鸡蛋放在小洞上），通过从下射出的灯光观察鸡蛋内的结构和轮廓。新鲜鸡蛋一般里面是实的，没有气室形成，而陈旧鸡蛋气室已经形成，放的时间越长，气室越大。新鲜的鸡蛋呈微红色、半透明、蛋黄轮廓清晰，而陈旧的鸡蛋发污，较浑浊，蛋黄轮廓模糊。

图6-15 照蛋器

6. 抱性催醒

抱性即就巢性，属禽类繁殖后代的一种正常生理现象（图6-16）。就巢性的强弱与品种类型有直接关系。高产杂交蛋鸡由于长期选育，几乎没有抱性，而土鸡仍具有较强的抱性。就巢的发生与鸡体内激素变化有关，是下丘脑5-羟色胺活性增强和腺垂体催乳素分泌增加的结果，这些激素的产生会抑制排卵，所以就巢性严重影响鸡群体的产蛋水平。

图 6-16   鸡的抱性

　　一般来说，母鸡就巢与季节和气温有关。也就是说，有利于鸡孵化即繁衍后代的气候条件，就容易发生抱窝现象。抱窝多发生在春末和夏季。同时，环境因素也会诱发就巢性。幽暗环境和产蛋窝内积蛋不取，可诱发母鸡就巢性。一旦一只鸡出现抱窝，其声音和行为对其他鸡有诱导作用。如果发生抱性，可以进行催醒，催醒方法见 6-6。

表 6-6   催醒方法

方法	操作
丙酸睾丸素法	肌内注射丙酸睾丸素 5～10 毫克／只，用药后 2～3 天就醒抱，1～2 周后即可恢复产蛋。丙酸睾丸素可抑制和中和催乳素，使体内激素趋于平衡而醒抱
异烟肼法	按就巢母鸡每千克体重 0.08 克异烟肼口服，一般 1 次投药可醒抱 55% 左右；对没有醒抱的母鸡次日按每千克体重 0.05 克再投药 1 次。第二次投药后醒抱可达到 90%，剩下的就巢母鸡第三天再投药 1 次，药量也为每千克体重 0.05 克，可完全消除就巢现象（当出现异烟肼急性中毒时，可内服大剂量维生素 B_6 以解毒，并配合其他对症治疗）
三合激素法	三合激素（即丙酸睾丸素、黄体酮和苯甲酸雌二醇的油溶液）对抱窝母鸡进行处理，按 1 毫升／只肌内注射，一般 1～2 天即可醒抱
水浸法	将抱窝母鸡用竹笼装好或用竹栏围好，放入冷水中，高度以水浸过脚。如此 2～3 天，母鸡便可醒抱。其原理在于鸡在水中加速降温和增加环境应激，抑制催乳素分泌
悬挂法	将抱窝母鸡放入笼中，悬吊在树上，并使鸡笼不断左右摇摆，很快促使其醒抱

方法	操作
易地法	将抱窝母鸡放入另一鸡群中，改变生活环境。由于环境陌生，并受到其他鸡的追逐，可促使母鸡醒抱
解热镇痛法	服用安乃近或APC（复方阿司匹林），取0.5克安乃近或0.42克APC，每只鸡喂服1片，同时喂给3～5毫升水，10小时内不醒抱者再增喂1次，一般15天后即可恢复产蛋
硫酸铜法	每只鸡注射20%硫酸铜水溶液1毫升，促使其脑垂体前叶分泌激素，增强卵巢活动而离巢
针刺法	用缝衣针在鸡的冠点穴，脚底深刺2厘米，一般轻抱鸡3天后可下窝觅食，很快恢复产蛋，若第三天仍没有醒抱，按上法继续进行3次就可见效
酒醉法	每只抱窝鸡灌服40°～50°白酒3汤匙，促其醉眠，醒酒后即可醒抱
灌醋法	趁早晨空肚时喂抱窝鸡1汤匙醋，到晚上再喂1次，连续3～4天即可
清凉解热法	早晚各喂人丹13粒左右，连用3～5天
盐酸麻黄素法	每只抱窝鸡每次服用0.025克盐酸麻黄素片，兴奋其中枢神经，若效果不明显，第三天再喂1次，效果很好
剪毛法	把抱窝鸡大腿、腹部、颈部、背部的长羽毛剪掉，翅膀及尾部羽毛不剪。这样，鸡很快停止抱性，且对鸡的行动没有影响，1周内可恢复产蛋
复合药物法	将冰片5克、己烯雌酚2毫克、咖啡因1.8克、大黄苏打片10克、氨基比林2克、麻黄素0.05克，共研细末，加面粉5克、白酒适量，搓成20粒丸，每日每只喂服1粒，连喂3～5天
感冒胶囊法	发现抱窝母鸡，立即分早、晚2次口服速效感冒胶囊，每次1粒，连服2天便可醒抱。醒抱后的母鸡5～7天就可产蛋
磷酸氯喹片法	每日1次，每次0.5片（每片0.25克），连服2天，催醒效果在95%以上。用1～2粒盐酸奎宁丸有同样效果
清凉降温法	用清凉油在母鸡脸上擦抹，注意不要抹入眼内；热天还可以将鸡用冷水喷淋或每天直接浸浴3～4次，以降低体温，促其醒抱

7.淘汰低产鸡

鸡群中产蛋性能和健康状况有很大差别，特别是本地土鸡，缺乏系统选育，无论是体型外貌，还是生产性能，相差悬殊。如果将低产鸡、停产鸡、僵鸡以及软脚、有病的鸡及早淘汰，将高产健康的鸡选留下继续饲养，不仅生产性能进一步提高，而且消耗较少的饲料，增加抗风险能力，获得更大的效益。

（1）低产、停产鸡形成的原因　品种质量差；育成的新母鸡体重小、群体不均匀；培育阶段光照时间增长或在自然光照渐增的季节内育成，使性成熟过早，开产早而产生产蛋疲劳和早衰；产蛋期环境应激，如突然停止光照、炎热、大风或雷鸣闪电等；疾病影响，如患卵黄性腹膜炎、马立克病、传染性支气管炎、血液原虫病及其他寄生虫病等，造成停产或低产，或因难产脱肛或被其他鸡啄肛，失去正常的产蛋能力。

（2）淘汰低产鸡的时间　除了随时淘汰发现的低产鸡和停产鸡外，在生产周期内，应集中安排淘汰 2 ～ 3 次。第一次淘汰时间可安排在产蛋高峰初期（30 ～ 32 周龄）。此时可将一些因生理缺陷或发育差未开产的鸡进行淘汰，特别是在青年鸡阶段一些患过某些疾病的鸡，其生殖器官严重受损（如患支气管炎后，输卵管萎缩、肿胀等）而发育不良，其终生将不能产蛋（有的叫"石鸡"）。第二次淘汰时间可安排在产蛋高峰过后（43 ～ 45 周龄）。高产鸡经过产蛋高峰后产蛋率逐渐下降，但其产蛋曲线并非陡降，而是稳中有降。而低产鸡产蛋率下降严重，也有一些鸡已经停产。第三次淘汰可在第二个产蛋年，即产蛋 1 周年左右进行（72 ～ 73 周龄）。此期结合人工强制换羽，将没有饲养价值的鸡淘汰，选留部分优良鸡经过强制换羽后，继续饲养一段时间，挖掘其遗传潜力。

（3）产蛋高低的鉴别　淘汰低产鸡的首要问题是怎样鉴别高产和低产或停产鸡、健康与患病鸡。我国养鸡工作者在生产实践中积累了丰富的经验，可根据表型与生产性能的相关性，鉴别高产与低产、优与劣（表 6-7）。

表 6-7　高产与低产鸡的鉴定

项目	高产鸡	低产鸡或停产鸡
头部	眼睛明亮有神，鸡冠、肉髯大而红润、富有弹力，用手触之有温暖的感觉	眼神迟钝，鸡冠小而萎缩，苍白无光泽，以手触之有凉的感觉

山林果园散养土鸡新技术（彩色图解＋视频升级版）

项目	高产鸡	低产鸡或停产鸡
羽毛	羽毛蓬松稀疏，比较粗糙、干燥；换羽晚，但换羽速度快	羽毛光滑，覆盖较严密，富有光泽，丰满；换羽早但换羽速度慢
肛门	宽大，湿润，扩张	肛门干燥而收小，无弹性
腹部	容积大，触摸皮肤细致、柔软有弹性，两耻骨末端柔软、有弹性	腹部容积小，触摸皮肤粗糙、发硬、无弹性，两耻骨末端坚硬
耻骨	耻骨之间分开有伸缩性，间距大	低产鸡耻骨之间间距小，停产鸡耻骨固定紧贴
色素	白色鸡种开产后皮肤的黄色素从肛门、眼睑、耳朵、喙、脚（从脚前到脚后）、膝关节依次褪色	褪色较慢或仍为黄色（停产约3周的鸡喙呈黄色，停产约10天的鸡喙的基部是黄色）
反应	较温驯，活动不多，易捕捉	活动异常灵活、快捷而不易捕捉
出入窝	出窝早，归窝晚，采食勤奋	出窝晚，归窝早，采食位置不固定，常来回走动，随意性较大
粪便	早晨粪便松软成堆、量多	早晨粪便干成细条状（不产蛋鸡消化慢，消化道变形）
其它		可能出现啼鸣，趴窝不下蛋等

（4）淘汰方法 根据外形可以选择淘汰比较明显的低产鸡和停产鸡。淘汰要在夜间进行，2人配合，一人持手电筒并捉鸡，另一人观察淘汰。鸡看到灯光就会抬起头来，通过观察其鸡冠、羽毛、触摸其耻骨等，或根据腿部标记的布条，将被淘汰的鸡轻轻捕捉，放在专用鸡笼内，集中运走。如果外形鉴别比较困难，可以在早上4～5时，手持手电筒，触摸鸡的子宫，凡是子宫内有蛋的鸡在其腿部系1根布条。经过3天的检测，凡是有2～3根布条的鸡全部保留，没有布条的鸡全部淘汰，只有1根布条的酌情处理。这种方法尽管笨了些，但是非常可靠。

淘汰鸡的工作一定要细致，操作时动作要轻，小心谨慎，防止惊群。在淘汰鸡的前后2天，在饮水中添加电解多维素，以降低淘汰过程对鸡群的影响。一般来说，淘汰鸡后的1～2天，鸡群的产蛋率略有下降，但很快恢复，并且产蛋有个新的高峰（淘汰低产鸡和停产鸡的缘故）。

8. 土鸡羽毛脱落及处理

山林果园散养土鸡容易出现脱毛，影响销售和产蛋。羽毛脱落的原因和处理措施如下。

（1）自然脱毛 脱毛是一个生理现象，包括现有羽毛脱落、被新羽毛替代，通常伴随着蛋产量的减少甚至完全停产。鸡的生命过程要经历新旧羽毛交替的几次脱毛阶段。第一次换毛，绒毛被第一新羽替代，发生在 6～8 日龄至 4 周龄结束；第二次换毛，第一新羽被第二新羽替代，发生在 7～12 周龄间；第三次换毛，发生在 16～18 周龄间，这次换毛对生产是很重要的。产蛋母鸡自然换毛发生在每年白昼变短的时期，如我国农历冬至前后（约 12 月 20 日前后）。

脱毛的程度取决于家禽品种和家禽个体。脱毛持续的时间长短是可变的，较差的蛋鸡在 6～8 周龄间重新长出羽毛，而优良的蛋鸡则在短暂停顿后（2～4 周）较快地完成换毛过程。从生理上讲，产蛋停止使更多的日粮用于羽毛生长（自身合成的主要蛋白质）。雌激素是产蛋过程中释放的一种激素，起阻碍羽毛形成的作用，产蛋的停止降低了雌激素水平。因此，羽毛形成加快。

（2）啄羽 严重的啄羽往往是由于过度拥挤、光照问题和营养不平衡的日粮所致，且会伤及鸡只。啄羽导致的受伤伴随着出血，会吸引更进一步的同类相残的啄食。为了防止同类相残，最好的办法是隔离病弱或受害的鸡只。受伤的鸡只应在伤口上撒消炎杀菌粉处理，伤口用深暗色的食品颜料或焦油涂抹，以减少进一步被其他鸡只啄食攻击，也可以撒些难闻的粉末于受伤的鸡身上。修喙或者已断喙的鸡群将会减少啄羽或自相残杀的可能性，特别是与光线、饲养密度和营养有关的问题得到改进后。另外，也发现某些品种的鸡群更易发生啄羽现象（遗传特异性）。啄羽的恶习一旦形成很难控制。因此，最好的治疗措施就是预防。

（3）摩擦 脱羽也可能由于其他鸡只或环境摩擦所致，特别是鸡只在密闭的环境中。为了减少脱羽，鸡群密度应该降低，消除所有的鸡舍内尖锐、粗糙的表面。

（4）交配 如果是放养的种鸡，或将部分公鸡放入母鸡群，交配时，公鸡踩踏母鸡，母鸡的背部羽毛会被公鸡的爪子撕扯掉。为了降低由此引起的羽毛脱落，雏鸡出壳后应该对公雏进行剪趾，即用剪刀将公雏的内侧趾剪掉。

9. 强制换羽

强制换羽就是人为采取措施，使母鸡的羽毛脱换。强制换羽可缩短母鸡停产换羽时间，延长产蛋期。种鸡的雏鸡购置和培育费用较高，进行强制换羽后再使用一个生产周期可以降低种蛋成本。

（1）强制换羽的准备　见图6-17。

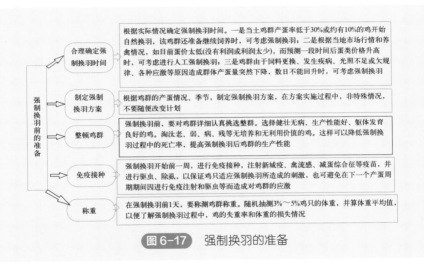

图6-17　强制换羽的准备

（2）强制换羽的方法　强制换羽的方法有化学法、畜牧学法和综合法（表6-8）。

表6-8　强制换羽的方法

方法	操作
化学法	在饲料中加入2.5%的氧化锌或3%的硫酸锌，连续饲喂5～7天后改用常规饲料饲喂；开始喂含锌饲料时光照保持8小时或自然光照，喂常规饲料时逐渐恢复光照到16小时。此法换羽时间短，但不彻底，第二个产蛋年产蛋高峰不高

方法	操作
畜牧学法 （饥饿法）	停水、停料、减少光照，引起鸡群换羽。第 1～3 天，停水，停料，光照减为 8 小时。第 4～10 天，供水，停料，光照减为 8 小时。第 11 天以后，供水，供料，给料量为正常采食量的 1/5，逐日递增至自由采食，用育成料，光照每周递增 1 小时至 16 小时恒定，产蛋时，改为蛋鸡料
综合法	将化学法和畜牧学法结合起来的一种强制换羽方法。第 1～3 天，停水，停料，光照减为 8 小时。第 4～10 天，供水，喂给含 2.5% 硫酸锌饲料，光照减为 8 小时。以后恢复正常蛋鸡料和光照。此法应激小，换羽彻底

（3）衡量强制换羽效果的指标　见图 6-18。

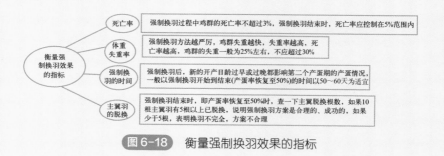

图 6-18　衡量强制换羽效果的指标

【注意】一是如果遇到鸡群患病或疫情，应停止强制换羽，改为自由采食；二是定期称重。强制换羽开始后 5～6 天第一次称重，以后每天称重，掌握鸡群失重率，确定最佳的结束时间；三是停料一段时间后，供给饲料时应逐渐增加给料量，切忌一次给料过多，造成鸡群嗉囊胀裂死亡；四是加强环境消毒，保持环境安静，避免各种应激因素，并密切观察鸡群，根据实际情况，必要时调整或中止强制换羽方案；五是注意强制换羽后期的营养。为确保强制换羽效果，迅速恢复产蛋性能，强制换羽后期，可在日粮中加大微量元素的用量，为正常标准的 1～2 倍，连用 5～7 天。同时，还应注意钙质和复合维生素的补充。

10. 卫生管理

山林果园放养土鸡，由于阳光中的紫外线作用，微生物分解和环境的自净作用强，除非发生传染性疾病，一般放养地不进行消毒。但是，必须注意鸡舍内的消毒。鸡舍地面、补料的场所每天打扫，定期消毒。水槽、料槽每天刷洗，清除槽内的鸡粪和其他杂物，让水槽、料槽保持清洁卫生，放养场进出口设消毒带或消毒池。栖架定期清理和消毒。鸡场谢绝参观。放养地应实行全进全出制。每批鸡放养完后，应对鸡棚彻底清扫、消毒，对所用器具、盆槽等熏蒸1次。同时，放养场地安排1～2周的净化期。

11. 沙浴

鸡吃饱以后，喜欢在阳光的沐浴下，在沙土里翻滚。这是在用沙洗澡（沙浴）（图6-19）。通过沙浴，驱除身体上附着的一些鸡虱，翅膀羽毛上附着的羽虱、羽虫等。

鸡在泥沙中乱滚，摩擦自己的皮肤，并且把翅膀的羽毛竖起来，让沙土进入羽毛间有空隙的地方，这时附着在身上、翅膀上的鸡虱、羽虫、羽虱都会随着沙子一起被抖落下来。因此，在鸡场要准备一些沙土让鸡沙浴，既可以为它洗澡驱除害虫，也可以让它吞食沙粒而帮助食物的消化。

图6-19 土鸡的沙浴及在地面上打滚

12. 记录管理

放养期间，要做好各项记录，记录主要包括生产性能、饲料消耗量、死亡淘汰、环境条件以及气候变化、免疫接种、用药、消毒及其他各种消耗等，有利于进行经济核算和总结经验教训。

三、提高蛋品品质

山林果园散养土鸡，为优质蛋生产创造良好条件，然后采取一些措施，可以极大提高蛋品质量。

1. 提高蛋壳质量

蛋壳质量主要指蛋壳的厚度、硬度和破损率，如果蛋壳质量差，必然影响土鸡蛋的价格。提高蛋壳质量的措施如下。

（1）注意品种选择　不同品种或品系，对钙、磷的利用能力不同，沉积钙的能力不同，影响蛋壳质量。一般土鸡蛋比高产杂交蛋鸡的蛋的超微结构好，蛋壳厚度和蛋壳强度高，破蛋率低。

（2）保证营养全面平衡　饲料中的营养含量对蛋壳质量有重大影响。

① 饲料中钙的含量、品种、钙源的颗粒度和溶解度影响着蛋壳质量。钙是蛋壳的主要成分，占蛋壳重量的38%～40%，蛋壳质量的好坏，取决于产蛋鸡饲料中钙的供应水平和吸收利用率，还与产蛋鸡骨髓中钙动员机制和蛋壳腺转运机制是否完善密切相关。土鸡在临近产蛋时，沉积钙的能力增强，血钙水平稳定升高，大量钙沉积在骨髓中，可备日粮钙不足时动用（在母鸡开产前15天提高日粮含钙量，对于提高蛋壳质量，降低破损率、瘫痪率和死亡率具有显著效果）；可在傍晚单独补饲小颗粒钙。这些钙被吸收到血液中直接用于形成蛋壳，不必先沉积于骨髓中，因此利用率高，利于改善蛋壳质量。

② 磷是蛋壳形成的重要成分。钙决定蛋壳的脆性，磷则决定蛋壳的韧性和弹性。一枚蛋含磷160毫克左右，其中蛋壳含磷约20毫克。每只蛋鸡日需有效磷约400毫克，考虑到植物性饲料中磷以植酸磷形式存在，计算日粮配方时，总磷和有效磷应维持在0.6%和0.4%。磷与蛋壳弹性有关，钙的代谢与磷密切相关。磷过高或过低均影响饲料中钙、磷比例，导致钙的吸收障碍，使鸡蛋壳变薄、变软。微量元素锰、镁、锌等对蛋壳质量都有不同程度的影响，保证微量元素的供给和平衡。

山林果园散养土鸡新技术（彩色图解＋视频升级版）

③ 维生素 D_3 为合成钙结合蛋白、活化骨钙代谢、加强肠内磷吸收和肾内磷代谢所必需，是决定蛋壳质量最重要的营养因素之一。如果不足，也会影响钙、磷的吸收和平衡，但过量的维生素 D_3 对蛋壳的钙含量和机体内钙质的贮存都没有好处。土鸡体内能合成维生素 C，故一般不需添加维生素 C。但在热应激条件下，土鸡体内维生素 C 的合成能力明显降低，不能满足需要，使产蛋量和蛋壳质量降低。

④ 饲料的电解质平衡对蛋壳品质有重要意义。饲料中添加小苏打能提高蛋壳强度，降低蛋壳破损率。特别是在夏季，鸡通过喘气散热使二氧化碳排出过多，血液中碳酸氢根离子含量降低，碳酸钙水平降低，使软壳、薄壳蛋比例明显上升，在这种情况下，单纯补钙无效，通过添加小苏打来补充碳酸氢根离子可使蛋壳质量明显改善。补充小苏打时，应减少食盐用量，防止钠离子过量。

⑤ 饲料中粗蛋白质水平能显著影响蛋壳质量。产蛋后期，适当降低饲料粗蛋白质水平，可使蛋重减轻，蛋壳厚度相对提高，从而明显改善蛋壳质量。

⑥ 饲料的霉变、黄曲霉毒素、农药及杀虫剂残留等均对蛋壳质量有不同程度的影响。

（3）保证充足的饮水　据报道，断水当天破蛋率为 3.9%，第 2 天为 32.7%，第 3 天为 10.9%。保证充足的饮水可以减少破蛋。

（4）环境条件适宜　环境条件不适宜，也会影响蛋壳质量。环境温度过高，蛋壳变薄变脆，破蛋率高。每逢夏天高温季节，蛋壳颜色变浅较为普遍，砂壳蛋、软壳蛋较多，同时产量下降。特别是夏季连续高温，鸡群发生中暑时，鸡的采食量减少，肠道对钙的吸收降低，而且鸡的呼吸加快，排出的二氧化碳增多，使血液中钙离子与碳酸氢根离子浓度均下降，蛋壳质量更差。因此，要注意防暑降温。秋冬之际，当气温突然下降，鸡只体温调节一时不能适应，影响钙、磷代谢，也会导致蛋壳颜色变浅；强烈的突然光照会使鸡只受到刺激，产破损蛋的比例增加。产蛋鸡所需的光照时间不能少于 12 小时，最长不能超过 16～17 小时，且光照时间和强度应保持恒定。产蛋期的鸡群对光照是比较敏感的，凡是光照不足或光照不规律，都会对产蛋造成不良影响，导致白壳蛋的出现。噪声超过 50 分贝，鸡蛋破损率增加，90 分贝噪声持续 3 分钟，破损率达 3.5%。因此要保持鸡舍周围环境安静，避免各种惊吓刺激。

（5）避免疾病发生　许多疾病都可以影响蛋壳质量，如鸡群发生慢性新城疫、减蛋综合征、住白细胞原虫病、大肠杆菌病、巴氏杆菌病等，都会明显使蛋壳颜色变淡发白，蛋壳变薄变脆。病理性白蛋壳发生的原因，除一部分由于病原直接侵害生殖系统而产生外，还因为鸡群患病，引起消化功能紊乱，而使钙、磷吸收受阻，造成蛋壳营养缺乏，从而色泽变浅。

（6）加强产蛋后期的饲养管理　鸡随日龄增长对钙的吸收和存留能力降低，影响蛋壳质量。蛋壳薄，壳色变浅，破蛋率高。加强产蛋鸡后期的饲养管理对提高产蛋率和降低破损率十分重要。在饲料中添加 0.01% ～ 0.015% 的维生素 AD 粉，对促进产蛋鸡钙的吸收很有必要。

（7）加强捡蛋管理　捡蛋次数影响破蛋率。据调查，每天拣蛋 2 次，破蛋率为 5% ～ 5.5%，拣蛋 4 次破蛋率降至 1.11% ～ 1.33%，所以每天要勤捡蛋（捡蛋 3 ～ 4 次），在夏季和对年龄大的鸡群，更应增加捡蛋次数。捡蛋时要轻拿轻放，将完整和质量好的蛋放在蛋筐的下边，将质量不好的蛋，如薄壳蛋、沙壳蛋、浅壳蛋等和破蛋放在蛋筐的上面，将脏蛋另放，这样可以减少人为破蛋。同时运输过程中也要注意防止蛋的破损。

2. 提高蛋的内在品质

（1）提高蛋内常规品质

① 提高蛋黄颜色。蛋黄颜色是评价蛋内在质量的一个最直观指标。目前多以罗氏公司制造的罗氏比色扇进行评判。该比色扇是按照蛋黄颜色的深浅分成 15 个等级，分别由长条状面板表示，并由浅到深依次排列，一端固定，另一端游离，打开后好似我国传统的扇子，故而得名。

② 标准要求。国家规定，出口鸡蛋的蛋黄颜色不低于 8。放养条件下的土鸡生产的鸡蛋，一般蛋黄色度在 10 左右。

③ 方法。鸡蛋黄是由类胡萝卜素（叶黄素）等物质形成。该类

物质在蛋鸡体内不能自己合成，只能从饲料中得到补充。蛋鸡通过从体外摄取类胡萝卜素后，将其贮存于体内脂肪。产蛋时再将贮存于脂肪中的类胡萝卜素转移至输卵管以形成蛋黄。在饲料中补充富含类胡萝卜素的添加剂，则可实现增加蛋黄颜色和营养的目的。添加的物质见表6-9。

表 6-9　提高蛋内常规品质的添加物及添加方法

添加物	添加量	效果
万寿菊	采集万寿菊花瓣，风干后研成细末，加入饲料中喂鸡	使蛋黄呈深橙色，可使肉鸡皮肤呈金黄色
橘皮粉	将橘皮晾干磨成粉，在鸡饲料中添加2%～5%	使蛋黄颜色加深，可明显提高产蛋量
三叶草	将鲜三叶草切碎，在鸡饲料中添加5%～10%	蛋黄增色显著，可节省部分精饲料
海带或其他海藻	含有较高的类胡萝卜素和碘，粉碎后在鸡饲料中添加2%～6%	蛋黄色泽可增加2～3个等级；且可产下高碘蛋
万年菊花瓣	含有丰富的叶黄素，在开花时采集花瓣，烘干后粉碎（通过2毫米筛孔），按0.3%的比例添加饲喂	使蛋黄增色
松针叶粉	将松树嫩枝叶晾干、粉碎成细颗粒，饲料中添加3%～5%	良好的增色效果，可提高产蛋率
胡萝卜	含有丰富的叶黄素，取鲜胡萝卜洗净捣烂，20%的添加量饲喂	使蛋黄增色
栀子	将栀子研成粉，饲料中添加0.5%～1%	使蛋黄呈深黄色，提高产蛋率
苋菜	将苋菜切碎，饲料中添加8%～10%	使蛋黄呈橘黄色，节省饲料和提高产蛋量
南瓜	将老南瓜研碎，饲料中掺入10%	增加蛋黄色泽
玉米花粉	取鲜玉米花粉晒干，饲料中添加0.5%	增强蛋黄色泽
红辣椒粉	红辣椒粉碎，饲料中添加0.3%～0.6%	可增加蛋黄、皮肤和皮下脂肪的色泽，能增进食欲，提高产蛋量
聚合草	刈割风干后粉碎，在饲料中添加5%	可使蛋黄的颜色从1级提高到6级，鸡皮肤和脂肪呈金黄色

（2）提高蛋白质量

① 蛋清黏稠度。蛋清的黏稠度与卵黏蛋白（稠蛋白）含量有关，蛋清的黏稠度可用哈夫单位表示。

蛋清稀薄，且有鱼腥气味，多为饲料中菜籽饼或鱼粉配合比例过大。菜籽饼含有毒物质硫葡萄糖苷，在饲料中如超过 10%，就有可能使褐壳鸡蛋产生鱼腥气味（白壳鸡蛋例外）。饲料中的鱼粉特别是劣质鱼粉超过 10% 时，褐、白壳蛋都有可能产生鱼腥味，故在蛋鸡饲料中应当限制菜籽饼和鱼粉的使用量，前者应在 6% 以内，后者在 10% 以下；去毒处理后的菜籽饼则可加大配合比例。若蛋清稀薄且浓蛋白层与稀蛋白层界限不清，则表示饲料中的蛋白质或维生素 B_2、维生素 D 等不足，应按实际缺少的营养物质加以补充。

② 蛋清颜色。鸡蛋冷藏后蛋清呈现粉红色，卵黄体积膨大，质地变硬而有弹性，俗称"橡皮蛋"；有的呈现淡绿色、黑褐色，有的出现红色斑点。这些与棉籽饼的质量和配合比例有关。棉籽饼中的环丙烯脂肪酸可使蛋清变成粉红色，游离态棉酚可与卵黄中的铁质生成较深色的复合体物质，促使卵黄发生色变。配合蛋鸡饲料应选用脱毒后的棉籽饼，配合比例应在 7% 以内。

③ 蛋中异样血斑。若鸡蛋中有芝麻或黄豆大小的血斑、血块，或蛋清中有淡红色的鲜血，除因卵巢或输卵管微细血管破裂外，多为饲料中缺乏维生素 K。在饲料中适量添加维生素 K，可消除这种现象。

（3）提高鸡蛋中微量元素含量　在一定范围内，蛋中一些微量成分的含量受饲料影响比较明显。随着食物疗法的兴起，采用在饲料中添加一些特殊的药物、微量元素，控制饮水、水质等措施，就能生产出各种类型的保健蛋。鸡蛋的铁、铜、碘、锰和钙等矿物元素的含量也因其在饲粮中的含量变化而有相应改变，尤其是铁，从饲料中进入禽蛋的能力特强。鸡蛋中的维生素和矿物元素含量，对于商品蛋而言影响其食用价值，对种蛋则影响其孵化性能和雏禽健康及生长发育。

① 高铁蛋。铁是人和动物机体营养代谢、生长发育及繁衍后代所必需的元素之一。缺铁性贫血不仅影响儿童的生长发育，还造成机体免疫功能和智力开发的障碍。防治本病的方法就是提高膳食中铁的

摄入量。在饲料中添加 0.5％的硫酸亚铁，或 525 毫克／千克的蛋氨酸铁，饲喂蛋鸡，经 7 ～ 12 天后可生产出高铁蛋。高铁蛋中含铁量可达 1500 ～ 2000 毫克／枚，比普通鸡蛋（800 ～ 1000 毫克／枚）高 0.5 ～ 1 倍。食用高铁蛋可防治缺铁性贫血症，并对失血过多患者有滋补作用。

② 高锌蛋。高锌蛋可防治儿童缺锌综合征、伤口久治不愈、成人性功能减退或不育症。在饲料中添加 1％～ 2％的碳酸锌或硫酸锌，饲喂 20 天后，即可产出高锌蛋，蛋中含锌量为 1500 ～ 2000 毫克／枚，比普通蛋（400 ～ 800 毫克／枚）高 2 ～ 4 倍。

③ 高碘蛋。碘是人体必需的微量元素，缺碘会引起人单纯甲状腺黏液性水肿、粗脖子病、呆小病等。鸡蛋中碘主要沉积在蛋黄中，蛋黄中的碘与饲料中碘含量直接相关。高碘蛋提高了碘的生物学效价，不仅能预防缺碘病的发生，还可提高人体脂蛋白脂肪酶的活性，降低血液中胆固醇与甘油三酯的含量。据试验，日食 2 ～ 3 枚高碘蛋，40 ～ 60 天为一个疗程，对缺碘甲状腺肿大症、甲状腺机能亢进、侏儒症、中老年心血管病、呆傻症、脂肪肝、糖尿病都有一定疗效。在蛋鸡饲料中添加海藻粉 4％～ 10％或海带粉 4％～ 6％，或在每 100 千克饲料中添加 50 克碘化钾或碘化钙，连喂 15 ～ 21 天，即可产出高碘蛋，同时还可提高产蛋率和增加蛋黄色泽。生产的高碘蛋中含碘量 300 ～ 1000 毫克／枚，而普通蛋为 3 ～ 30 毫克／枚。高碘蛋不仅大幅度提高了蛋中碘含量，同时降低胆固醇 50％左右，提高维生素总量达 30％，也是低胆固醇蛋。

④ 高硒蛋。硒是人体必需的微量元素，缺硒会引起多种疾病。目前防治与缺硒有关疾病的方法主要是使用亚硒酸钠和含硒酵母。鸡蛋中的硒是一种有机硒，吸收率高达 80％，比无机硒（亚硒酸钠）吸收率高 1.6 倍。人食用高硒蛋每天 1 ～ 2 枚，连用 30 ～ 40 天，可抗癌、防治心绞痛、心肌梗死、脑血栓、风湿性关节炎、大骨节病，对某些毒物（镉、汞、砷）等有解毒作用，还有清除自由基、刺激免疫球蛋白、保护淋巴细胞、增强免疫功能、延缓衰老和促进儿童生长发育的作用。硒是剧毒元素，日粮添加 2 毫克／千克时引起产蛋量下降。添加有机硒比无机硒更易在蛋中沉积。饲料中添加硒酸钠或亚硒

酸钠 0.5 毫克 / 千克，或硒酵母（10 毫克 / 千克饲料），连续饲喂 15 天后即可得到富硒蛋，含硒可达到 30 ~ 50 毫克 / 枚，而普通鸡蛋为 4 ~ 12 毫克 / 枚。需要注意的是，饲料中硒含量不能超过 3 毫克 / 千克，以免发生鸡中毒。

⑤ 高铁高碘鸡蛋。日粮中添加碘化钾、蛋氨酸铁及促进铁吸收剂，可以显著提高蛋中碘和铁的含量，生产出高铁高碘蛋。

蛋鸡日粮中添加碘化钾、蛋氨酸铁进行试验。基础日粮组每千克含碘 0.35 毫克、铁 45 毫克，试验 1 组每千克含碘 50 毫克、铁 525 毫克，试验 2 组每千克含碘 100 毫克、铁 1025 毫克。结果表明：试验 1 组蛋黄碘含量比基础日粮组增加 13.95 倍，蛋白碘含量增加 1.21 倍，蛋黄铁含量提高 76.49%，蛋白铁含量略有上升；试验 2 组蛋黄碘含量比基础日粮组增加 17.62 倍，蛋白碘含量增加 1.87 倍，蛋黄铁含量提高 124.34%，蛋白铁含量略有上升。试验 1 组和 2 组的产蛋率、产蛋量和蛋重均低于基础日粮组。有报道用含铁 525 毫克 / 千克日粮饲喂罗曼蛋鸡，未发现生产性能变化，但日粮中碘过高导致产蛋率降低，这是因为生长中的卵对碘有显著的聚集能力，当卵内碘蓄积达到阈值时，导致卵发育停止而发生退化。

（4）降低鸡蛋中胆固醇含量　人类摄入胆固醇含量过高会诱发一系列心血管疾病，因此，降低鸡蛋中胆固醇成为提高鸡蛋品质的重要方法之一。在饲料中使用添加剂可以降低土鸡蛋中的胆固醇含量（表 6-10）。

表 6-10　添加剂的使用方法和效果

添加剂名称	使用方法	效果
维生素	在其他维生素含量相同的基础日粮上，每吨鸡日粮补充 12.5 克维生素 E、0.15 克生物素、40 克烟酸及 150 克维生素 C	可产出低胆固醇蛋
铜	用五水硫酸铜，日粮含铜 125 ~ 250 毫克 / 千克	可降低蛋黄胆固醇浓度 30% ~ 35%
铬	蛋鸡日粮中添加 0.8 毫克 / 千克有机铬	显著降低了蛋黄中胆固醇含量
锗	在蛋鸡日粮中添加适量 β- 羟乙基锗倍半氧化物	降低鸡蛋蛋黄中胆固醇含量

添加剂名称	使用方法	效果
大蒜	饲料中添加 1%～3% 的大蒜	可使蛋中的胆固醇降低 40%～55%
微生态制剂	饲料或饮水中添加千分之三	鸡蛋中胆固醇可降低 20% 以上
中药	党参 80 克，黄芪 80 克，甘草 40 克，何首乌 100 克，小杜仲 50 克，当归 50 克，山楂 100 克，白术 40 克，桑叶 60 克，桔梗 50 克，罗布麻 80 克，菟丝子 50 克，女贞子 50 克，麦芽 50 克，橘皮 50 克，柴胡 50 克，霍羊藿 70 克，共为细末，拌入 500 千克饲料中，连续饲喂	降低蛋中胆固醇
低聚木糖	每千克饲料中添加 35% 低聚木糖 1 克，连续饲喂	鸡蛋中胆固醇降低 30%～60%

（5）改善鸡蛋风味　风味是指食品特有的味道和风格。绿色的食品具有良好的风味，不仅有助于人体健康，而且可提高食欲，使消费者感觉是一种美的享受。

鸡蛋有其固有的风味。若在饲料或饮水中添加一定的物质（对鸡体和人类健康无害），可以增加其风味，或改变其风味，使之成为特色鲜明、风味独特的食品。郭福存等利用沙棘果渣等组成的复方添加剂饲喂蛋鸡，能明显增加蛋黄颜色，且可以改善鸡蛋风味。有资料报道在 54 周龄商品代蛋鸡饲料中添加 1％中草药添加剂（芝麻、蜂蜜、植物油、益母草、淫羊藿、熟地、神曲、板蓝根、紫苏）饲喂 42 天，可降低破蛋率，使蛋味变香、蛋黄色泽加深，延长产蛋期。

第十节　山林果园散养商品土鸡的饲养管理要点

一、商品土鸡饲养管理要点

山林果园放养商品土鸡的饲养管理除了按照前面放养鸡的一般技术以外，还要注意如下几点。

1. 精选良种

选养皮薄骨细、肌肉丰满、肉质鲜美、抗逆性强、体型中小、有色羽的著名地方品种，根据当地的饲养习惯及市场消费需求，选育适合当地饲养的优良土鸡品种。如在南方市场销售，可以选择农村饲养的土杂鸡所产的蛋孵化的雏鸡，价格高，好销售；如果在北方市场销售，可以饲养芦花鸡、固始鸡以及麻鸡品种。

2. 适时放养

放养的商品土鸡，在育雏室内育雏5周。一般夏季30日龄、春季45日龄、寒冬50～65日龄可以开始放养。竹园、果园、茶园、桑园等放养场地要求地势高燥、避风向阳、环境安静、饮水方便、无污染、无兽害。鸡只既可吃害虫及杂草，还可积（施）肥。放养场地可设沙坑，让鸡沙浴。放养密度为40～60只/亩，每群规模约500只为宜。放养场可设置围栏，放一批鸡换一个地方，既有利于防病，又有利于鸡只觅食。

3. 科学饲喂

优质土鸡育雏期应饲喂易消化、营养全面的雏鸡全价饲料。饲养中粗蛋白含量为16%～17%。放养期要多喂青饲料、农副产品、土杂粮，以改善肉质，降低饲料成本；一般仅晚归后补喂配合饲料。要保证育肥土鸡有充足的饮水，可给育成鸡添喂占饲料量10%～20%的青饲料。中后期配合饲料中不要添加人工合成色素、化学合成的非营养添加剂及药物等，应加入适量的橘皮粉、松针粉、大蒜、生姜、茴香、八角、桂皮等自然物质以改变肉色、改善肉质和增加鲜味。

4. 适当催肥

育成土鸡在13～14周龄时，生长速度较快，容易沉积脂肪，在饲养管理上应采取适当的催肥措施。采用原粮饲喂的，可适当增加玉米、高粱等能量饲料的比例；饲喂鸡饲料的，可购买肉鸡生长料。出售前3～4周，如鸡体较瘦，可增加配合饲料喂量，限制放养进行适度催肥。

5. 严格防疫及驱虫

一般情况下，放养土鸡发病较少。但因其放养于野外，接触病原体机会多，因此，要特别注意防治球虫病（一般在 20～35 日龄预防 1 次较好）、卡氏白细胞虫病及消化道寄生虫病。每月进行驱虫 1 次为佳。肉鸡饲养中后期，防治疾病时尽可能不用人工合成药物，多用中药及采取生物防治，以减少和控制鸡肉中的药物残留，以便于上市。

6. 适时销售

饲养期太短，鸡肉中水分含量多，营养成分积累不够，鲜味素及芳香物质含量少，达不到优质土鸡的标准；饲养期过长，肌纤维过老，饲养成本太大，不合算。

因此，小型公鸡 100 天，母鸡 120 天上市；中型公鸡 110 天，母鸡 130 天上市。此时上市鸡的体重、鸡肉中营养成分、鲜味素、芳香物质的积累基本达到成鸡的含量标准，肉质又较嫩，是体重、质量、成本三者的较佳结合点。

二、提高鸡肉风味的措施

肌肉的风味影响人们的食欲和消费欲望。影响鸡肉风味的主要因素有遗传、饲料营养和环境等。遗传因素主要有品种、日龄、性别，营养因素主要是饲料，环境因素包括饲养管理和小气候等。在土鸡饲养过程中可以通过添加一些物质来提高肌肉风味（表 6-11）。

表 6-11　提高肌肉风味的物质

物质名称	效果
绿茶粉或废茶粉	饲料中添加 3%，可显著增加鸡肉中维生素 A 和维生素 E 的含量，同时还可以增加鸡肉的鲜美味
党参、丁香、川芎、沙姜、辣椒、八角以及合成调味剂；鲜味剂（主要含谷氨酸钠、肌苷酸、核苷酸、鸟苷酸等）	饲喂后期肉鸡，肌肉中氨基酸及肌苷酸含量明显提高，从而增进其肌肉风味

物质名称	效果
杜仲、黄芪、白术等中药	按等比例配伍饲喂鸡，提高肉鸡肌肉中粗蛋白含量与肌肉脂肪的沉积能力，提高肌肉的营养价值和风味，改善肉品质
生姜、大蒜、辣椒叶、艾叶、陈皮、茴香、花椒、桑叶、车前草、黄芪、甘草、神曲和葎草13味中草药制成中草药饲料添加剂	与益生菌添加剂结合配制成益生中草药合剂饲喂鸡，实验结果表明，鸡肉风味具有天然调味料的浓郁香味，口感良好，味道纯正，综合效益良好
女贞子水提物	添加0.4%，显著改善鸡肉的嫩度
大蒜、辣椒、肉豆蔻、丁香和生姜等	饲喂肉鸡，改善鸡肉品质，使鸡肉香味变浓
沙棘嫩枝叶	添加于日粮中，提高鸡肉中氨基酸和蛋白质的含量，改善鸡肉品质，并能增强动物机体免疫能力
大蒜	饲料中添加10%～20%捣烂大蒜或0.2%大蒜素，鸡肉的香味变得更浓，脚胫皮肤着色较黄
芦荟和蜂胶	作为饲料添加剂，具有提高蛋白质代谢率、胸肌率、腿肌率和降低腹脂率的作用，从而改善了鸡肉品质
桑叶粉	出栏前4周的肉鸡在饲料中添加3%桑叶粉，能大幅度提高肉鸡的品质，使肉质香味更浓。口感好
添加维生素（维生素E、维生素D等）、矿物质（钙、镁、硒等）	能够缓解动物应激，增强机体抗氧化能力，减少脂质氧化，改善肉的嫩度，减少滴水损失等

第十一节　山林果园不同场地散养土鸡的技术要点

一、山场

1. 山场散养土鸡的特点

我国山区面积广阔，自然饲料资源非常丰富。山场放养土鸡，不仅可以充分利用山场的资源，提高山地的经济效益，生产优质土鸡产品，而且能够使山区人民尽快致富。

2. 山场散养土鸡的技术要点

（1）科学选择山场　并非所有的山场都适合发展养鸡，必须选择适宜的场地。一般植被状况良好、可食牧草丰富、坡度较小的山场，特别是经过人工改造的山场果园和山地草场最适合养鸡（图6-20）；而坡度较大的山场、植被退化和可食牧草含量较少的山场、植被稀疏的山场等均不适于养鸡。因为在这样的环境下，鸡不能获得足够的营养而必须依靠人工补料，同时为寻找食物而对山场造成破坏。

图6-20　植被状况良好、坡度较小的山地放养土鸡和山场林地放养土鸡

（2）适宜的饲养规模和饲养密度　山场养鸡鸡的活动半径较平原农区小，因此，饲养规模和饲养密度必须严格控制。为了获得较好的经济和生态效益，山场养鸡的饲养密度应控制在每亩（667平方米）20只左右，一般不超过30只。一个群体的数量应控制在500只以内（100～300只的规模效果最好）。因此，可在一个山场增设若干个小区，实行小群体大规模。为避免鸡很可能用爪刨食，使山场生态遭到破坏，要及时补料，补充的饲料量必须根据鸡每天的采食情况而定。

（3）预防兽害　山区野生动物较平原更多，饲养过程中要严加防范。

（4）搞好服务　山区交通闭塞、信息不灵，人们的文化科技素质和经营观念比较落后，要保证养好土鸡，并能够及时销售，获得较好的养殖效益，必须搞好产前、产中和产后等一系列服务，保证鸡苗、饲料、疫苗、药品的供应和产品的销售。

二、林地

1. 林地散养土鸡的特点

（1）产品品质好　林地不仅有普通的植物性饲料和虫类等动物性饲料，而且有一定的中草药，野生饲料资源十分丰富。树林内空气新鲜，很少使用农药。所以，在林地散养土鸡，土鸡的产品质量好，具有较强的市场竞争力。

（2）生产成本低　林地养土鸡可以充分利用林地的野生饲料资源，极大地减少配合饲料消耗量，降低饲料成本。同时，林地养土鸡，劳动生产率高、设备投入少（夏天可以有效地防暑），所以生产成本大大降低。

（3）鸡群成活率高　林地冬暖夏凉，空气清新，阳光充足，天然的隔离环境，少有应激因素，有助于鸡体健康和疾病的预防。树林密集的树冠，为土鸡的生活提供了遮阴避暑、防风避雨的环境。同时土鸡在林丛中觅食，可躲避老鹰的侵袭。据报道，林地养鸡的总死亡率为5.02%，而庭院养鸡的死亡率为10.7%。

（4）林木生长好　树林为土鸡的生存和生产提供了舒适的环境，土鸡的饲养也促进了林木的生长。一是鸡捕捉一定的林地害虫，减少了病虫害；二是土鸡将粪便直接排泄在林地，为林木生长提供了优质肥料。据测定，鸡粪含有的氮素相当于人粪尿的1.5倍，磷为3倍，钾为2.3倍。每100只育成鸡可产鲜粪2500千克，相当于16.7千克磷、167千克过磷酸钙和33千克氯化钾所含有的养分，对于改良林地土壤和促进林木生长起到重要作用。

2. 林地养鸡的技术要点

（1）修建棚舍　应选择背风、向阳、地势高燥、平坦的地方建棚，就地取材，搭建简易棚舍，只要白天能避雨遮阴、晚上能适当保温即可。

（2）分区轮牧　林木树冠大，树下光线弱，长此以往形成潮湿的地面，林地养土鸡，鸡的粪便排入地面，土地自净作用弱。为了有效地利用林地，也给林地一个充分自净的时间，平时要分区轮牧，全进全出。

上一批鸡出栏后，根据林地的具体情况，留有较长一段时间的空白期。

（3）设置围网 放牧林地应根据管理人员的放牧水平决定是否围网。围网采用网眼为 2 厘米 ×2 厘米的鱼网即可，网高 1.5～2 米。放牧期间应时常巡视，发现网破了应即时修补，预防鸡走失。

（4）谢绝参观 林地养鸡，环境幽静，对鸡的应激因素少，疾病传播的可能性也小。但应严格限制非生产人员进入。一旦将病原菌带入林地，其根除病原菌的难度较其他地方要大得多。

（5）预防兽害 树林养土鸡，尽管老鹰的伤害风险在一定程度上可以降低，但是野生动物较其他地方多，特别是狐狸、黄鼠狼、獾、老鼠等，对土鸡的伤害严重。除了一般的防范措施以外，可考虑饲养和训练猎犬护鸡。

（6）保持适宜密度 根据林下饲草资源情况，合理安排饲养密度。考虑林地的长期循环利用，饲养密度不可太大，每亩林地散养 30～50 只较为适合，以防止林地草场的退化。林地养土鸡，群体也不宜过大，每群 300～500 只为宜。

（7）林下种草和养殖昆虫 为了给鸡提供丰富的营养，在林下植被不佳的地方，应考虑人工种植牧草。如林下草的质量较差，可考虑进行牧草更新；可以在林下养殖蚯蚓或昆虫，也可以用灯光诱虫。

（8）定期驱虫 长期在林地饲养，鸡群多有体内寄生虫病，应定期驱虫。

林地放养土鸡见视频 6-4、视频 6-5。

视频 6-4 林地放养
土鸡（一）

视频 6-5 林地放养
土鸡（二）

三、果园

1. 果园散养土鸡的特点

（1）降低生产成本 果园养土鸡可以降低生产成本，表现在两个方面：一是降低养鸡成本。果园中有大量的自然饲料资源，如昆虫、害虫、杂草、落枝的果实等，都可以作为土鸡饲料，减少精饲料的消耗量，降低饲料成本。同时，鸡群在果园内活动、觅食，管理简单，可以降低劳动力成本等。二是降低果品生产成本。鸡群在果园里活动，捕捉害虫，减少农药使用量。土鸡采食果园内的杂草，起到了除草机的作用，同时，排出的粪便直接肥园，为果树的生长提供优质的有机肥料。图 6-21 为柑橘园内放养土鸡。

图 6-21　柑橘园内放养的土鸡

（2）提高产品质量　果园养土鸡，不仅可以提高果品质量，而且可以提高鸡产品的质量。果树在生长期间有不少害虫，而鸡群在果园内活动可捕捉这些害虫。原阳县林业局试验，1 个月左右的小鸡，每天可捕食大量的金龟子、蝼蛄、天牛等害虫，1 只 1 年生以上的成鸡，每天可捕食各类大、小害虫近 2800 条。按每 667 平方米 10 只鸡的数量在果园放养，便可以控制果园虫害。同时，减少果园喷打农药，使果品少受化学污染，提高果品质量。

另据调查，在果园中放养的鸡由于捕食害虫，蛋白质、脂肪供应充分，所以生长迅速，较常规农家庭院养殖鸡的生长速度快 33%，日产蛋量多 18%，而且节约饲料成本 60% 以上。昆虫不仅含有高质量动物蛋白，同时其体内含有抗菌肽，鸡采食后增强抗病能力。实践表明，凡是采食较多昆虫的鸡，其体质健壮，发病率低，生长发育速度快，生产性能高。

（3）减少鸡病发生　果园放养土鸡，鸡有充足的活动空间，受到阳光的照射，体格发育好，体质健壮；果园是天然的屏障，对于降低疾病的传播和发生起到重要作用。果园内空气新鲜，环境优越，加之捕捉、采食昆虫的协助抗病作用，因而，在果园内养鸡疾病的发生率很少。

（4）避免鸡群受害　果园内庞大的树冠，炎热季节起到遮阴避暑作用，风雨天可遮风挡雨；同时，老鹰难以在果园内发现目标，有助于鸡躲避鹰的袭击。因此，发生鹰害的可能性较其他草地要少得多。

2. 果园养鸡的管理要点

（1）分区轮牧　根据果园大小将果园围成若干个小区，进行逐区轮流放牧。一方面可避免因果园防治病虫害时喷洒农药而造成鸡的农药间接中毒；另一方面，轮流放牧有利于牧草的生长和恢复。此外，因放牧范围小，便于特殊情况（如气候突变、其它应激）时的管理。应该将果园划分为几个小区，小区间用尼龙网隔开。每个小区轮流喷药，而土鸡也在小区间轮流放牧，果园喷药 7 天后再放牧（果园内养土鸡，一般虫害发生率很低，适量的低毒农药喷洒对鸡群危害不大）。

（2）严防兽害　果园一般都在野外，可能进入果园内的野生动物很多，如黄鼠狼、老鼠、蛇、鹰、野狗等，这些野生动物对不同日龄的土鸡都有可能造成危害。防止野生动物危害可以在鸡舍外悬挂几个灯泡，使鸡舍外面通夜比较明亮；在鸡舍外面搭个小棚，养几只鹅，当有动静时，鹅会鸣叫，管理人员可以及时起来查看；管理人员住在鸡舍旁边也有助于防止野生动物靠近。

（3）保持适宜密度和规模　果园内饲料资源有限，如果散养土鸡的数量多、密度大，可以造成过牧现象，使鸡舍周围的土地寸草不长，光秃一片。鸡舍在果园内均匀分布，保持适宜的密度和规模，可以充分、科学地利用果园，提高效益。

（4）加强管理　放养前要严格淘汰劣次小鸡。每天放养时间不能过早，过早如天气寒冷，鸡的抵抗力差，容易死亡。密切注意天气情况，遇有天气突变，在下雪、下雨或起风前及时将鸡赶到树荫下或赶回鸡舍；不可在太阳下暴晒太久，防止中暑。每天太阳落山前应将鸡赶回鸡舍。放养过程中进行放养训导，以建立鸡的补食、回舍等条件反射。

（5）避免应激　无论白天或夜间，都应该尽可能防止鸡群受惊。一旦惊群，鸡只可能四处逃散，有的鸡会飞窜到果园外面，或晚上不愿回鸡舍而在园内栖息。

（6）不用除草剂　土鸡在果园内的主要营养来源是地下的嫩草。因此，在果园内养土鸡，草必须保留，不能喷施除草剂。否则，没有草生长，鸡将失去绝大多数营养来源。

（7）灯光诱虫　果园养土鸡，由于果树树冠较高，影响了对害虫的自然捕捉率。要达到灭虫、降低虫害发生率和农药施用量并实现生态种养的目的，应将土鸡自然捕虫与灯光诱虫相结合。

（8）重视病防　做好免疫接种工作和鸡舍的清洁卫生；定期消毒，每周对鸡舍和周边环境以及饲喂饮水用具消毒 1 次。每批鸡出栏后彻底清除鸡舍内的鸡粪，地面经清洗后用 2%～3% 的烧碱水泼洒消毒，然后每平方米 28 毫升福尔马林与 14 克高锰酸钾熏蒸消毒。果园场地的鸡粪采用翻土 20 厘米以上，然后地面上撒生石灰或泼洒石灰乳消毒，以备下批饲养。果园养鸡 2 年应更换场地，以便给果园场地一个自然净化的时间。

果园放养土鸡见视频 6-6～视频 6-8。

视频 6-6 山楂树园放养土鸡　　视频 6-7 苹果园放养土鸡　　视频 6-8 桃园放养土鸡

四、草场

我国拥有大面积的天然草场和人工草场，如何合理利用是值得思考的问题。试验和实践表明，草场养鸡是一条可行的途径。

1. 草场养鸡的特点

（1）牧鸡灭蝗　草场蝗灾是多年来草场的一大灾害。通过草场养鸡，以鸡灭蝗，生物防治虫害，是最理想的途径。根据野外定点观测，每只鸡每天可捕食 2～3 龄蝗虫 1600～1800 只，解剖捕食半天蝗虫的鸡，嗉囊中平均有 2 ～ 3 龄蝗虫 300 ～ 400 只。平均灭治率为 90％，其中最高 97％，最低 82％，灭蝗效果良好。

（2）提高草产量　蝗虫啃食破坏牧草，影响牧草产量和草地有效利用年限，而且威胁周围农田作物。草场放养鸡后，可以大量灭蝗，减少蝗虫对草地的危害，同时，以草养鸡，鸡粪为草提供养分，促进草的生长和产量提高。

（3）提高产品质量　草场牧草营养丰富，为土鸡的生长和生产提供了优质的营养。草场在养鸡条件下一般可不使用任何农药，因此，鸡的产品，无论是鸡肉，还是鸡蛋，其质量上乘，属无公害食品，乃至绿色食品。凡是草场上饲养的鸡，其产品价格较一般产品高，有时甚至高出 1 倍以上。

2. 草场养鸡的技术要点

除了与其他地方放养鸡应注意的问题相同或相似外，还存在一些其他问题，应特别注意一些技术环节。

（1）搭好棚舍　与其他放养的地方相比，草场的遮阴状况不好，特别是退化的草场，在炎热的夏季会使鸡暴露在阳光下，雨天没有可躲避之处。应根据具体情况增设简易棚舍来遮阴防雨。

（2）注意昼夜温差　草原昼夜温差大。在放牧的初期、鸡月龄较小时以及春季和晚秋，一定要注意夜间鸡舍内温度的变化，防止温度骤然下降导致鸡群患感冒和其他呼吸道疾病。必要的时候应增加增温设施；秋季早晨草叶表面带有露水，对鸡的健康不利。因此，遇有这种情况应适当晚放牧。

（3）预防兽害　与其他地方放养鸡相比，草场的兽害最为严重，尤其是鹰类、黄鼠狼、狐狸、老鼠以及南方草场的蛇。应有针对性地采取措施。

（4）轮牧和刈割　鸡喜欢采食幼嫩的草芽和叶片，不喜欢粗硬老化的牧草。因此，在草场养土鸡时，应将放牧和刈割相结合。将草场划分不同的小区，轮流放牧和轮流刈割，使鸡经常可采食到喜欢的幼嫩牧草。

（5）严防鸡产窝外蛋　草场辽阔，土鸡活动的半径大，适于营巢的地方多。应防止鸡在外面营巢产蛋和孵化。

五、棉田

1. 棉田养土鸡的特点

棉花是我国一些省份的主要经济作物和油料作物，种植面积很大，但病虫为害严重。利用放养土鸡来生物治虫，一举两得。

（1）养鸡灭虫和除草　鸡在棉田放养，可捕捉棉田的绝大多数害虫。与果园不同，棉花植株较低，各种害虫的成虫飞翔高度正好在鸡的捕食范围。其幼虫在棉花叶片爬行时，也会被鸡发现而捕捉。因此，养鸡的棉田，虫口密度很低。一般情况下，少量进行预防性喷药即可有效防止虫害的大发生，即使不喷施农药，棉铃虫、盲蝽象的发生率也很低；鸡还可以采食棉田里大量的杂草，所以可以极大减少棉田农药和除草剂的使用量。

（2）避免鸡群受害　棉花植株长成后，整个田间郁闭，也正值炎热的夏季，土鸡可以以棉遮阴。鸡在田间采食，隐蔽于棉株之下乘凉，同时可躲避老鹰等飞翔天敌的侵害。

（3）提高生产效益　棉田养鸡，棉花种植的投入减少（农药和肥料使用减少，鸡排出的粪便可以直接肥田。资料显示，在棉田养鸡可少追肥 1～2 次），可获得较好的经济效益和生态效益。

2. 棉田养土鸡的技术要点

（1）适时放养　放养时间要根据棉花生长情况而定。一般待棉株长到 30 厘米左右时放牧较好。如果放牧较早，棉株较低，小鸡可能啄食棉心，对棉花的生长有一定的影响。棉花一般是春季播种，播种前可以育雏，待棉株长到一定高度后可以在棉田散养。

（2）地膜处理　为了提高棉花产量和质量、提前播种和预防草害，目前多数棉田实行地膜覆盖。棉株从地膜的破洞处长出，地膜下面生长一些小草和小虫，小鸡往往从地膜的破洞处钻进，越钻越深，有时不能自行返回而被闷死。因此，在铺地膜的棉田，应格外注意。可用工具将地膜全部划破，避免意外伤亡。

（3）分区轮放　棉田放养鸡，虫害可得到有效控制，不使用农药或少量喷药即可。虽然目前使用的多是高效低毒或无毒农药，对鸡的影响不大，但为确保安全，在喷施农药期间，采取分区轮牧，7 天后在喷施农药的小区放养。如果棉田的地块较小时，要在地块周围设置围网，把土鸡固定在特定的区域。

（4）适宜密度　棉田养土鸡，适宜的密度为每亩放养 30～40 只，一般不应超过 50 只。这样的密度既可有效控制虫害的发生，又可充分利用棉田的杂草等营养资源，还不至于造成过牧现象，仅少量补料即可满足鸡的营养需要。

（5）避免灾害　棉田不具备避雨作用，如遇有大雨，小鸡被雨淋，容易感冒和诱发其他疾病。如果地势低洼，地面积水，可造成批量小鸡被淹死。为了避免水害，第一，选择的棉田有便利的排水条件，防止棉田积水；第二，鸡舍要建在较高的地方，防止被淹；第三，加强调教，及时收听当地天气预报，遇有不良天气时，及时将鸡圈回；第四，大雨过后，及时寻找没有及时返回的小鸡，并将其放在温暖的地方，使羽毛尽快干燥。

（6）棉花收获后的管理　秋后棉花收获后，地表被暴露，此时蚂蚱等昆虫更容易被捕捉。可利用这短暂的时间放牧。但是，由于没有棉花的遮蔽，此时很容易被天空飞翔的老鹰等发现。因此，应跟踪放牧，防止老鹰的偷袭。短暂的放牧之后，气温逐渐降低，如果饲养的是育肥鸡，应尽早出售；若饲养的是商品蛋鸡或种鸡，应逐渐增加饲料的补充。

（7）诱虫与补饲　在棉田利用高压电弧灭虫灯，可将周围的昆虫吸引过来。每天傍晚开灯 3～4 小时，既可减少 30% 左右的补充饲料，又实现了生态灭虫。为了使鸡早日出栏，在快速生长阶段适当增加饲料的补充在经济上是合算的。

六、大田

我国大田面积广阔，在适宜的时间将脱温后的鸡放于田间，让其自由觅食，可以充分利用多种饲料资源，减少精饲料消耗，获得较好效益。

1. 大田养土鸡的特点

大田养土鸡，土鸡采食面积很大，食物多种多样，如各种害虫、青草、草籽等，基本可以满足其营养需要，可以极大降低生产成本。土鸡在田间可以呼吸清新的空气，又有充足的活动空间，体质健壮，疾病发生率低，生产的产品质量好。

2. 大田养土鸡的技术要点

（1）放养时间　放养时间宜选择在春季天气变暖、雏鸡满 8 周龄后开始，待秋作物收获后将其带回家饲养。放养时间不能过早或过晚，如果放养过早，天气寒冷，土鸡抵抗力差，难以成活；如果放养过晚，则大田养鸡的时间短，效果不明显。

（2）搭栖架或简易鸡舍　土鸡放养前，首先要在放养地的地头搭一个栖架或简易鸡舍，最好设在树下，以利于遮阴。栖架搭建比较简单，首先用较粗的树枝或木棒栽两个桩，然后顺桩上搭横木，横木数量及桩的长度根据鸡的数量而定，最下边的一根横木距地面不要过近，以免兽害，栖架上要搭棚，用于挡雨。搭建简易封闭性鸡舍效果更好，如果鸡数量少也可用竹篾编的鸡笼。平时要注意晚上关闭好鸡舍。

（3）设置围网　放养地块四周围上 1.5 米高的渔网、纤维网或丝网，网眼要小，鸡只不能通过。

（4）注意防疫　鸡放养在田间后，要根据当地鸡群传染病的发生情况进行必要的防疫。如在 2 月龄注射接种鸡新城疫 I 系苗和禽流感疫苗。如果当地传染病发生很少，其它疫苗可以不接种。

（5）减少危害　大田放养鸡容易受到兽害和药害。大田放养地块一般不需喷药防治虫害。如确需喷药，可喷生物农药；或在喷药期间，将鸡关在棚舍内喂养，待药效过后再放养。

（6）适当补料　每亩放养 100 ～ 120 只，晚上适当补饲些粉碎的原粮（如麸皮、豆饼、鱼粉、骨粉、石粉等）。在阴雨大风等恶劣天气条件下，鸡不能外出觅食，要及时供食。在最初放养的几天内，对于少部分觅食能力差、体质弱的鸡要另外补喂饲料。

（7）充足供水　大田放养要放置足够的水盆或水槽并定期清洗，保持不断水，供给清洁的饮水。

大田放养土鸡见视频 6-9、视频 6-10。

视频 6-9 玉米地放　　视频 6-10 芝麻地放
　　养土鸡　　　　　　　养土鸡

第十二节　山林果园散养土鸡的季节管理要点

春夏秋冬，季节不同，气候条件不同，自然饲料资源差别巨大，所以，不同季节放养土鸡的饲养管理也有差异。

一、春季

春季气温逐渐变暖，自然光照逐渐延长，是鸡的繁殖季节，产蛋率高，种蛋质量好。但春季也存在一些不利因素，如由于气温逐渐上升，各种细菌、病毒、真菌等病原微生物也会大量繁殖；春季气候多变，温度变化幅度大，鸡体产生的应激强烈，降低鸡体的免疫机能和抗病能力；春季自然饲料资源比较短缺等，必须根据春季的特点做好如下管理工作。

1. 注意防寒

春季气温渐渐上升，但是其上升的方式为螺旋式。早春三月的天气变化无常，昼夜温差较大，甚至会出现"倒春寒"。要时刻注意气候的变化，防止气温的突然降低对生产性能造成影响和诱发疾病。

2. 注意放牧时间

春季培育的雏鸡放牧时间，北京以南地区一般应在4月中旬以后，此时气温较高而相对稳定；但对于成年鸡而言，温度不是主要问题，放养地的自然饲料资源是放牧的限制因素。早春，野生饲料资源不丰盛，土鸡不可能获得需要的营养。如果在草地放养，由于草没有充分生长便被采食，草芽被鸡迅速一扫而光，造成草场的退化，牧草以后难以生长。因此，春季适宜的放牧时间应根据当地气温、饲料资源情况确定。

3. 注意营养

春天是蛋鸡产蛋上升较快的时间，同时早春又严重缺乏野生饲料和青绿饲料。要保证产蛋率的快速上升和生产优质鸡蛋，必须保证土鸡的营养需要。一方面要增加精饲料的补充量，另一方面补充一定数量的青绿饲料。如果此时青草不能满足需要，可补充一定数量的青菜。还要注意维生素和微量元素的补给。

4. 预防疾病

春季温度升高，阳光明媚，也是病原微生物复苏和繁衍的时机。鸡在这个季节最容易发生传染病。因此，要做好隔离、卫生和消毒工作，加强疫苗接种和药物预防，避免疾病的发生。

二、夏季

夏季山林果园放养土鸡，管理不善容易发生问题，如中暑、应激、兽害、机体代谢障碍和疾病等，造成较大损失。夏季的管理必须注意如下方面。

1. 注意整群

入夏前及时调整鸡群，将已达到上市体重的公鸡及时出售上市，对欲留下产蛋的母鸡中的弱小、有病、抱窝者及时淘汰，以减少饲料费用，降低饲养密度。鸡棚内鸡群密度控制在8～10只/平方米。

2. 注意防暑

鸡无汗腺，体内产生的热主要依靠呼吸散失，因而鸡对高温的适应能力很差。所以，防暑是夏季管理的关键环节。尤其是在没高大植被遮阴的放养场地，应设置遮阴棚，为鸡提供防晒遮阴、乘凉处。鸡舍设置风机，在炎热的晚上增加通风缓解土鸡的热应激。

夏季天晴时中午棚舍内气温高，最好不要将鸡群赶回棚内休息，而将鸡引到植被茂密、空气流畅、地势开阔的地方，安静休息 3～4 小时，并在休息地放置饮水器。

3. 注意供水

夏季，机体需要依靠大量的蒸发散热来保持体温的恒定，所以水的供应非常重要。如果缺水，轻者严重影响生长、生产，重者发生热应激而死亡。夏季应保证土鸡随时可以饮到洁净的水，最好供应温度低的水，必要时在饮水中加入一定的补液盐等抗热应激制剂。

4. 注意饲喂

夏季天气炎热，鸡的采食量减少，调整饲喂制度，利用早晨和傍晚天气凉爽时强化补料，以便保证有足够的营养摄入。早晨 5:30 左右开始放饲，上午 11:30～下午 3:30 将鸡赶到阴凉、通风处休息，下午 6:30 将鸡群赶回但不进鸡棚，在鸡棚附近的场地上亮起诱虫灯，任由鸡充分享用各种蚊虫等美味佳肴。晚 10:00 左右让鸡进入棚舍内，熄灯休息。

适当提高饲料的营养浓度和制作颗粒饲料，使鸡在较短的时间内补充较多的营养，以保证有较高的生产性能。

5. 注意捡蛋

夏季由于环境控制难度大，鸡蛋壳更容易受到污染。特别是窝外蛋，稍不留意便遭受雨水而难以保证质量。因此，应及时发现窝外蛋、收集窝内蛋，进行妥善保管或处理。

6. 注意天气

夏季到来之前，要加固棚舍、修整排水沟、填补鸡舍地面低洼处、修补棚顶漏洞等，为鸡群提供干燥、通风良好的栖息环境。密切注意天气变化，在天气突然发生变化时，特别是雷阵雨来临前将鸡群及时赶回棚舍，避免因羽毛淋湿而造成鸡群感染风寒等疾病。如果遇上下雨天应停止放养，将鸡留在棚舍内供给充足的饲料，最好是全价配合饲料。

7. 注意卫生

夏季蚊虫和微生物活动猖獗，粪便和饲料容易发酵，雨水偏多，环境容易污染。应注意饲料、饮水和环境卫生，控制蚊蝇滋生，定期驱除体内外寄生虫（鸡有沙浴的习惯，可在棚舍周围设置沙浴池，在沙土中拌入倍硫磷、蝇毒磷等药物，每 7 ～ 10 天加一次药物，或更换一次药浴用沙，每次轮换使用上述药物中的一种，使鸡在沙浴时将药物附着于羽毛和皮肤，防治鸡虱、螨虫等），保证鸡体健康。

三、秋季

秋季气温比较高、湿度大，蚊虫多，光照时间逐渐缩短，对产蛋不利。

1. 注意整群

秋季是成年母鸡停产换羽和新蛋鸡陆续开产的季节。此时应进行鸡群的调整，淘汰老弱母鸡，调整新老鸡群。调整方法是：将淘汰的母鸡挑选出来，分圈饲养，增加光照，每天保持 16 小时以上，多喂高热量饲料等促使母鸡增膘，及时上市。当新蛋鸡开始产蛋时，则应老新分开饲养，鸡也逐渐由产前饲养管理过渡到产蛋鸡饲养管理。

2. 注意营养

秋季是土鸡换羽的季节。鸡的旧毛脱落后换新羽，需要大量的营养物质，有的高产鸡边换毛边产蛋。因此饲料中应增加精料和提高微量营养元素的比例，以保证鸡换掉旧羽和生新羽的热能消耗，及早恢复产蛋。当年雏鸡到秋季已转为成年鸡，开始产蛋，但其体格还小，尚未发育完全，因此也要供应足够的饲料，让其吃饱喝足，并增加精料比例，以满足其继续发育和产蛋的需要；保持一定的膘度，为来年产蛋期打下良好的基础。

3. 预防疾病

鸡痘是鸡的一种高度接触性传染病，在秋冬季最容易流行。秋季发生皮肤型鸡痘较多，冬季白喉型最常见。在秋季到来之前可以进行免疫接种。将疫苗稀释 50 倍，用消毒的钢笔尖或大号缝衣针蘸取疫苗，刺在鸡翅膀内侧皮下，每只鸡刺一下可。接种 1 周左右，可见到刺种处皮肤上产生绿豆大的小痘，后逐渐干燥结痂而脱落。如刺种部位不发生反应则必须重新刺种。如果发生皮肤型鸡痘，可用镊子剥离，伤口擦紫药水。鸡眼睛上长的痘，往往有痒感，鸡有时向体内摩擦，有时用鸡爪弹蹬，可将痘划破，把里面的纤维素挤出，涂上肤轻松。

秋季还要注意防治鸡新城疫、禽霍乱和寄生虫病。新母鸡和强制换羽的土鸡群，必须进行疫苗接种和驱虫。

四、冬季

冬季外界气温低，散养土鸡的管理重点是防寒保暖。主要措施有：一是放养地的棚舍要密封，特别要堵严西北的窗户，南边的窗户晚上挂草帘。堵塞棚舍所有缝隙，防止产生"贼风"侵袭鸡体。鸡舍内垫上厚干草，保持鸡舍干燥。二是适当提高饲养密度，增加舍内产热。三是放鸡要晚，收鸡要早。放鸡后打开窗户通风，收鸡前先关闭窗户。四是在放牧地的西北面设置防风屏障，在背风向阳的地方垫草，让土鸡晒太阳。五是加强饲养。注意补料，保证营养供给。在饲料中添加 2% 的油脂或添加 3% ～ 4% 的玉米，提高饲料中的能量水平。供给充足的饮水，最好能供温水，严禁让鸡吃雪和喝冰水。六是控制呼吸道病的发生。白天打开鸡舍多通风，粪便勤清理，保持鸡舍空气良好。可在饲料中添加土霉素、链霉素或饮水中添加丁胺卡那霉素等防治呼吸道疾病。

第七章
山林果园散养土鸡的疾病防治技术

第一节　疾病的诊断

一、临床观察诊断

1. 群体检查

检查群体的营养状况、发育程度、体质强弱、大小均匀度，鸡冠的颜色是呈鲜红或紫蓝还是苍白色；冠的大小，是否长有水疱、痘痂或冠癣；羽毛颜色和光泽；是否丰满整洁；是否有过多的羽毛折断和脱落；是否有局部或全身脱毛或无毛；肛门附近羽毛是否有粪污等。

检查鸡群精神状况是否正常，在添加饲料时是否拥挤向前争抢采食饲料，或有啄无食，将饲料拨落地下，或根本不啄食。在外人进入鸡舍走动或有异常声响时鸡是否普遍有受惊扰的反应，是否有振颤、头颈扭曲、盲目前冲或后退、转圈运动，或高度兴奋、不停地走动，是否有跛行或麻痹、瘫痪，是否精神沉郁、闭目、低头、垂翼、离群呆立、喜卧不愿走动、昏睡。

检查是否流鼻液，鼻液性质如何，是否有眼结膜水肿、上下眼结膜粘连、脸部水肿；有无咳嗽、异常呼吸音、张口伸颈呼吸和怪叫声；口角有无黏液、血液或过多饲料粘着等。

检查食料量和饮水量如何，嗉囊是否异常饱胀；排粪动作是否过频或困难，粪便是否为圆条状、稀软成堆，或呈水样；粪便中是否有饲料颗粒、黏液或血液；粪便颜色是否为灰褐、硫黄色、棕褐色、灰白色、黄绿色或红色；是否有异常恶臭味。

检查发病数、死亡数、死亡时间分布、病程长短等。

2. 个体检查

对鸡个体检查的项目除与上述群体检查项目有相同之外，还应注意做下列一些项目的检查。

检查体温，用手抓住两腿或插入两翼下，是否可感觉到明显的体温异常；精确测量体温要用体温计插入肛门内，停留 10 分钟，然后读取体温值。

检查皮肤的弹性、有无结节及蜱、螨等寄生虫，颜色是否正常，是否有脓肿、坏疽、气肿、水肿、斑疹、水疱等，胫部皮肤鳞片是否有裂缝等。

拨开眼结膜，检查眼结膜是否苍白、潮红或为黄色，结膜下有无干酪样物，眼球是否正常；用手指压挤鼻孔，有无黏性或脓性分泌物，用手指触摸嗉囊内容物是否过分饱满坚实，是否有过多的水分或气体，翻开泄殖腔，注意有无充血、出血、水肿、坏死，或有假膜附着，肛门是否被白色粪便所黏结。

打开口腔，检查口腔黏膜的颜色，有无斑疹、脓疱、假膜、溃疡、异物、口腔和腭裂上是否有过多的黏液，黏液上是否混有血液。一手扒开口腔，另一手用手指将喉头向上顶托，可见到喉头和气管，注意喉气管有无明显的充血、出血、喉头周围是否有干酪样物附着等。

常见鸡体异常变化见表 7-1。

表 7-1 常见的鸡体异常变化诊断表

项目	异常变化	可能相关的主要疾病
饮水	饮水量剧增	长期缺水、热应激、球虫病早期、饲料食盐太多、其它热性病
	饮水明显减少	温度太低、濒死期
粪便	红色	球虫病
	白色黏性	白痢病、痛风、尿酸盐代谢障碍
	硫黄样	组织滴虫病（黑头病）
	黄绿色带黏液	鸡新城疫、禽出败、卡氏白细胞虫病等
	水样稀薄	饮水过多、饲料中镁离子过多、轮状病毒感染等
病程	突然死亡	禽霍乱、卡氏白细胞虫病、中毒病
	中午到午夜前死亡	中暑
神经症状	瘫痪，前后腿劈叉	马立克病和运动障碍
	1 月龄内雏鸡瘫痪	传染性脑脊髓炎
	扭颈、抬头望天、前冲后退转圈运动	鸡新城疫、维生素 E 和硒缺乏、维生素 B_1 缺乏
	颈麻痹、平铺地面上	肉毒中毒
	脚麻痹、趾卷曲	维生素 B_2 缺乏
	腿骨弯曲、运动障碍、关节肿大	维生素 D 缺乏、钙磷缺乏、病毒性关节炎、滑膜霉形体、葡萄球菌病、锰缺乏、胆碱缺乏
	瘫痪	笼养鸡疲劳症、维生素 E 硒缺乏、虫媒病、病毒病、鸡新城疫
	高度兴奋、不断奔走鸣叫	痢特灵中毒、其它中毒初期
呼吸	张口伸颈、怪叫声	鸡新城疫、传染性喉气管炎
冠	痘痂、痘斑	鸡痘
	苍白	卡氏白细胞虫病、白血病、营养缺乏
	紫蓝色	败血症、中毒病
	萎缩	白血病、内脏肿瘤或卵黄腹膜炎
	白色斑点或斑块	冠癣
肉髯	水肿	慢性禽霍乱、传染性鼻炎
眼	充血	中暑、传染性喉气管炎等
	虹膜褪色、瞳孔缩小	马立克病
	角膜、晶状体混浊	传染性脑脊髓炎等

项目	异常变化	可能相关的主要疾病
眼	眼结膜肿胀、眼睑下有干酪样物	大肠杆菌病、慢性呼吸道病、传染性喉气管炎、沙门菌病、曲霉菌病、维生素 A 缺乏等
	流泪有虫体	眼线虫病、眼吸虫病
鼻	黏性或脓性分泌物	传染性鼻炎、慢性呼吸道病等
喙	角质软化	钙、磷或维生素 D 等缺乏
	交叉等畸形	营养缺乏或遗传性疾病
口腔	黏膜坏死、假膜	鸡痘、毛滴虫病
	有带血黏液	卡氏白细胞虫病、传染性喉气管炎、急性禽出败、毛滴虫病
羽毛	羽毛断碎、脱落	啄癖、外寄生虫病、换羽季节、营养缺乏（锌、维生素、泛酸等）
	纯种鸡长出异色羽毛	遗传性、维生素 D、叶酸、铜和铁等缺乏
	羽毛边缘卷曲	维生素 B_2 缺乏、锌缺乏
脚	鳞片隆起、有白色痂片	鸡膝螨
	脚底肿胀	鸡趾瘤
	出血	创伤、啄癖、鸡流感
皮肤	紫蓝色斑块	维生素 E 和硒缺乏、葡萄球菌病、坏疽性皮肤尸绿
	痘痂、痘斑	鸡痘
	皮肤粗糙、眼角嘴角有痂皮	泛酸缺乏、生物素缺乏、体外寄生虫病
	出血	维生素 K 缺乏、卡氏白细胞虫病、某些传染病、中毒病等
	皮下水肿	阉割，剧烈活动等引起被囊膜破裂

二、鸡病的剖检诊断

鸡病虽种类繁多，但许多鸡病在剖检病变方面具有一定特征。因此，利用尸体剖检观察病变可以验证临床诊断和治疗的正确性，是诊断疾病的一个重要手段。

（1）正确掌握和运用鸡体剖检方法 若方法不熟练，操作不规范，不按顺序，乱剪乱割，影响观察，易造成误诊，贻误防治时机。

（2）防止疾病散播

① 选择合适的剖检地点。鸡场最好建立尸体剖检室，剖检室设置在生产区和生活区的下风方向和地势较低的地方，并与生产区和生活区保持一定距离，自成单元。若养鸡场无剖检室，剖检尸体时选择在比较偏僻的地方进行，要远离生产区、生活区、公路、水源等，以免剖检后，尸体的粪便、血污、内脏、杂物等污染水源、河流，或由于车来人往等传播病原，造成疫病扩散。

② 严格消毒。剖检前对尸体进行喷洒消毒，避免病原随着羽毛、皮屑一起被风吹起传播。剖检后将死鸡放在密封的塑料袋内，对剖检场所和用具进行彻底全面的消毒。剖检室的污水和废弃物必须经过消毒处理后方可排放。

③ 尸体无害化处理。有条件的鸡场应建造焚尸炉或发酵池，以便处理剖检后的尸体，其选址既要使用方便，又要防止病原污染环境。无条件的鸡场对剖检后的尸体要进行焚烧或深埋。

（3）准备好剖检器具 剖检鸡体，准备剪刀、镊子即可。根据需要还可准备手术刀、标本皿、广口瓶、福尔马林等。此外，还要准备工作服、胶鞋、橡胶手套、肥皂、毛巾、水桶、脸盆、消毒剂等。

三、鸡体剖检方法

剖检病鸡最好在死后或濒死期进行。对于已经死亡的鸡只，越早剖检越好，因时间长了尸体易腐败，尤其夏季，使病理变化模糊不清，失去剖检意义。如暂时不剖检的，可暂存放在4℃冰箱内。解剖前先进行体表检查。

1. 体表检查

选择症状比较典型的病鸡作为剖检对象，解剖前先做体表检查，即测量体温，观察呼吸、姿态、精神状况、羽毛光泽、头部皮肤的颜色，特别是鸡冠和肉髯的颜色，仔细检查鸡体的外部变化并记录症状。如有必要，可采集血液（静脉或心脏采血）以备实验室检验。

2. 解剖检查

先用消毒药水将羽毛擦湿，防止羽毛和尘埃飞扬。解剖活鸡应先放血致死，方法有 2 种：一种是口腔内耳根旁的颈静脉处用剪刀横切断静脉，血沿口腔流出，此法外表无伤口；另一种为颈部放血，即用刀切断颈动脉或颈静脉放血。

将被检鸡仰放在搪瓷盘上，此时应注意腹部皮下是否有因腐败而引起的尸绿。用力掰开两腿，直至髋关节脱位，将两翅和两腿摊开，或将头、两翅固定在解剖板上。沿颈、胸、腹中线剪开皮肤，再从腹下部横向剪开腹部，并延至两腿皮肤。由剪处向两侧分离皮肤。剥开皮肤后，可看到颈部的气管、食道、嗉囊、胸腺、迷走神经以及胸肌、腹肌、腿部肌肉等。根据剖检需要，可剥离部分皮肤。此时可检查皮下是否有出血、胸部肌肉的黏稠度，是否有出血点或灰白色坏死点等。

皮下检查完后，在泄殖腔腹侧将腹壁横向剪开，再沿肋软骨交接处向前剪，然后一只手压住鸡腿，另一只手握龙骨后缘向上拉，使整个胸骨向前翻转露出胸腔和腹腔，注意胸腔和腹腔器官的位置、大小、色泽是否正常，有无内容物（腹水、渗出物、血液等），器官表面是否有胶冻状或干酪样渗出物，胸腔内的液体是否增多等。

然后观察气囊，气囊膜正常为一透明的薄层，注意有无混浊、增厚或被覆渗出物等。如果要取病料进行细菌培养，可用灭菌消毒过的剪刀、镊子、注射器、针头及存放材料的容器采集所需要的组织器官。取完材料后可进行各个脏器检查。剪开心包囊，注意心包囊是否混浊或有纤维性渗出物黏附、心包液是否增多、心包囊与心外膜是否粘连等，然后顺次取出各脏器。

首先把肝脏与其它器官连接的韧带剪断，再将脾脏、胆囊随同肝脏一块摘出。接着，把食道与腺胃交界处剪断，将脾胃、肌胃和肠管一同取出体腔（直肠可以不剪断）。

剪开卵巢系膜，将输卵管与泄殖腔连接处剪断，把卵巢和输卵管取出。雄鸡剪断睾丸系膜，取出睾丸；用器械柄钝性剥离肾脏，从脊椎骨深凹中取出；剪断心脏的动脉、静脉，取出心脏；用刀柄钝性剥

山林果园散养土鸡新技术（彩色图解＋视频升级版）

离肺脏，从肋骨间摘出。

剪开喙角，打开口腔，把喉头与气管一同摘出；再将食道、嗉囊一同摘出；把直肠拉出腹腔，露出位于泄殖腔背面的腔上囊（法氏囊），剪开与泄殖腔连接处，腔上囊便可摘出。

剪开鼻腔。从两鼻孔上方横向剪断上喙部，断面露出鼻腔和鼻甲骨。轻压鼻部，可检查鼻腔有无内容物；剪开眶下窦。剪开眼下和嘴角上的皮肤，看到的空腔就是眶下窦。

将头部皮肤剥去，用骨剪剪开顶骨缘、颧骨上缘、枕骨后缘，揭开头盖骨，露出大脑和小脑。切断脑底部神经，大脑便可取出。

外部神经的暴露。迷走神经在颈椎的两侧，沿食道两旁可以找到。坐骨神经位于大腿两侧，剪去内收肌即可露出。将脊柱两侧的肾脏摘除，腰荐神经丛便能显露出来。将鸡背朝上，剪开肩胛和脊柱之间的皮肤，剥离肌肉，即可看到臂神经。

3. 解剖检查注意事项

一是剖检时间越早越好，尤其在夏季，尸体极易腐败，不利于观察病变，影响正确诊断。若尸体已经腐败，一般不再进行剖检。剖检时，光线应充足。二是剖检前要了解病死鸡的来源、病史、症状、治疗经过及防疫情况。三是剖检时必须按剖检顺序观察，做到全面细致、综合分析，不可主观片面、马马虎虎。四是做好剖检用具和场所的隔离消毒。做好剖检尸体、血水、粪便、羽毛和污染的表土等无害化处理（放入深埋坑内，撒布消毒药和新鲜生石灰后盖土压实）。同时要做好自身防护（穿戴好工作服和手套）。五是剖检时要做好记录，检查完后找出其主要特征性病理变化和一般非特征性病理变化，作出分析和比较。

四、病理剖检诊断

1. 皮肤、肌肉

皮下脂肪小出血点见于败血症；传染性腔上囊病时，常有股内侧肌肉出血；皮肤型马立克病时，皮肤上有肿瘤。皮下水肿的水肿部位多见于胸腹部及两腿内侧，渗出液以胶冻样为主，渗出液呈黄绿或蓝绿色，为铜绿假单胞菌病、硒 - 维生素 E 缺乏症。渗出液呈黄白色为禽霍乱，渗出液呈蓝紫色为葡萄球菌病。胸腿肌肉出血时为点状或斑状，常见疾病有传染性法氏囊病、禽霍乱、葡萄球菌病。其中表现为肌肉的深层出血多见于禽霍乱。另外，马杜霉素中毒、维生素 K 缺乏症、磺胺类药物中毒、黄曲霉毒素中毒、包涵体肝炎、住白细胞虫病（点状出血）也可见肌肉出血。

2. 胸腹腔

胸腹膜有出血点，见于败血症；腹腔内有坠蛋时（常见于高产、好飞栖高架的母鸡），会发生腹膜炎；卵黄性腹腔（膜）炎与鸡沙门菌病、大肠杆菌病、禽霍乱和鸡葡萄球菌病有关；雏鸡腹腔内有大量黄绿色渗出液，常见于硒 - 维生素 E 缺乏症。

3. 呼吸系统

鼻腔（窦）渗出物增多见于鸡传染性鼻炎、鸡毒支原体病，也见于禽霍乱和禽流感。

气管内有伪膜，为黏膜型鸡痘；有多量奶油样或干酪样渗出物，可见于鸡传染性喉气管炎和新城疫。管壁肥厚，黏液增多，见于鸡新城疫、传染性支气管炎、传染性鼻炎和鸡毒支原体病。气管、喉头病黏膜充血、出血，有黏液等渗出物，主要见于呼吸系统疾病。如黏膜充血、气管有渗出物为传染性支气管炎病变；喉头、气管黏膜弥漫性出血，内有带血黏液为传染性喉气管炎病变；而气管环黏膜有出血点为新城疫病变。败血性霉形体、传染性鼻炎也可见到呼吸道有黏液性渗出物等病变。

气囊壁肥厚并有干酪样渗出物，见于鸡毒支原体病、传染性鼻炎、传染性喉气管炎、传染性支气管炎和新城疫；附有纤维素性渗出物，常见于鸡大肠杆菌病；腹气囊有卵黄样渗出物，为传染性鼻炎病变。

雏鸡肺有黄色小结节，见于曲霉菌性肺炎；雏鸡白痢时，肺上有 1 ～ 3 毫米的白色病灶，其它器官（如心、肝）也有坏死结节；禽霍乱时，可见到两侧性肺炎；肺呈灰红色，表面有纤维素，常见于鸡大肠杆菌病。

4. 消化道

食道、嗉囊有散在小结节，提示为维生素 A 缺乏症。腺胃黏膜出血，多发生于鸡新城疫和禽流感；鸡马立克病时见有肿瘤。肌胃角质层表面溃疡，在成鸡多见于饲料中鱼粉和铜含量太高，雏鸡常见于营养不良；创伤常见于异物刺穿；萎缩发生于慢性疾病及日粮中缺少粗饲料。小肠黏膜出血，见于鸡的球虫病、鸡新城疫、禽流感、禽霍乱和中毒（包括药物中毒）及火鸡的冠状病毒性肠炎和出血综合征；卡他性肠炎见于鸡大肠杆菌病、鸡伤寒和绦虫、蛔虫感染；小肠坏死性肠炎见于鸡球虫病、鸡厌气性菌感染；肠浆膜肉芽肿常见于鸡慢性结核、鸡马立克病和鸡大肠杆菌病；雏鸡盲肠溃疡或干酪样栓塞见于雏鸡白痢恢复期和组织滴虫病；盲肠血样内容物见于鸡球虫病；肠道出血是许多疾病急性期共有的症状，如新城疫、传染性法氏囊病、禽霍乱、葡萄球菌病、链球菌病、坏死性肠炎、铜绿假单胞菌病、球虫病、禽流感、中毒等疾病；盲肠扁桃体肿胀、坏死和出血，盲肠与直肠黏膜坏死可提示为鸡新城疫。盲肠病变主要为盲肠内有干酪样物堵塞，这种病变所提示疾病有盲肠球虫病、组织滴虫病、副伤寒、鸡白痢；新城疫可见黏膜乳头或乳头间出血，传染性法氏囊病、螺旋体病多见肌胃与腺胃交界处黏膜出血。导致腺胃黏膜出血的疾病还有喹乙醇中毒、痢菌净中毒、磺胺类药物中毒、禽流感、包涵体肝炎等。

5. 心脏

心肌结节主要见于大肠杆菌肉芽肿、马立克病、鸡白痢、伤寒、磺胺类药物中毒。心冠脂肪有出血点（斑）可见于鸡霍乱、鸡流感、鸡新城疫、鸡伤寒等急性传染病，磺胺类药物中毒也可见此症状。心肌坏死灶见于雏鸡和大小火鸡白痢、李氏杆菌病和弧菌性肝炎；心肌肿瘤可见于鸡马立克病；心包有混浊渗出物见于鸡白痢、大肠杆菌病、鸡毒支原体病。

6. 肝脏

肝脏的病变一般具有典型性。烈性病时，其它病变还未表现，在肝脏基本表现为败血性变化。肝脏病变可以区分为病毒性还是细菌性疾病为主。肝脏具有坏死灶多由细菌引起，而有出血点多由病毒引起。导致肝脏出现坏死点或坏死灶的疾病有禽霍乱、鸡白痢、伤寒、急性大肠杆菌病、铜绿假单胞菌病、螺旋体病、喹乙醇中毒、痢菌净中毒等；导致肝脏有灰白结节的疾病有马立克病、鸡结核、鸡白痢、白血病、慢性黄曲霉毒素中毒、住白细胞虫病。此外注射油苗也可引起此类病变。显著肿大时，见于鸡急性马立克病和鸡淋巴性白血病；有大的灰白色结节，见于急性马立克病、淋巴性白血病、组织滴虫病和鸡结核；有散在点状灰白色坏死灶，见于包涵体肝炎、鸡白痢、禽霍乱、鸡结核等；肝包膜肥厚并有渗出物附着，可见于肝硬变、大肠杆菌病和组织滴虫病。

7. 脾脏

有大的白色结节，见于急性马立克病、淋巴细胞性白血病及鸡结核；有散在微细白点，见于急性马立克病、白痢、淋巴细胞性白血病、鸡结核；包膜肥厚伴有渗出物附着及腹腔有炎症和肿瘤时，见于鸡的坠蛋性腹膜炎和马立克病。

8. 卵巢

产蛋鸡感染沙门菌后，卵巢发炎、变形或滤泡萎缩；卵巢水泡样肿大，见于急性马立克病和淋巴性白血病，卵巢的实质变性见于流感等热性疾病。

9. 输卵管

输卵管内充满腐败的渗出物，常见于鸡沙门菌病和大肠杆菌病；由于肌肉麻痹或局部扭转，可使输卵管充塞半干状蛋块；输卵管萎缩则见于鸡传染性支气管炎和减蛋综合征；输卵管有脓性分泌物多见于禽流感。

10. 肾脏

肾显著肿大见于急性马立克病、淋巴细胞性白血病和肾型传染支气管炎；肾内出现囊胞见于囊胞肾（先天性畸形）、水肾病（尿路闭塞），在鸡的中毒、传染病后遗症中也可出现。肾内白色微细结晶沉着见于尿酸盐沉着症。输尿管膨大，出现白色结石，多由于中毒、维生素 A 缺乏症、痛风等所致。导致肾脏功能障碍的疾病均可引起输尿管尿酸盐沉积，如痛风、传染性法氏囊病、维生素 A 缺乏症、传染性支气管炎、鸡白痢、螺旋体病和长期过量使用药物。

11. 睾丸

萎缩、有小脓肿，见于鸡白痢。

12. 腔上囊（法氏囊）

增大并带有出血和水肿，发生于传染性腔上囊病的初期，然后发生萎缩；全身性滑膜支原体感染、马立克病时，可使腔上囊萎缩；淋巴细胞性白血病时，腔上囊常常有稀疏的直径 2～3 毫米的肿瘤，此外马杜霉素中毒也可以导致法氏囊出血性变化。

13. 胰脏

雏鸡胰脏坏死，发生于硒 - 维生素 E 缺乏症；点状坏死常见于流感和传染性支气管炎。

14. 神经系统

小脑出血、软化，多发生于幼雏的维生素缺乏症；外周神经肿胀、水肿、出血，见于鸡马立克病。

15. 腹水

常见病有腹水症、大肠杆菌病、黄曲霉毒素中毒、硒 - 维生素 E 缺乏症、鸡白痢、副伤寒、卵黄性腹膜炎。

临床上由于疾病性质、疫苗或药物使用等的影响、同一疾病在不同条件下其症状也随之发生变化，而且有的鸡群可能存在并发或继发疾病的复杂情况。因此，在临床诊断时应辩证地分析病理剖检变化。患鸡病变不是孤立存在的，要抓住重点病变，综合整体剖检变化，同时结合鸡群饲养管理、流行病学和临床症状综合分析，才可能作出正确的临床诊断。病理剖检变化见表7-2。

表7-2 病理剖检变化诊断表

部位	病理变化	可能的疾病
皮肤	紫蓝色斑块	维生素E和硒缺乏、葡萄球菌病、坏疽性皮肤尸绿
	痘痂、痘斑	鸡痘
	皮肤粗糙、眼角嘴角有痂皮	泛酸缺乏、生物素缺乏、体外寄生虫病
	出血	维生素K缺乏、卡氏白细胞虫病、某些传染病、中毒病等
	皮下水肿（发生在胸、腹部及两腿之间的皮下）	患部呈蓝紫色或蓝绿色，鸡的渗出性素质（鸡硒或维生素E缺乏）
胸骨	S状弯曲	维生素D、钙和磷缺乏或比例不当
	囊肿	滑膜炎霉形体病、地面不平、肉鸡常卧地等
肌肉	过分苍白	死前放血、贫血、内出血和卡氏白细胞虫、维生素E和硒缺乏、磺胺中毒等
	干燥无黏性	失水、缺水、肾变型传染性支气管炎、痛风等
	有白色条纹	维生素E和硒缺乏
	出血	传染性法氏囊病、卡氏白细胞虫病、黄曲霉素中毒、维生素E和硒缺乏等
	大头针帽大小的白点	鸡卡氏白细胞虫病
	腐败	葡萄球菌病、厌气杆菌感染
腹腔	腹水过多	腹水症、肝硬化、黄曲霉毒素中毒、大肠杆菌病
	血液或凝血块	内出血、卡氏白细胞虫病、白血病、包涵体肝炎等
	纤维素或干酪样渗出物	大肠杆菌病、鸡败血霉形体病
气囊炎	混浊有干酪样渗出物	鸡败血霉形体病、大肠杆菌病、鸡新城疫、曲霉菌病等
心脏	心肌白色小结节	白痢病、马立克病、卡氏白细胞虫病等

部位	病理变化	可能的疾病
心脏	心冠沟脂肪出血	禽出败、细胞性感染、中毒病
	心包粘连、包液混浊	大肠杆菌、鸡败血霉形体感染等
	尿酸盐沉积	痛风
	房室间瓣膜疣状增生	丹毒病
肝	肿大、有结节	马立克病、白血病、寄生虫病、结核病
	肿大、有点状或斑状坏死	禽出败、白痢、黑头病、喹乙醇中毒
	肿大、被覆渗出物，有出血点、血斑、血肿和坏死点等	大肠杆菌病、鸡败血霉形体感染、鸭瘟、弯杆菌性肝炎、脂肪肝综合征
	肝硬化	慢性黄曲霉毒素中毒、寄生虫病等
	寄生虫体	吸虫病等
脾	胆大、有结节	白血病、马立克病、结核
	肿大、有坏死点	鸡白痢、大肠杆菌病
	萎缩	喹乙醇中毒
胰脏	坏死	鸡新城疫、鸡流感、包涵体肝炎
胆囊	肿大、细菌性感染	大肠杆菌病、白痢病等
食道	黏膜坏死	鸭瘟、毛滴虫病、维生素 A 缺乏
嗉囊	积水积气、积食坚实	球虫病、毛滴虫病、异物阻塞、鸡新城疫、中毒等
腺胃	球状增厚增大	马立克病、四棱线虫病
	小坏死结节	白痢病、马立克病、滴虫病
	出血	鸡新城疫、禽流感、法氏囊病、包涵体肝炎，喹乙醇或痢菌净中毒
肌胃	白色结节	白血病、马立克病
	溃疡、出血	鸡新城疫、鸡法氏囊病、喹乙醇或痢菌净中毒、包涵体肝炎
小肠	充血、出血	鸡新城疫、球虫病、卡氏白细胞虫病、禽出败
	小结节	鸡白痢、马立克病等
	出血、溃疡、坏死	溃疡性肠炎、坏死性肠炎
	假膜	鸭瘟、小鹅瘟等
	寄生虫	线虫、绦虫病等
盲肠	出血	球虫病
	出血、溃疡	黑头病

部位	病理变化	可能的疾病
泄殖腔	水肿、充血	鸡新城疫、禽流感、寄生虫感染
	出血、坏死	肛门淋病、啄癖
喉气管	充血、出血	鸡新城疫、传染性喉气管炎、禽霍乱
	有环状干酪样附着	传染性喉气管炎、慢性呼吸道病
	假膜	鸡痘
支气管	充血、出血	传染性喉气管炎、鸡新城疫、寄生虫感染等
	黏液增多	呼吸道感染
肺	结节呈肉样化	马克病、白血病
	黄色、黑色结节	曲霉菌病、结核病
	黄白色小结节	白痢
	充血、出血	卡氏白细胞虫病、其它感染
肾	肿大、有结节	白血病、马立克病
	出血	卡氏白细胞虫病、脂肪肝肾综合征、法氏囊病、包涵体肝炎、中毒等
	尿酸盐沉积	肾型传染性支气管炎、传染性法氏囊病、磺胺药中毒、铅中毒、内脏型痛风、高钙日粮、维生素A缺乏症、饮水不足等
输尿管	尿酸盐沉积	内脏型痛风、肾型传染性支气管炎、传染性法氏囊病、磺胺药中毒、维生素A缺乏症、钙磷比例失调等
卵巢	有结节、肿大	马立克病、白血病
	卵泡充血出血	白痢病、大肠杆菌病、禽出败等
输卵管	左侧输卵管细小	传染性支气管炎
	充血、出血	滴虫病、白痢病、鸡败血霉形体感染等
法氏囊	肿大	鸡新城疫、白痢病、鸡法氏囊病
	出血、囊腔内渗出物增多	鸡法氏囊病、鸡新城疫
脑	脑膜充血、出血	中暑、细菌性感染、中毒
	小脑出血、脑回展平	维生素E和硒缺乏
四肢	骨髓黄色	包涵体肝炎、卡氏白细胞病、磺胺中毒
	骨质松软	钙、磷和维生素D等营养缺乏病
	脱腱症	锰或胆碱缺乏
	关节炎	葡萄球菌病、大肠杆菌病、滑膜霉形体病、病毒性关节炎、营养缺乏病等
	臂神经和坐骨神经肿胀	马立克病、维生素B_2缺乏症

第二节　土鸡疾病的综合防制措施

综合防制措施主要包括科学饲养管理、隔离卫生、消毒、增强抵抗力、免疫接种和药物防治。

一、科学饲养管理

饲养管理工作不仅影响土鸡的生长发育，更影响土鸡的健康和抗病能力。只有科学的饲养管理，才能维持机体健壮，增强机体的抵抗力和抗病力。疾病的是否发生是致病力和抵抗力之间较量的结果，抵抗力强于致病力，就不会引起疾病发生（图7-1）。

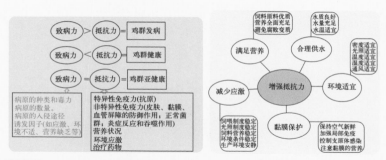

图7-1　致病力和抵抗力关系（左）及增强鸡体抵抗力的管理措施（右）

二、隔离卫生

1. 做好隔离

土鸡场要远离市区、村庄和居民点，远离屠宰场、畜产品加工厂等污染源，周围有林地、河流、山川等作为天然屏障（图7-2）。土鸡场的管理区、生产区和隔离区要相互隔离。土鸡场周围设置围墙或围栏。

图 7-2 土鸡场隔离条件良好

2. 加强隔离消毒

养鸡场大门、生产区入口要建同门口一样宽、长是汽车轮一周半以上的消毒池，进入场区的车辆要进行车轮消毒和车体喷雾消毒。鸡场大门和各鸡舍门口要建与门口同宽、长 1.5 米的消毒池（图 7-3、图 7-4）。鸡场谢绝人员参观，不可避免时，应严格按防疫要求消毒后方可进入。

图 7-3 土鸡场门口车辆消毒池和车辆消毒

图 7-4 土鸡养殖场大门口的人员消毒

雾化中的人员通道（左）；更衣室紫外线灯消毒（右）

山林果园散养土鸡新技术（彩色图解+视频升级版）

3. 禁止高风险人员进入鸡场

禁止其他养殖户、鸡蛋收购商和收购死鸡的小贩进入鸡舍和放养场地，病鸡和死鸡经疾病诊断后应深埋，并做好消毒工作，严禁销售和随处乱丢。

4. 采用全进全出的饲养制度

"全进全出"使得鸡场能够做到净场和充分消毒，切断了疾病传播的途径，从而避免患病鸡只或病原携带者将病原传染给日龄较小的鸡群。

5. 到洁净的种鸡场订购雏鸡

种鸡场污染严重，引种时也会带来病原微生物。要到环境条件好、管理严格、净化彻底、信誉度高、有种畜种禽经营许可证的种鸡场订购雏鸡，避免引种时带来污染。

6. 搞好卫生

（1）保持鸡舍和鸡舍周围环境卫生　及时清理鸡舍的污物、污水和垃圾，定期打扫鸡舍顶棚和设备用具的灰尘，每天进行适量通风，保持鸡舍清洁卫生；不在鸡舍周围和道路上堆放废弃物和垃圾。

（2）保持饲料和饮水卫生　饲料不霉变、不被病原污染，饲喂用具勤清洁消毒；饮用水符合卫生标准，水质良好，饮水用具要清洁，饮水系统要定期消毒。

（3）废弃物要无害化处理　粪便堆放要远离鸡舍，最好设置专门的储粪场，对粪便进行无害化处理，如堆积发酵、生产沼气或烘干等处理。病死鸡不要随意出售或乱扔乱放，防止传播疾病。

（4）放养场地的卫生　果园林地生态养鸡宜采取全进全出制，每出栏一批（群）鸡后进行清理，全面消毒，并间隔 20 ～ 30 天后，再放养第二批鸡。如果果园林地面积较大，最好实行分区轮牧，在一个区域放养 1 ～ 2 年后，再轮牧到另一区域，让其自然净化 1 ～ 2 年，消毒后再放养鸡比较理想。

（5）防害灭鼠　昆虫可以传播疫病，要保持舍内干燥和清洁，夏季使用化学杀虫剂防止昆虫滋生繁殖。老鼠不仅可以传播疫病，而且可以污染和消耗大量饲料，危害极大，必须注意灭鼠。每 2 ~ 3 个月彻底进行一次灭鼠。

三、消毒

土鸡场消毒就是将养殖环境、养殖器具、动物体表、进入的人员或物品、动物产品等存在的微生物全部或部分杀灭或清除的方法。消毒的目的在于消灭被病原微生物污染的场内环境、畜体表面及设备器具上的病原体，切断传播途径，防止疾病的发生或蔓延。

1. 消毒的方法

（1）机械性清除　用冲洗、清扫、铲刮等机械方法清除降尘、污物及沾染在墙壁、地面以及设备上的粪尿、残余的饲料、废物、垃圾等（图 7-5），这样可处掉 70% 的病原，并为药物消毒创造条件。适当通风，特别在冬、春季，可在短时间内迅速降低舍内病原微生物的数量，加快舍内水分蒸发，保持干燥，可使除芽孢、虫卵以外的病原失活，起到消毒作用。

图 7-5　使用高压水冲洗地面、墙壁、设备上的污浊物，减少其微生物数量

（2）物理消毒法

① 紫外线。利用太阳紫外线或安装波长为 280 ~ 240 纳米紫外线灭菌灯（图 7-6）可以杀灭病原微生物。一般病毒和非芽孢的菌体，

在阳光直射下，只需要几分钟到 1 小时就能被杀死。即使是抵抗力很强的芽孢，在连续几天的强烈阳光下反复暴晒也可变弱或被杀死。利用阳光消毒运动场及移出舍外、已清洗的设备与用具等，既经济又简便。

图 7-6　紫外线灯

② 高温。高温消毒主要有火焰、煮沸与蒸汽消毒等形式。酒精喷灯（图 7-7）的火焰可杀灭地面、耐高温的网面上的微生物，但不能对塑料、木制品和其它易燃物品进行消毒，消毒时应注意防火。另外对有些耐高温的芽孢（破伤风梭状杆菌芽孢、炭疽杆菌芽孢），使用火焰喷射产生的短暂高温来消毒，效果难以保证。蒸汽可灭菌，设备主要有手提式下排气式压力蒸汽灭菌锅和高压灭菌器（图 7-8）。

图 7-7　酒精喷灯

（3）化学药物消毒　利用化学药物杀灭病原微生物以达到预防感染和传染病传播和流行的方法。使用的化学药品称化学消毒剂，此法在养鸡生产中是最常用的方法（图 7-9）。

1. 安全阀
3. 压力表
7. 主体
2. 放气阀
4. 螺形螺母
5. 铭牌
6. 电源

图7-8 手提式下排气式压力蒸汽灭菌锅（左）和高压灭菌器（右）

图7-9 化学消毒方法

浸泡法（左上）；喷洒法（右上）；熏蒸法（左下）；气雾法（右下）

① 浸泡法。主要用于消毒器械、用具、衣物等。一般洗涤干净后再行浸泡，药液要浸过物体，浸泡时间以长些为好，水温以高些为好。在鸡舍进门处消毒槽内，可用浸泡药物的草垫或草袋对人员的靴、鞋消毒。

② 喷洒法。喷洒地面、墙壁、舍内固定设备等，可用细眼喷壶；对舍内空间消毒，则用喷雾器。喷洒要全面，药液要喷到物体的各个部位。一般喷洒地面，每平方米面积需要 2 升药液，喷墙壁、顶棚，

每平米1升。

③ 熏蒸法。适用于可以密闭的鸡舍。这种方法简便、省事，对房屋结构无损，消毒全面，鸡场常用。常用的药物有福尔马林（40%的甲醛水溶液）、过氧乙酸水溶液。

④ 气雾法。气雾粒子是悬浮在空气中的气体与液体的微粒，直径小于200纳米，分子量小，能悬浮在空气中较长时间，可到处漂移穿透到畜舍内各处。气雾是消毒液到进气雾发生器后喷射出的雾状微粒，是消灭气携病原微生物的理想方法。

（4）生物消毒法　指利用生物技术将病原微生物杀灭或清除的方法。如堆积的粪便进行需氧或厌氧发酵产生一定的高温可以杀死粪便中的病原微生物（图7-10）。

图 7-10　粪便的堆积发酵消毒

2. 常用的化学消毒剂

常用的化学消毒剂见表7-3

表 7-3　常用的化学消毒剂特性表

类型	概述	产品	效果
含氯消毒剂	是指在水中能产生具有杀菌作用的次氯酸一类消毒剂，包括有机含氯消毒剂和无机含氯消毒剂	优氯净、强力消毒净、速效净、消洗液、消佳净、84消毒液、二氯异氰尿酸和三氯异氰尿酸复方制剂	杀灭肠杆菌、肠球菌、结核分枝杆菌、金黄色葡萄球菌及新城疫病毒、法氏囊病毒

类型	概述	产品	效果
氧化剂类	氧化剂是一些含不稳定结合态氧的化合物	过氧化氢（双氧水）、臭氧、高锰酸钾	过氧化氢可快速灭活多种微生物。过氧乙酸可杀灭多种细菌；臭氧可杀灭细菌繁殖体、病毒、真菌和枯草杆菌黑色变种芽孢及原虫和虫卵
醛类消毒剂	醛类消毒剂是使用最早的一类化学消毒剂，包括甲醛和戊二醛	戊二醛、甲醛、丁二醛、乙二醛和复合制剂	杀灭细菌、芽孢、真菌和病毒
碘伏消毒剂	包括碘及碘为主要成分制成的各种制剂	强力碘、威力碘、PVPI、89-型消毒剂、喷雾灵	杀死细菌、真菌、芽孢、病毒、结核杆菌、阴道毛滴虫、梅毒螺旋体、沙眼衣原体、艾滋病病毒和藻类
表面活性剂	表面活性剂又称清洁剂或除污剂。生产中常用阳离子表面活性剂，其抗菌谱广，对细菌、真菌和病毒均具有杀灭作用	新洁尔灭、度米芬、百毒杀、凯威1210、消毒净	对各种细菌有效，对常见病毒如马立克病毒、新城疫病毒、猪瘟病毒、法氏囊病毒、口蹄疫病毒均有良好的效果。对无囊膜病毒消毒效果不好
复合酚类	含酚41%～49%、醋酸22%～26%的复合酚制剂，是我国生产的一种新型、广谱、高效消毒剂	菌毒敌、消毒灵、农乐、畜禽安、杀特灵等	对细菌、真菌和带膜病毒具有灭活作用。对多种寄生虫卵也有一定的杀灭作用。对人畜有毒，且气味滞留，常用于空舍消毒
其它消毒剂	醇类消毒剂	乙醇、异丙醇	可快速杀灭多种微生物，如细菌繁殖体、真菌和多种病毒，但不能杀灭细菌芽孢
	双胍类消毒剂	洗必泰	广谱抑菌作用，对细菌繁殖体杀灭作用强，但不能杀灭芽孢、真菌和病毒
	强碱	氢氧化钠、氢氧化钾、生石灰	可杀灭细菌、病毒和真菌腐蚀性强
	重金属类	硫柳汞	高浓度可杀菌，低浓度时仅有抑菌作用

山林果园散养土鸡新技术（彩色图解＋视频升级版）

类型	概述	产品	效果
其它消毒剂	高效复合消毒剂	高迪-HB（由多种季铵盐、络合盐、戊二醛、非离子表面活性剂、增效剂和稳定剂组成）	消毒杀菌广谱高效，对各种病原微生物有强大的杀灭作用；作用机制完善；超常稳定；使用安全，应用广泛

3. 鸡场的消毒程序

（1）场区入口的消毒　场区入口设置有车辆消毒池和人员消毒室。消毒池内的消毒液可以使用消毒作用时间长的复合酚类和氢氧化钠（3%～5% 溶液），最好再设置喷雾消毒装置，喷雾消毒液可用 1∶1000 的氯制剂。人员消毒室设置淋浴装置、熏蒸衣柜和场区工作服，进入人员必须淋浴，换上清洁消毒好的工作衣帽和靴后方可进入。工作服不准穿出生产区，定期更换清洗消毒。进入场区的所有物品、用具都要消毒。

（2）日常消毒　工作人员进入鸡舍和饲喂前都要进行消毒。工作人员工作前要洗手消毒。消毒后 30 分钟内不要用清水洗手；场区及鸡舍周围每周消毒 1～2 次，可以使用 5%～8% 的火碱溶液或 5% 的甲醛溶液进行喷洒（图 7-11）。特别要注意鸡场道路和鸡舍周围的消毒。发生疫情时对场区道路、鸡舍周围进行消毒。

图 7-11　洗手消毒和场区消毒

饲喂、饮水用具每周洗刷消毒一次，炎热季节应增加次数，饲喂雏鸡的开食盘或塑料布，正反两面都要清洗消毒。可移动的食槽和饮水器放入水中清洗，刮除食槽上的饲料结块，放在阳光下暴晒。固定的食槽和饮水器，应彻底水洗刮净、干燥，用常用阳离子清洁剂或两性清洁剂消毒，也可用高锰酸钾、过氧乙酸和漂白粉液等消毒，如可使用5%漂白粉溶液喷洒消毒。拌饲料的用具及工作服每天用紫外线照射1次，照射时间为20～30分钟。

放养鸡的场地要在鸡淘汰后空闲1～2个月后再饲养。放养场地每周可喷雾消毒1次（图7-12）。

图7-12　放养场地消毒

（3）鸡舍消毒　鸡群淘汰或转群后，将鸡舍内可以移出的设备用具移到舍外进行清洁、消毒，然后对鸡舍进行全面彻底的消毒。先清理鸡舍内的粪便、垃圾和污染物，清理后进行全面彻底的清扫。清扫顺序是屋顶、墙壁、设备以及舍内地面。为减少粉尘，清扫前可用消毒药物喷雾。清理、清扫后用高压水枪将鸡舍的屋顶、墙壁、可以冲洗的设备及地面等舍内的角角落落冲洗干净，不留一点污物。冲洗干燥后用5%～8%的火碱溶液喷洒地面、墙壁、屋顶、笼具、饲槽等2～3次，用清水洗刷饲槽和饮水器。其它不易用水冲洗和火碱消毒的设备可以用其它消毒液涂搽。将移出的设备移入舍内安装好，熏蒸消毒。能封闭的鸡舍，最后用甲醛和高锰酸钾进行熏蒸消毒。每立方米空间用福尔马林28毫升、高锰酸钾14克（污染严重的鸡舍可用42毫升福尔马林和21克高锰酸钾）熏蒸24～48小时待用。地面饲养时，进鸡前可以在地面撒一层新鲜的生石灰对地面进行消毒，也有利于地面干燥。见图 7-13 ～图 7-17。

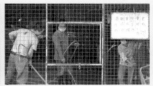

图 7-13　清理鸡舍的粪便和污物（左、中）；清理、清扫后用高压水枪冲洗笼具、地面和墙体等（右）

图 7-14　冲洗舍内饲喂、饮水设备（左）；舍外冲洗饲喂设备等（中、右）

图 7-15　冲洗待干燥后用 5% ～ 8% 的火碱溶液喷

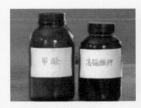

图 7-16　熏蒸消毒（左图为消毒药物，右图为熏蒸）

图7-17 地面撒布新鲜生石灰

（4）带鸡消毒　即在鸡舍有鸡时，用消毒药物对鸡舍进行消毒（图7-18）。带鸡消毒可以对鸡舍进行彻底的全面消毒，降低鸡舍空气中的粉尘、氨气，夏季有利于降温和减少热应激死亡。平常每周带鸡消毒1～2次，发生疫病期间每天带鸡消毒1次。选用高效、低毒、广谱、无刺激性的消毒药（如0.3%过氧乙酸或0.05%～0.1%百毒杀等）。

图7-18 带鸡消毒（左图为喷雾；右图为气雾）

【注意】冬季寒冷，喷雾时不要把鸡体喷得太湿，可以使用温水稀释。

（5）饮水消毒　临床上常见的饮水消毒剂多为氯制剂、碘制剂和复合季铵盐类等，但季铵化合物只适用于14周龄以下禽饮用水的消毒，不能用于产蛋禽。消毒药可以直接加入蓄水池或水箱中，用药量应以最远端饮水器或水槽中的有效浓度达该类消毒药的最适饮水浓度为宜。鸡喝的是经过消毒的水而不是喝消毒药水，任意加大水中消毒药物的浓度或长期使用，除可引起急性中毒外，还可杀死或抑制肠道内的正常菌群，影响饲料的消化吸收，对鸡的健康造成危害，另外也影响疫苗防疫效果。在饮水免疫的前后3天，千万不要在饮水中加入消毒剂。

（6）垫料消毒　使用碎草、稻壳或锯屑作垫料时，须在进雏前3天用消毒液（如博灭特2000倍液、10%百毒杀400倍液、新洁尔灭1000倍液、强力消毒王500倍液、过氧乙酸2000倍液）进行掺拌消毒。这不仅可以杀灭病原微生物，而且还能补充育雏器内的湿度，以维持适合育雏需要的湿度。垫料消毒的方法是取两根木椽子，相距一定距离，将农用塑料薄膜铺在上面，在薄膜上铺放垫料，掺拌消毒液，然后将其摊开（厚约3厘米）。采用这种方法，不仅可维持湿度，而且是一种物理性防治球虫病的措施。同时也便于育雏结束后，将垫料和粪便无遗漏地清除至舍外；进雏后，每天对垫料还需喷雾消毒1次。湿度小时，可以使用消毒液喷雾；清除的垫料和粪便应集中堆放，如无可疑传染病时，可用生物自热消毒法。如确认某种传染病时，应将全部垫料和粪便深埋或焚烧。

4. 发生疫情后的紧急消毒

养鸡场一旦发生疫情应迅速采取措施。首先隔离病鸡，控制传染，防止健康鸡受到感染，以便将疫病控制在最小范围内并加以扑灭。如病鸡数量不多，应淘汰所有病鸡。对未病鸡群应根据诊断结果使用疫苗进行紧急预防接种或用药物进行预防。

对病鸡污染的房舍、饲料、垫料、用具、场地、粪便进行严格消毒。病死鸡应进行深埋或焚烧。深埋可挖一深坑，一层死鸡一层生石灰（或有效消毒剂）。禁止从疫区运出鸡群及其产品或饲料。场内发生传染病应报告防疫部门和附近养鸡场，作好防疫记录。

【提示】消毒时清洁至关重要。彻底的机械清洁是有效消毒的前提。消毒表面不清洁会阻止消毒剂与细菌的接触，使杀菌效力降低。例如鸡舍内有粪便、羽毛、饲料、蜘蛛网、污泥、脓液、油脂等存在时，常会降低所有消毒剂的效力。在许多情况下，表面的清洁甚至比消毒更重要。进行各种表面的清洗时，除了刷、刮、擦、扫外，还应用高压水冲洗，效果会更好，有利于有机物溶解与脱落。消毒前应先将可拆除的用具运至舍外清扫、浸泡、冲洗、刷刮，并反复消毒，舍内从屋顶、墙壁、门窗，直至地面和粪池、水沟等按顺序认真清理和冲刷干净，然后再进行消毒。

四、免疫接种

免疫接种通常是使用疫苗等生物制剂作为抗原接种于家禽体内，激发抗体产生特异性免疫力。

1. 疫苗选择及使用

疫苗是将病毒（或细菌）减弱或灭活，使其失去原有致病性而仍具有良好的抗原性用于预防传染病的一类生物制剂，接种动物后能产生主动免疫和特异性免疫力。

购买的疫苗应是国家指定的有生产批文的兽药生物制品生产单位生产的经检验证明免疫性好的疫苗。不同生产单位生产的疫苗，免疫效果可能会有差异。选购时要注意生产单位，要检查疫苗，要有瓶签和说明书，不过期，瓶完好无损，瓶塞不松动，瓶内疫苗性状与说明书一致时才能购买。运输前妥善包装，防止碰破流失。运输中避免高温和日晒，应在低温下冷链运送。量大时用冷藏车运送，量小时用装有冰块的冷藏盒运送。疫苗运达目的地后要尽快放入冰箱内保存，摆放有序。活疫苗冷冻保存，灭活苗冷藏保存。疫苗要由专人负责，并登记造册，月底盘点。保证冰箱供电正常；对需要特殊稀释的疫苗，应用指定的稀释液，如马立克病疫苗有专用稀释液。其它疫苗一般可用生理盐水或蒸馏水稀释。见图 7-19 ～图 7-22。

图 7-19　鸡马立克病火鸡疱疹病毒活疫苗

山林果园散养土鸡新技术（彩色图解＋视频升级版）

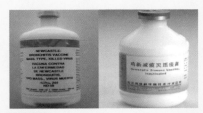

图 7-20 附有说明且封闭良好的疫苗

图 7-21 疫苗包装和运输

图 7-22 疫苗的保存（左）和专用稀释液（右）

【注意】疫苗使用前要检查名称、有效期、剂量、封口是否严密、是否破损和吸湿等。无真空和潮解的疫苗禁用。瓶塞有松动、瓶破裂、药品的色泽和性状与说明书不符等不得使用；稀释过程一般应分级进行，对疫苗瓶一般应用稀释液冲洗 2～3 次；疫苗放入稀释器皿中要上下振摇，力求稀释均匀；稀释好的疫苗应尽快用完，尚未使用的疫苗也应放在冰箱或冰水桶中冷藏；对于液氮保存的马立克病疫苗的稀释，则应严格按生产厂家提供的操作程序执行。

2. 免疫接种方法及注意事项

（1）饮水免疫

① 特点。饮水免疫避免了逐只抓捉鸡，可减少劳力和应激，但

影响的因素较多，免疫效果不太确切。

②操作方法。将疫苗稀释于饮水中，让鸡饮用获得需要的疫苗剂量。稀释用水为凉开水或蒸馏水，水温要低。水中不应含有任何能灭活疫苗病毒或细菌的物质。稀释疫苗所用的水量应根据鸡的日龄及当时的室温来确定，使疫苗稀释液在 1 ～ 2 小时内全部饮完。见图 7-23。

图 7-23　饮水免疫

将脱脂牛奶或疫苗保护剂与稀释疫苗的水混合均匀（左）；将稀释好疫苗的水加注到饮水系统内或饮水器中（中）；水中加入染色剂，能看到饮水系统末端鸡饮到带颜色的疫苗水（右）

【注意】一是选用高效的活毒疫苗；二是饮水免疫期间，饲料中不应含有能灭活疫苗病毒和细菌的药物；三是饮水中加入 0.1% ～ 0.3% 的脱脂乳或山梨糖醇，以保护疫苗的效价；四是供给含疫苗的饮水前 2 ～ 4 小时应停止饮水供应（视天气而定），可使每一只鸡在短时间均能摄入足够量的疫苗；五是为使鸡群得到均匀的免疫效果，饮水器应充足，使鸡群的 2/3 以上的鸡只同时有饮水的位置；六是饮水器不得置于直射阳光下，如风沙较大时，饮水器应全部放在室内；七是夏季天气炎热时，饮水免疫最好在早上完成。

饮水免疫时稀释疫苗的参考用水量见表 7-4。

表 7-4　饮水免疫时稀释疫苗的参考用水量

鸡龄/日龄	蛋用鸡用水量/（毫升/只）	肉用鸡用水量/（毫升/只）
5 ～ 15	5 ～ 10	5 ～ 10
16 ～ 30	10 ～ 20	10 ～ 20
31 ～ 60	20 ～ 30	20 ～ 40
61 ～ 120	30 ～ 40	40 ～ 50
120 以上	40 ～ 45	50 ～ 55

（2）点眼滴鼻

① 特点。操作得当，效果比较确实，尤其对一些预防呼吸道疾病的疫苗，免疫效果较好。但这种方法需要较多的劳动力，对鸡也会造成一定应激，操作上稍有马虎，往往达不到预期的目的。

② 操作方法。一只手握鸡，一手只拿滴管，用滴管吸取疫苗，滴入鸡的眼睛或鼻孔内 1～2 滴。滴管的滴嘴距鸡只鼻孔、眼睛 0.5～1 厘米。在滴入疫苗之前，应把鸡的头颈摆成水平位置（一侧眼鼻向上，另一侧向下），并用一只手指按住向地面一侧鼻孔，在将疫苗液滴加到眼或鼻上以后，应稍停片刻，待疫苗液确已吸入后再将鸡轻轻放回地面（图 7-24）。

图7-24　滴鼻（左图）、点眼（右图）

【注意】一是稀释液必须用蒸馏水或生理盐水，最低限度应用冷开水，不要随便加入抗生素；二是稀释液的用量应尽量准确，最好根据所用的滴管事先滴试，确定每毫升多少滴，然后再计算实际使用疫苗稀释液的用量；三是一次一手只能抓一只鸡，保证疫苗被吸收；四是注意做好已接种和未接种鸡之间的隔离，以免走乱；五是最好在晚上接种，如天气阴凉也可在白天，适当关闭门窗后，在稍暗的光线下抓鸡接种，以减少应激；六是做好免疫卫生管理。免疫前洗手，免疫后的空瓶和已进行稀释但未使用的疫苗焚烧处理，滴瓶用蒸馏水清洗干净后使用沸水蒸煮 15 分钟后干燥放置。

（3）肌内或皮下注射

① 特点。肌内或皮下注射免疫接种的剂量准确、效果确实，但耗费劳力较多，应激较大。

② 操作方法。多采用连续注射器进行注射。皮下注射的部位一般选在颈部背侧，肌内注射部位一般选在胸肌或肩关节附近的肌肉丰满处。颈部皮下注射时，针头方向应向后向下，针头方向与颈部纵轴基本平行。插入深度雏鸡0.5～1厘米、大鸡1～2厘米。胸部肌内注射时，针头方向应与胸骨稍有角度，插入深度雏鸡0.5～1厘米、大鸡可1～2厘米。在将疫苗液推入后，针头应慢慢拔出，以免疫苗液漏出。见图7-25～图7-27。

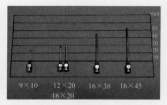

图7-25　连续注射器及针头规格

图7-26　颈部和胸部皮下注射

图7-27　胸部肌内注射及插入角度

【注意】一是疫苗稀释液应是经消毒无菌的，一般不要随便加入抗菌药物；二是疫苗的稀释和注射量应适当，量太小则操作时误差较大，量太大则操作麻烦，一般以每只0.2～1毫升为宜；三是使用连续注射器注射时，应经常核对注射器刻度容量和实际容量之间的误差，以免实际注射量偏差太大；四是注射器及针头用前均应消毒。在注射过程中，应边注射边摇动疫苗瓶，力求疫苗均匀；五是在接种过程中，应先注射健康群，再接种假定健康群，最后接种有病的鸡群；六是是否一只鸡一个针头及注射部位是否消毒，可根据实际情况而定，但吸取疫苗的针头和注射鸡的针头则绝对应分开。尽量注意卫生以防止经免疫注射而引起疾病的传播或引起接种部位的局部感染。

（4）气雾免疫

① 特点。气雾免疫可节省大量劳力，如操作得当，效果甚好，尤其是对呼吸道有亲嗜性的疫苗效果更佳，但气雾也容易引起鸡群的应激，尤其容易激发慢性呼吸道病的暴发。

② 操作方法。使用气雾机进行气雾免疫。将稀释好的疫苗放入气雾机内，对鸡群进行气雾免疫，使鸡的呼吸道受到疫苗颗粒的刺激而获得抗体（图7-28）。实施气雾免疫时气雾机喷头在鸡群上空50～80厘米处，对准鸡头来回移动喷雾，使气雾全面覆盖鸡群。气雾后以鸡的头背部羽毛略有潮湿为宜。免疫时严格控制雾滴的大小，雏鸡雾滴的直径为30～50微米、成鸡为5～10微米。

图7-28 气雾免疫机（左）；气雾免疫（右）

【注意】一是气雾前应对气雾机的各种性能进行测试，以确定雾滴的大小、稀释液用量、喷口与鸡群的距离（高度）、操作人员的行进速度等，以便在实施时参照；二是选择高效疫苗。疫苗的稀释应用去离子水或蒸馏水，不得用自来水、开水或井水。稀释液中应加入0.1%的脱脂乳或3%～5%甘油。三是稀释液的用量因气雾机、鸡群的饲养密度而异，应严格按说明书推荐用量使用。四是气雾前后几天内，在饲料或饮水中添加适当的抗菌药物，预防慢性呼吸道病的暴发。五是气雾免疫期间，应关闭鸡舍所有门窗，停止使用风扇或抽气机，在停止喷雾20～30分钟后，才可开启门窗和启动风扇（视室温而定）。六是鸡舍内温度应适宜，温度太低或太高均不适宜进行气雾免疫，如气温较高，可在晚间较凉快时进行；鸡舍内的相对湿度对气雾免疫也有影响，一般相对湿度在70%左右最为合适。

（5）皮下刺种

① 特点。免疫确切，但耗费劳力较多，应激较大。

② 操作方法。拉开一侧翅膀，抹开翼翅上的绒毛，刺种者将蘸有疫苗的刺种针从翅膀内侧对准翼膜用力快速穿透，使针上的凹槽露出翼膜（图7-29）。在接种后6～8天，接种部位可见到或摸到1～2个谷粒大小的结节，中央有一干痂。若结节大且有干酪样物，则表明有污染；若无反应出现，则可能是由于鸡群已有免疫力，或接种方法有误、疫苗保存运输不当、曾受阳光暴晒或受热，以及疫苗本身质量问题。一般至少应有2%的鸡只有局部红肿反应现象。

图7-29　皮下刺种针及刺种

【注意】一是蘸取疫苗时，必须保证刺种针的针槽内充满疫苗液。出瓶时将针在瓶口擦一下，将多余疫苗擦去；二是在针刺过程中，要避免针槽碰上羽毛以防疫苗溶液被擦去，也应避免刺伤骨头和血管；三是为防止传播疾病，每刺种完一群鸡要更换刺种针；四是免疫完成后疫苗瓶要深埋或烧掉。

3. 免疫程序

鸡场根据本地区、本场疫病发生情况（疫病流行种类、季节、易感日龄）、疫苗性质（疫苗种类、方法、免疫期）和其它情况制定适合本场的一个科学免疫计划称作免疫程序（表 7-5、表 7-6）。各饲养者应根据鸡的品种、饲养环境、防疫条件、抗体监测等制订出适合当地实际的免疫程序。

表 7-5　土种鸡和蛋肉兼用鸡的免疫程序

日龄	疫苗名称	接种剂量和方法
1	马立克病疫苗	0.25 毫升 / 只，皮下或肌内注射
7 ~ 10	新城疫 + 传支弱毒苗（H120）	1.5 羽份，滴鼻或点眼
	复合新城疫 + 多价传支灭活苗	0.3 毫升 / 只，颈部皮下注射
14 ~ 16	传染性法氏囊病弱毒苗	2 羽份，饮水
20 ~ 25	新城疫 Ⅱ 或 Ⅳ 系 + 传支弱毒苗（H52）	2 羽份，气雾、滴鼻或点眼
	禽流感灭活苗	0.3 毫升 / 只，皮下注射
30 ~ 35	传染性法氏囊病弱毒苗	2 羽份，饮水
40	鸡痘疫苗	1 羽份，翅膀内侧刺种或皮下注射
60	传喉弱毒苗	1 羽份，点眼
80	新城疫 Ⅰ 系	0.5 毫升 / 只，肌内注射
90	传喉弱毒苗	1 羽份，点眼
110 ~ 120	传染性脑脊髓炎弱毒苗（土蛋鸡不免疫）	1.5 羽份，饮水
	新城疫 + 传染性支气管炎 + 减蛋综合征油苗	1 毫升 / 只，肌内注射
	禽流感油苗	0.5 毫升 / 只，皮下注射
	传染性法氏囊油苗（土用蛋鸡不免疫）	0.5 毫升 / 只，肌内注射
280	鸡痘弱毒苗	1 羽份，翅膀内侧刺种或皮下注射
320 ~ 350	新城疫 + 法氏囊油苗（土蛋鸡不接种法氏囊苗）	0.5 毫升 / 只，肌内注射
	禽流感油苗	0.5 毫升 / 只，皮下注射

表 7-6 散养商品土鸡免疫参考程序

日龄	疫苗名称	接种方法	接种剂量	备注
1	马立克疫苗	皮下注射	0.25 毫升 / 只	孵化室内强制免疫
5	鸡传染性支气管炎 H120	滴鼻滴眼	1 羽份	
7	鸡痘弱毒冻干疫苗	刺种	1 羽份	夏秋季使用（6 月～10 月）
10	鸡传染性法氏囊病弱毒疫苗	饮水	2 羽份	
14	新城疫Ⅳ系弱毒疫苗（克隆 30 更合适）	饮水	2 羽份	强制免疫
15	禽流感油乳制灭活疫苗（H5、H9）	皮下注射	0.3 毫升	强制免疫
20	鸡传染性法氏囊病弱毒疫苗	饮水	2 羽份	
30	新城疫 LaSota 系或Ⅱ系	饮水	2 羽份	强制免疫
34	禽流感油乳制灭活疫苗（H5、H9）	肌注	0.3～0.5 毫升	强制免疫
45	传染性支气管炎弱毒疫苗（H52）	饮水	2 羽份	
60（100）	鸡新城疫Ⅰ系弱毒疫苗	肌注	1 羽份	若放养周期为 180 日龄的可推迟到 100 日龄

注：各饲养者应根据鸡的品种、饲养环境、防疫条件、抗体监测等制订出适合当地实际的免疫程序。

五、药物防治

合理使用药物有利于细菌性疾病和寄生虫病的防治，但不能完全依赖和滥用药物。用药时严格执行国家有关兽药使用规定，避免滥用药物。

第三节 土鸡的常见病防治

一、传染性疾病

1. 禽流感

禽流感又称欧洲鸡瘟或真性鸡瘟，是由 A 型流感病毒（病毒不仅血清型多,而且自然界中带毒动物多、毒株易变异)引起的一种急性、高度接触性和致病性传染病。根据其致病性可分为高致病性禽流感、低致病性禽流感和无致病性禽流感三大类。

(1)临床症状 病鸡精神沉郁,体温升高。排黄白、黄绿或石灰水样粪便。薄蛋壳、破蛋多,产蛋下降(图7-30)。呼吸声促,有痰鸣音。肿头,眼睛周围浮肿,肉垂肿胀、出血和坏死,鸡冠发紫、出血、坏死。病鸡腿部出血,有出血点或出血斑。有神经症状、倒地、麻痹(图7-31)。

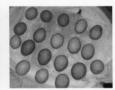

图 7-30 禽流感症状(一)

体温升高到43℃以上、昏睡(左);粪便稀薄带黄绿色黏液(中);蛋壳质量差(右)

图 7-31 禽流感症状(二)

病鸡冠、髯发紫,眼肿(左一、二);病鸡腿部出血(右二);病鸡神经症状(右一)

(2)病理变化 腺胃肿胀,乳头出血溃疡。肌胃肌层出血,内膜易剥离,皱褶处有出血斑,肠道和泄殖腔严重出血(图7-32);食道黏膜和胰脏出血,心冠脂肪不同程度出血,气管黏膜出血(图7-33);病鸡子宫黏膜水肿,发生输卵管炎。病鸡发生卵黄性腹膜炎(图7-34、图7-35)。

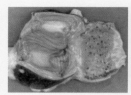 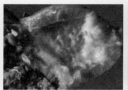 

图7-32 病理变化（一）

腺胃乳头出血（左）；腺胃乳头出血溃疡，黏膜上附有脓性分泌物（中）；
小肠黏膜充血严重，呈红色（右）

 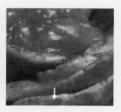

图7-33 病理变化（二）

喉头、气管充血、出血，管腔内有大量黏性和干酪样分泌物（左）；
胰腺出血，散在有黄白色小坏死灶（右）

图7-34 病理变化（三）

输卵管子宫黏膜水肿（左）；输卵管内有灰白黏液样或脓性渗出物或干酪样凝块（中）；
卵黄变性、坏死，发生卵黄性腹膜炎（右）

图7-35 病理变化（四）

脾脏肿大，有出血斑点（左）；胰脏出血，呈深红色（中）；腺胃周围脂肪有出血点（右）

（3）诊断 实验室病原分离鉴定和血清学试验可确诊。血清学检查是诊断禽流感的特异性方法。

（4）防制措施

① 加强隔离卫生管理。

② 免疫接种。免疫程序：禽流感油乳制灭活疫苗（H5、H9），颈部皮下接种。首免 5～15 日龄，每只 0.3 毫升；二免 50～60 日龄，每只 0.5 毫升；三免开产前进行，每只 0.5 毫升；产蛋中期的 40～45 周龄可进行四免。

③发病后措施。鸡发生高致病性禽流感后应坚决执行封锁、隔离、消毒、扑杀等措施；如发生中低致病力禽流感时每天可用过氧乙酸、次氯酸钠等消毒剂 1～2 次带鸡消毒，并使用抗病毒药物、抗菌药物、营养增强剂等进行治疗。

2. 鸡新城疫

鸡新城疫（亚洲鸡瘟）是由副黏病毒引起的一种主要侵害鸡和火鸡的急性、高度接触性和高度毁灭性的疾病。临床上表现为呼吸困难、下痢、神经症状、黏膜和浆膜出血，常呈败血症。

（1）临床症状 病鸡精神沉郁，食欲废绝，缩颈，闭目和嗜睡，张口呼吸，痰鸣音，排黄绿色稀粪。蛋壳质量差，颜色变白（图7-36）。病程长者出现神经症状（图7-37）。

图7-36 临床症状（一）

精神不振，高度沉郁（左）；严重腹泻，排黄绿色稀粪，有时混有血液（中）；
产软壳蛋，颜色变白（右）

图7-37 临床症状（二）

腿脚麻痹，呈观星状（左）；扭颈、转圈（中）；倒提新城疫病鸡口吐黏液（右）

（2）病理变化 病鸡腺胃乳头出血，腺胃表面有大量黏液，腺胃充血、出血，腺胃与食管处有黄色溃疡灶（图7-38）；病鸡肠道出血、肿胀，外观可见出血斑，肠末端出血，回肠黏膜和盲肠扁桃体出血、坏死（图7-39）；气管黏膜出血；鸡卵泡变形、出血和破裂；心肌、

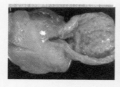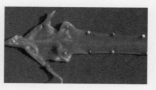

图7-38 病理变化（一）

腺胃乳头出血，表面有大量黏液（左）；腺胃与肌胃交界处有出血带（中）；
喉头和气管黏膜充血和出血（右）

心冠脂肪出血等；非典型新城疫鸡肠道病变，一般在十二指肠的降部1/2处、卵黄蒂下2～5厘米处，盲肠端相对应的回肠有溃疡灶，严重者直肠黏膜有散在的针头样溃疡灶（图7-40）。

图 7-39　病理变化（二）

腺胃、肌胃出血，肠腺体处出血、肿胀，呈枣核形溃疡（左）；十二指肠黏膜出血、溃疡，形成岛屿状坏死溃疡灶，其表面覆盖黄色分泌物（中）；直肠出血，盲肠扁桃体出血、溃疡（右）

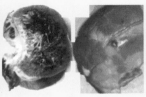

图 7-40　病理变化（三）

卵泡变形、出血和破裂（左）；心内外膜出血（中）；非典型新城疫肠道典型病变（右）

（3）诊断　利用病毒分离鉴定、血清学方法、直接病毒抗原检测等实验室手段确诊。注意与禽流感、传染性支气管炎、传染性喉气管炎、慢性呼吸道病、禽霍乱鉴别诊断。

（4）防制

① 科学管理。加强饲养管理，做好生物安全工作。

② 科学免疫接种。首免时间要适宜，最好通过检测母源抗体水平或根据种鸡群免疫情况来确定。没有检测条件的一般在7～10日龄首免，使用新城疫弱毒活苗滴鼻点眼。由于新城疫病毒毒力变异，可以选用多价新城疫灭活苗和弱毒苗配合使用，效果更好。

③ 发病后措施。发生新城疫时，最好用4倍量Ⅰ系苗饮水，每月1次，直至淘汰。或用Ⅳ系、Ⅱ系苗作2～3倍肌注，使其尽快产生

坚强免疫力（如与禽流感混合感染，应先治疗禽流感，再接种疫苗）。或在发病早期注射抗新城疫血清、卵黄抗体（2～3毫升/千克体重），可以减轻症状和降低死亡率。

3. 传染性法氏囊炎

鸡传染性法氏囊病是一种主要危害雏鸡的免疫抑制性传染病，是由传染性囊病病毒引起的鸡的一种急性、高度接触性传染病。OIE 将其列为 B 类疫病。

（1）临床症状　2～10 周龄多发，病雏鸡精神不振，缩头、翅膀下垂，羽毛逆立，畏寒，发抖，衰竭，水样白色稀粪，肛门周围粘满粪污（图 7-41）；病鸡脱水，腿干燥无光。发病突然，发病率高，呈特征性尖峰式死亡，痊愈快（图 7-42）。

图 7-41 临床症状

病雏鸡精神不振，缩头，翅膀下垂，羽毛蓬乱，嗜睡（左）；
羽毛逆立，畏寒，发抖，衰竭（中）；排米汤样白色稀粪（右图）

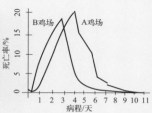

图 7-42 临床症状和死亡曲线

脱水，腿干燥无光（左）；急性感染造成大批死亡（中）；法氏囊病的死亡曲线呈尖峰状，
死亡高峰在第 3～4 天。图为两个鸡场的死亡曲线（右）

（2）病理变化　发病初期，法氏囊肿大，内有黄色透明胶冻液，囊内皱褶水肿，出血。胸肌、大腿有条状或斑点状出血（图7-43）；病鸡肾脏肿大、苍白（图7-44），输尿管和肾小管内充满尿酸盐，外观呈灰白色花纹状；腺胃、肌胃出血；有的法氏囊肿大，外被黄色透明胶冻物（图7-45）。

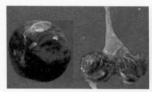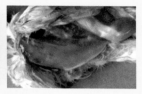

图 7-43　病理变化（一）

法氏囊肿大、出血，外观呈紫红色葡萄状，切面可见皱褶增宽，充血、出血、坏死（左图）；病鸡腿内侧肌肉有条状或斑点状出血（中图）；病鸡脱水，肌肉干燥无光，胸肌有出血条纹和斑状出血（右图）

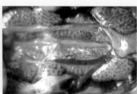

图 7-44　病理变化（二）

花斑肾，法氏囊肿大（左）；肾脏肿大，肾小管和输尿管内充满灰白色尿酸盐（中）；肝脏灰土色，腿部肌肉出血（右）

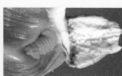

图 7-45　病理变化（三）

腺胃乳头呈点状或环状出血（右）；肌胃与腺胃交界处有出血点或出血带（中）；有的病鸡法氏囊严重水肿，外被黄色透明胶冻物，切面呈柠檬黄色（右）

（3）诊断　根据流行病学、临床症状（迅速发病、高发病率、有明显的尖峰死亡曲线和迅速康复）和肉眼可见病理变化可初步做出诊断，确诊需进行病毒分离鉴定及血清学试验。注意与肺脑型鸡新城疫感染、传染性支气管炎肾病变型、包涵体肝炎、淋巴细胞性白血病、鸡马立克病、肾病、磺胺药物中毒、真菌中毒、葡萄球菌病、大肠杆菌病鉴别诊断。

（4）防制

① 加强隔离和消毒。

② 免疫接种。10～18 日龄法氏囊多价弱毒苗滴口或饮水；间隔10 天后法氏囊多价中等毒力弱毒苗 1.5 羽份饮水。种鸡在 18～20 周和 40～42 周分别注射灭活苗 0.5 毫升。流行严重地区在首免时或间隔 1 周后注射 0.25～0.3 毫升多价灭活苗。

③ 发病后的措施。a. 保持适宜的温度（气温低的情况下适当提高舍温）；每天带鸡消毒；适当降低饲料中的蛋白质含量。b. 注射高免卵黄：20 日龄以下 0.5 毫升 / 只；20～40 日龄 1.0 毫升 / 只；40 日龄以上 1.5 毫升 / 只。病重鸡再注射一次。与新城疫混合感染，可以注射含有新城疫和法氏囊抗体的高免卵黄。c. 水中加入防治大肠杆菌病的药物和利尿药物。

4. 传染性喉气管炎

传染性喉气管炎是由鸡传染性喉气管炎病毒引起的鸡的一种急性呼吸道传染病，典型的症状是呼吸困难、喘气、咳嗽、咳出血样渗出物，病理变化主要集中在喉和气管，表现为喉和气管黏膜肿胀、出血并形成糜烂。

（1）临床症状　病鸡呼吸困难，伸颈张口呼吸、流眼泪，发出咯咯叫声，后期有强咳动作，时常咳出血痰。喉部瘀血（图 7-46）。

（2）病理变化　病鸡喉头和气管黏膜肥厚、充血，有黄色干酪样物质；喉头黏膜出血，有的在气管内形成血栓（图 7-47）。

（3）诊断　利用姬姆萨氏染色、气管接种易感鸡、接种鸡胚绒毛尿囊膜或尿囊腔等方法可以确诊。注意与传染性支气管炎、支原体病、传染性鼻炎、新城疫、黏膜性鸡痘、维生素 A 缺乏症等鉴别诊断。

图 7-46 临床症状

头颈伸直，张口呼吸，常发出啰音（左）；喉部瘀血（右）

图 7-47 病理变化

喉头黏膜肿胀、出血，并有干酪样分泌物（左）；喉头黏膜严重出血（右）

（4）防制

① 加强卫生管理。

② 免疫接种。本地区没有本病流行的情况下，一般不主张接种。如果免疫，首免在 28 日龄左右，二免在 70 日龄左右，使用传染性喉气管炎弱毒疫苗，点眼。鸡群接种后可产生一定的疫苗反应，轻者出现结膜炎和鼻炎，严重者可引起呼吸困难，甚至死亡。因此使用疫苗时必须严格按使用说明进行。在使用疫苗的前后 2 天内可以使用一些抗菌药物。

③ 发病后的措施。无特效药物。确诊后可以立即采用弱毒苗紧急接种，同时，使用抗菌药物防止继发感染。或用中草药制剂（麻黄、杏仁、厚朴、陈皮各 150 克，苏子、半夏、前胡、桑白皮、木香各 3000 克，甘草 50 克，煎水供 1000 只成年鸡饮服）治疗。使用通喉散、氯化铵（0.2%）饮水。

5. 传染性支气管炎

鸡传染性气管炎是由冠状病毒科冠状病毒属的鸡传染性支气管炎病毒引起的一种鸡的急性、高度接触性传染病，不但会引起鸡只死亡，而且临诊型感染和亚临诊型感染（常被忽视）均会导致生产性能下降、饲料报酬降低。常继发或并发霉形体病、大肠杆菌病、葡萄球菌病等，加之该病病原的血清型多（有呼吸型、肾型、腺胃型、生殖道型和肠型），新的血清型不断出现，给诊断和防治带来较大难度，给养鸡业造成巨大损失。

（1）临床症状　病鸡精神不振，伸颈张口呼吸，有啰音，翼下垂。患肾型传染性支气管炎的病鸡羽毛逆立，精神萎靡，排米汤样白色稀粪（图7-48）；蛋鸡产蛋下降，异常蛋增多，蛋白稀薄（图7-49）。

图7-48　临床症状（一）

张口呼吸（左）；羽毛逆立，精神萎靡（中）；排米汤样白色稀粪，粪便不成形，尿酸盐增多（右）

图7-49　临床症状（二）

发病蛋鸡所产白壳蛋、沙壳蛋、畸形蛋、软壳蛋、小蛋（左）；病鸡产的蛋蛋白稀薄如水（右）

（2）病理变化　呼吸型气管黏膜出血；病鸡卵巢变形，卵泡膜充血、出血，输卵管萎缩、变细、变短、囊肿（图7-50）。传染性支气管炎病毒在鸡体内复制可以使胚胎发育受损；病鸡气管和支气管内有水样或黏稠透明的黄白色渗出物；肾型病鸡肾肿大、苍白，呈槟榔花纹状或尿管变粗，内有白色尿酸盐沉着；腺胃型腺胃肿大，乳头界限不清（图7-51）。

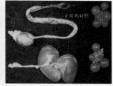

图 7-50　病理变化（一）

呼吸型传染性支气管炎气管黏膜点状或条状出血（左）；产蛋鸡卵巢变形，卵泡充血、出血、液化（中）；输卵管萎缩、变细、变短、囊肿（右）

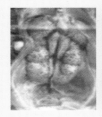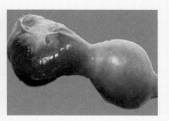

图 7-51　病理变化（二）

肾脏肿大，槟榔花纹状（左）；尿管变粗，内有白色尿酸盐沉着（中）；腺胃型病鸡的腺胃肿大（右）

（3）诊断　根据病毒分离鉴定及血清学试验结果确诊。注意与新城疫、传染性喉气管炎、传染性鼻炎、减蛋综合征区别。传染性支气管炎的呼吸道症状比传染性喉气管炎和慢性呼吸道病轻微和短暂，不像传染性鼻炎和传染性喉气管炎有眼肿；蛋壳质量与减蛋综合征有相似变化，但减蛋综合征蛋内质量无明显变化；新城疫病情严重，在雏鸡中可以见到神经症状。

（4）防制

① 加强管理和卫生。

② 免疫接种。7 ～ 10 日龄首免，H_{120}+Hk（肾型）1 羽份点眼滴鼻；同时可注射含有肾型传支和腺胃性传支病毒的油乳剂多价灭活苗 0.3 毫升 / 只；25 ～ 30 日龄 H_{52} 疫苗 1.5 羽份点眼滴鼻或饮水或气雾免疫。110 ～ 130 日龄注射多价传支病毒的油乳剂灭活苗 0.5 毫升 / 只。

③ 发病后措施。加强环境和鸡舍消毒，雏鸡阶段和寒冷季节要提高舍内温度。饲料中加入 0.15% 的病毒灵 + 支喉康（或咳喘灵）拌料连用 5 天，或用百毒唑（内含病毒唑、金刚乙胺、增效因子等）饮水（10 克 /100 千克水），麻黄冲剂 1000 克 /1000 千克拌料；饮水中加入肾肿灵（100 克含乙酰水杨酸可溶性粉 50 克，每袋 100 克可兑水 200 千克）或益肾康（主要成分为乙酰水杨酸、亚硒酸钠、碘化钾、乌洛托品，每袋 100 克可兑水 400 千克）等利尿保肾药物，连用 3 ～ 5 天；饮水中加入速溶多维缓解应激，提高机体抵抗力。

6. 马立克病（Marek's Disease，MD）

鸡马立克病是由鸡马立克病毒引起的一种淋巴组织增生性疾病。具有很强的传染性，以引起外周神经、内脏器官、肌肉、皮肤、虹膜等部位发生淋巴细胞样细胞浸润并发展为淋巴瘤为特征。

（1）临床症状　本病的潜伏期很长，种鸡和产蛋鸡常在 16 ～ 22 周龄（可迟至 24 ～ 30 周龄甚至 60 周龄以上）出现临诊症状。马立克病的症状随病理类型（神经型、皮肤型和内脏型）不同而异，但各型均有食欲减退、生长发育停滞、精神萎靡、软弱、进行性消瘦等共同特征。神经型马立克病鸡的腿和翅麻痹、瘫痪，呈劈叉状；皮肤型马立克病鸡皮肤上有大小不等的肿瘤（图 7-52）。

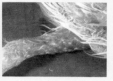

图 7-52　临床症状

神经型马立克病鸡脚麻痹（左）；神经型马立克病鸡的腿和翅麻痹、
瘫痪，呈劈叉状（中）；腿部皮肤肿瘤（右）

（2）病理变化　病鸡的肝、脾肿大，变硬；病鸡的肝、脾上有较多的肿瘤结节（图 7-53）；病鸡心脏、胰脏表面有较大的白色结节肿瘤；神经型马立克病鸡神经肿大（图 7-54）。

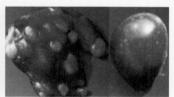

图 7-53　病理变化（一）

肝、脾肿大，变硬（左图。注：下面是正常的肝脾）；肝、脾上的肿瘤结节（右图）

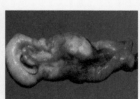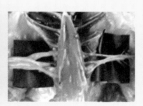

图 7-54　病理变化（二）

心脏表面的白色结节肿瘤（左）；胰脏表面的白色结节肿瘤（中）；神经型马立克病病鸡神经
肿大（右）

（3）诊断　采用病毒分离、细胞培养、琼脂扩散、荧光抗体、ELISA 以及核酸探针等方法确诊。注意与淋巴性白血病鉴别诊断。

（4）防制

① 加强环境消毒和饲养管理。

② 免疫接种。1 日龄雏鸡用鸡马立克病"814"弱毒疫苗或鸡马立克病弱毒双价（CA126+SB1）疫苗免疫。14 日龄左右进行二免。

③ 发病后措施。发病后无药物可治疗。

7. 鸡痘

鸡痘是由痘病毒科禽痘病毒属禽痘病毒引起的一种缓慢扩散、高度接触性传染病。特征是在无毛或少毛的皮肤上有痘疹，或在口腔、咽喉部黏膜上形成白色结节。幼龄雏鸡病情严重，更易死亡。

（1）临床症状　有皮肤型、黏膜型和混合型鸡痘。皮肤型常见无毛部位的鸡冠、肉垂、嘴角、眼睑和耳上长出白色、表面凹凸、粗糙不平的小结痂，小结痂相互连接为大结痂。长在眼睑上的结痂可使上下眼睑连接而造成眼瞎。鸡痘初期鸡冠和肉髯上有许多灰白色糠麸样物质（图 7-56）。黏膜型在口腔、咽喉黏膜上长出痘痂或有干酪样坏死灶，严重时可堵塞咽喉和食道，导致呼吸困难或吞咽困难而死亡。

图 7-55　临床症状（一）

鸡冠和眼睑有痘节，腿关节和皮肤有结节、溃疡（左）；痘痂连接造成的瞎眼（右）

图 7-56 临床症状（二）

爪部痘痂（左）；贫血消瘦（右）

（2）病理变化　皮肤型鸡痘的特征性病变是局灶性表皮和其下层的毛囊上皮增生，形成结节。结节初表现湿润，后变为干燥，外观呈圆形或不规则形，皮肤变得粗糙，呈灰色或暗棕色。结节干燥前切开后切面出血、湿润，结节结痂后易脱落，出现瘢痕。

黏膜型鸡痘病变出现在口腔、鼻、咽、喉、眼或气管黏膜上。黏膜表面稍微隆起白色结节，以后迅速增大，并常融合成黄色、奶酪样坏死的伪白喉或白喉样膜，将其剥去可见出血糜烂，炎症蔓延可引起眶下窦肿胀和食管发炎。病鸡的喉头、气管黏膜处有黄白色痘状结节，痘斑不易剥离（图7-57）。

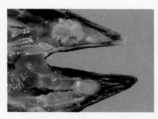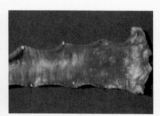

图 7-57 病理变化

口腔、喉、气管表面有干酪样坏死灶（左）；喉头、气管黏膜处黄白色痘结（右）

（3）诊断　皮肤型和混合型可根据皮肤表面典型痘疹确诊。单纯的黏膜型或眼肿大者，诊断较为困难，需要接种易感鸡、接种鸡胚或血清学试验等进行实验室检查确诊。注意与生物素缺乏（皮肤型鸡痘易与生物素缺乏相混淆，生物素缺乏时，因皮肤出血而形成痘痂，其结痂小，而鸡痘结痂较大）、传染性鼻炎（黏膜型鸡痘易与传染性鼻炎相混淆，传染性鼻炎上下眼睑肿胀明显，用磺胺类药物治疗有效，黏膜型鸡痘上下眼睑多黏合在一起，眼肿胀明显，用磺胺类药物治疗无效）鉴别诊断。

（4）防制

① 免疫接种。使用鸡痘鹌鹑化弱毒疫苗翼翅刺种。

② 发病后的措施。目前尚无特效治疗药物，主要采用对症疗法，以减轻病鸡的症状和防止并发症。发生鸡痘后也可视鸡日龄的大小紧急接种新城疫Ⅰ系或Ⅳ系疫苗，以干扰鸡痘病毒的复制，达到控制鸡痘的目的。

8. 鸡脑脊髓炎

鸡传染性脑脊髓炎（流行性震颤）是一种主要侵害雏鸡的病毒性传染病，以共济失调和头颈震颤为主要特征。母鸡感染后产蛋量急剧下降。

（1）临床症状　主要见于3周龄以内的雏鸡，最初表现为迟钝，不愿走动，继而有神经症状的病雏鸡出现，步态不稳、共济失调，常侧向一侧，有些病鸡发生头颈震颤；精神不振，偏瘫，头颈部羽毛逆立；成年鸡感染，可引起一过性产蛋下降，降幅为5%～10%，1周左右后迅速上升，无其他明显表现。脑脊髓炎康复鸡虹膜颜色变浅，瞳孔扩大，失明（图7-58）。

图 7-58　临床症状

迟钝，不愿走动（左）；步态不稳，共济失调，偏瘫，头颈部羽毛逆立（中）；康复鸡虹膜颜色变浅，瞳孔扩大，失明（右）

（2）病理变化　病鸡唯一可见的肉眼变化是腺胃肌层有细小的灰白区，小脑水肿或出血。脑脊髓炎康复鸡虹膜颜色变浅，形成白内障（图7-59）。

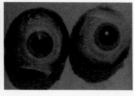

图 7-59 病理变化

禽脊髓炎导致的小脑脑膜出血（左）；脑膜水肿、出血（中）；康复鸡虹膜变化（右）

注：右边的为正常

（3）诊断　病毒分离、荧光抗体试验、琼脂扩散试验及酶联免疫吸附试验可确诊。注意与新城疫（神经症状、呼吸症状、绿色稀粪、产蛋下降、内脏出血）、马立克病（神经症状、贫血、内脏肿瘤）、脑软化症（神经症状、小脑切面出血、脑软化）、维生素 B_1 缺乏症（神经症状、颈向后仰、弯曲）相区别。

（4）防制

① 免疫接种。目前有活毒疫苗（10 周龄以上鸡，但不能迟于开产前 4 周接种疫苗）和灭活疫苗（适用于无脑脊髓炎病史的鸡群，可于种鸡开产前 18 ～ 20 周接种）可以接种。

② 发病后措施。本病尚无有效治疗方法。雏鸡发病，一般是将发病鸡群扑杀并作无害化处理。成年鸡群发病，没有明显的病态症状，只是产蛋率降低，一段时间后即可恢复，并且产蛋率仍能达到较高的水平。

9. 慢性呼吸道病（Chronic respiratory disease，CRD）

慢性呼吸道病是由霉形体引起的一种接触传染性呼吸道病，以呼吸发出啰音、咳嗽、流鼻涕和窦部肿胀为特征。

（1）临床症状　病鸡先是流稀薄或黏稠鼻液，打喷嚏，鼻孔周围和颈部羽毛常被沾污。其后炎症蔓延到下呼吸道即出现咳嗽、呼吸困难、呼吸有气管啰音等症状。病鸡食欲不振，体重减轻，消瘦。病鸡眼睑部、眶下窦肿胀、发硬。结膜潮红，内有大量浆液性渗出物，眼角内有泡沫渗出物（图7-60）。

图 7-60　临床症状

眼睑粘连，呼吸困难（左）；眶下窦内的干酪样物质（中）；肉垂和面部肿胀（右）

（2）病理变化　鼻腔、气管、支气管和气囊中有渗出物，气管黏膜常增厚。有时能见到一定程度的肺炎病变（图7-61）。胸部和腹部气囊变化明显，早期为气囊轻度浑浊、水肿，表面有增生的结节病灶，外观呈念珠状。随着病情发展，气囊增厚，囊腔内有大量干酪样渗出物（图7-62）。

 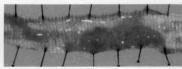

图 7-61　病理变化（一）

气管内干酪样物质（左）；喉头和气管内有多量灰白色或

红褐色黏液或干酪样物质（中）；肺组织肉变（右）

图 7-62　病理变化（二）

败血支原体病鸡气囊病变（左——气囊增厚，混浊，有黄色干酪样物；中——腹腔内有泡沫
样液；右——气囊混浊、增厚，囊腔内有白色干酪样物）

（3）诊断　确诊必须做病原分离鉴定或凝聚试验或酶联免疫吸附试验。注意与禽流感、传染性鼻炎（气囊一般不发生病变）、传染性支气管炎（传播快，气管充血，上皮脱落）、传染性喉气管炎（气管黏膜发生出血性炎症，表面有一种凝固的干酪样物质）、黏膜性鸡痘以及维生素缺乏症等相区别。

（4）防制

① 加强管理。雏鸡洁净，保持适宜的环境条件，搞好局部免疫和呼吸道黏膜的保护。

② 发病后措施。罗红霉素、链霉素的剂量：成年鸡肌内注射 20 万单位 / 只，5 ～ 6 周龄幼鸡为 5 万～ 8 万单位 / 只，早期治疗效果很好，2 ～ 3 天即可痊愈。大群治疗时，可在饲料中添加 0.4% 的土霉素，连喂 1 周。或水中加支原净 120 ～ 150 毫克 / 升，饮用 1 周。氟哌酸对本病也有疗效。

10. 鸡传染性鼻炎

鸡传染性鼻炎是由鸡嗜血杆菌和副鸡嗜血杆菌所引起的鸡的急性呼吸系统疾病。主要症状为鼻腔与鼻窦发炎、流鼻涕、脸部肿胀和打喷嚏。

（1）临床症状　一般常见症状为鼻孔先流出清液后转为浆液性分泌物，有时打喷嚏，呼吸困难，伸颈，甩头。脸肿胀，眼结膜炎，眼睑肿胀，呆立，缩头。食欲降低及饮水减少，或有下痢，体重减轻。

脸部及肉髯皮下水肿，单侧眼睑肿胀，眼裂闭合，结膜内有大量黏性分泌物（图7-63）。

图 7-63　临床症状

病鸡多呈单侧面部肿胀（左）；结膜有分泌物（右）

（2）病理变化　鼻腔和窦黏膜呈急性卡他性炎，黏膜充血肿胀，表面覆有大量黏液，窦内有渗出物凝块，后成为干酪样坏死物。严重时可见气管黏膜炎症，偶有肺炎及气囊炎。产蛋鸡发病卵黄变形、易破裂（图7-64、图7-65）。

图 7-64　病理变化

鼻黏膜水肿，鼻腔有黄色干酪样物（左）；病鸡鼻黏膜水肿、充血、出血（中）；病程长者，窦内有干酪样渗出物（右）

（3）诊断　细菌的分离培养、鉴定，血清学试验和动物接种可确诊。注意与传染性支气管炎、传染性喉气管炎、支原体、禽流感区别。

（4）防制

① 加强饲养管理

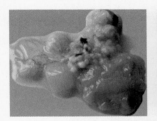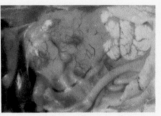

图7-65 病理变化

产蛋鸡卵泡变形，出血（左）、易破裂（右）

② 免疫接种。参照免疫程序。污染鸡群免疫时要使用 5 ～ 7 天抗生素，以防带菌鸡发病。

③ 发病后措施。发病后及早使用药物治疗，磺胺类药物和抗生素效果良好。当鸡群食欲尚好时，饲料中添加 0.05% ～ 0.1% 的复方磺胺嘧啶，连用 5 天。当鸡采食量减少但还能饮水时，用链霉素（成鸡每只 15 万～ 20 万国际单位）、庆大霉素（每只 2000 ～ 3000 国际单位）等连续饮用 3 天；或 30% 磺胺间甲氧嘧啶钠 100 克 +50% 盐酸多西环素 100 克兑水 200 千克，连用 4 ～ 5 天。

11. 大肠杆菌病

大肠杆菌病有不同类型。

（1）急性败血型　急性败血型病鸡不显症状而突然死亡，或症状不明显。部分病鸡离群呆立，或拥挤打堆，羽毛逆立，食欲减退或废绝，排黄绿白色稀粪，肛门周围羽毛受污染，发病率和死亡率较高。主要病变是纤维性心包炎、肝周炎和腹膜炎（图7-66）。病鸡心包炎，心包增厚，心包腔内集聚大量灰白色炎性渗出物，与心肌相粘连。病鸡肝脏肿大、瘀血，外有黄白色包膜（纤维素性渗出物），腹部有黄色纤维素膜。

（2）蛋黄囊炎和脐炎　雏鸡的蛋黄囊、脐部及周围组织的炎症，出现卵黄吸收不良、脐部愈合不全、腹部膨大下垂等异常变化（图7-67）。

图 7-66　临床症状

病鸡食欲减退或废绝，排黄绿白色稀粪（左上）；心包炎（右上）；
病鸡腹气囊混浊增厚，有纤维素渗出物（左下）；病鸡肝周炎（右下）

图 7-67　病理变化

腹部膨大，卵黄呈黄褐色，易破裂

　　（3）大肠杆菌性肉芽肿　病鸡内脏器官上产生典型的肉芽肿，肝脏上有坏死灶。病鸡在肠系膜上形成肉芽肿，胃、肠浆膜和肠系膜上有大量表面光滑、灰白色大肠杆菌性肉芽肿。大肠杆菌肉芽肿病鸡的心、十二指肠、胰脏都有肉芽肿病灶（图 7-68）。

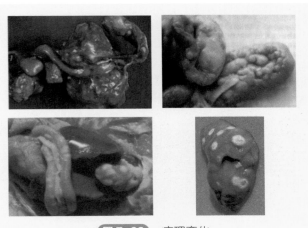

図 7-68 病理变化

肠系膜上的肉芽肿（左上）；肠浆膜和肠系膜上的肉芽肿（右上）；
十二指肠、胰脏的肉芽肿（左下）；肝肉芽肿（右下）

（4）全眼球炎　舍内污浊、大肠杆菌含量高、年龄小的幼雏易
发。全眼球炎有时出现在其他症状出现的后期，多为一侧性，少数为
两侧性。眼睑封闭，外观肿胀，里面蓄积脓液或干酪样物，眼球发
炎。部分肝脏肿大，有心包炎（图 7-69）。

图 7-69　全眼球炎

（5）卵黄性腹膜炎　又称"蛋子瘟"，输卵管常因感染大肠杆菌
而产生炎症，炎症产物使输卵管伞部粘连，漏斗部的喇叭口在排卵时

不能打开，卵泡因此不能进入输卵管而跌入腹腔引发本病。病、死母鸡，外观腹部膨胀、重坠，剖检可见腹腔积有大量卵黄，卵黄变性凝固，肠道或脏器间相互粘连（图 7-70）。

图 7-70　病理变化

卵泡破裂，腹腔内充满卵黄液（左），引起腹膜炎，卵黄凝固（中）；
大肠杆菌引起输卵管内积黄色干酪样物（右）

（6）输卵管炎　多见于产蛋期母鸡，输卵管充血、出血，或内有多量分泌物，产生畸形蛋和内含大肠杆菌的带菌蛋，严重者产蛋减少或停止产蛋（图 7-71）。

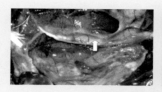

图 7-71　病理变化

病鸡输卵管膨大，内有灰白色干酪样渗出物（左）；输卵管形成囊肿（右）

（7）生殖器官病　患病母鸡卵泡膜充血，卵泡变形，局部或整个卵泡红褐色或黑褐色，有的变硬，有的卵黄变稀。有的病例卵泡破裂，输卵管黏膜有出血斑和黄色絮状或块状干酪样物。公鸡睾丸膜充血，交媾器充血、肿胀。

（8）肠炎　肠黏膜充血、出血，肠内容物稀薄并含有黏液血性物，有的腿麻痹，有的病鸡后期眼睛失明。

山林果园散养土鸡新技术（彩色图解＋视频升级版）

（9）诊断　根据临床症状和病理变化初步诊断，确诊需要进行菌株分离。

（10）防制

① 预防措施。做好隔离卫生工作，严格做好饲料和饮水的卫生和消毒，做好其它疫病的免疫，保持舍内清洁卫生和空气良好，减少应激。采用本地区发病鸡群的多个菌株或本场分离的菌株制成的大肠杆菌灭活苗（自家苗）进行免疫接种有一定的预防效果。

② 发病后措施。大肠杆菌对多种抗生素、磺胺类和呋喃类药物敏感。由于易产生耐药性，使用时最好进行药敏试验。每100千克水加 8 ～ 10 克丁胺卡那霉素，自由饮用 4 ～ 5 天，或每100千克水加 8 ～ 10 克氟苯尼考，自由饮用 3 ～ 4 天，治疗效果较好。

12. 鸡白痢

鸡白痢是由鸡沙门菌引起的一种常见和多发传染病。

（1）临床症状　种蛋感染一般在孵化后期，或出雏器中可见到已死亡的胚胎和垂死的弱雏鸡，出壳后表现衰弱、嗜睡、腹部膨大、食欲丧失，绝大部分经 1 ～ 2 天死亡。出壳后感染的雏鸡，多在孵出后几天才出现明显症状，2 ～ 3 周大量死亡。病雏鸡精神不振，腹泻（图 7-72）；左侧跗关节肿大，瘫痪，眼睛呈云雾状混浊，失明；引发肺炎出现呼吸困难（图 7-73）；40 ～ 80 天的青年鸡也可感染。病程可持续 20 ～ 30 天；成年鸡白痢多是由雏鸡白痢的带菌者转化而来的，呈慢性或隐性感染，一般不见明显的临床症状。

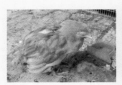

图 7-72　临床症状（一）

精神沉郁，不食，绒毛松乱，两翼下垂，缩头颈，闭眼昏睡（左）；排灰白色稀粪（中）；排稀薄如浆糊状粪便，肛门周围绒毛被粪便污染，有时堵塞肛门不能排粪（右）

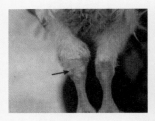

图 7-73　临床症状（二）

左侧跗关节肿大（左）；眼睛呈云雾状混浊，失明（中）；白痢引起肺炎时出现呼吸困难（右）

（2）病理变化　病鸡肝脏肿大、出血，有灰白色细小坏死点，肌胃有病灶（图 7-74）；盲肠肿胀，肠管有白色病灶。肝脏肿大（图 7-75）。成年鸡白痢，卵巢、卵泡变性、变形、坏死，有卵黄性腹膜炎（图 7-76）。

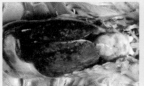

图 7-74　病理变化（一）

肝脏肿胀、出血，呈斑驳样（左）；肝脏坏死灶，心包炎（中）；肌胃上出现白色病灶（右）

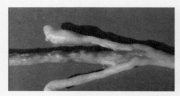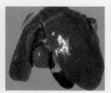

图 7-75　病理变化（二）

病雏鸡盲肠肿胀（左）；病鸡肠管上有白色病灶、隆起（中）；
病雏鸡肝脏表面有多量灰白色坏死点（右）

山林果园散养土鸡新技术（彩色图解＋视频升级版）

图7-76 病理变化（三）

成年鸡白痢，卵巢变性、坏死（左）；卵泡萎缩、变形，呈灰绿色（中）；

卵泡萎缩、变形，呈土黄色（右）

（3）诊断　血液凝聚试验和细菌分离鉴定可以确诊。注意与伤寒和副伤寒、曲霉菌病（肺脏病变与白痢相似，但气囊上有小结节，显微镜下可见到真菌孢子）区别。

（4）防制

① 加强检疫卫生。种鸡场利用血清学试验，剔除阳性反应的带菌鸡；做好种蛋、孵化过程和雏鸡入舍前后的消毒工作；保持适宜的温度和卫生，使用抗菌药物或微生态制剂预防。

② 发病后措施。磺胺嘧啶、磺胺甲基嘧啶和磺胺二甲基嘧啶为首选药，在饲料中添加不超过0.5%，饮水中可用0.1%～0.2%，连续使用5天后，停药3天，再继续使用2～3次。其它抗菌药均有一定疗效。

13. 禽霍乱

禽霍乱（禽巴氏杆菌病、禽出血性败血症）是由多杀性巴氏杆菌引起的多种禽类的传染病。本病常呈现败血性症状，发病率和死亡率很高，但也常出现慢性或良性经过。

（1）临床症状　最急性型突然死亡，晚上和肥胖鸡多见。病鸡无特殊病变，有时只能看见心外膜有少许出血点。急性型常见。病鸡主要表现为精神沉郁，羽毛松乱，缩颈闭眼，头缩在翅下，不愿走动，离群呆立。病鸡常有腹泻，排出黄色、灰白色或绿色稀粪。体温升高到43～44℃，减食或不食，渴欲增加。呼吸困难，口、鼻分泌物增加。冠和髯变紫色，有热痛感，产蛋鸡停止产蛋。最后发生衰竭、昏迷而死亡，病程短的约半天，长的 1～3 天（图7-77）。慢性型由急性型不死转变而来，多见于流行后期。患病鸡表现为呼吸道炎症和胃肠炎，可见鼻窦肿大、下颌肿胀、食欲不振、经常腹泻、关节发炎或肿大、跛行。有些病鸡一侧或两侧肉髯显著肿大，随后可能有脓性干酪样物质，或干结、坏死、脱落。病程可拖至一个月以上，但生长发育和产蛋长期不能恢复（图7-78）。

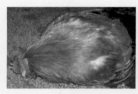

图 7-77 临床症状（一）

最急性型禽霍乱通常无前驱症状，突然倒地、拍翅、抽搐、挣扎，迅速死亡（左）；急性型突然发病，厌食，冠紫（中）；病鸡排黄白色或黄绿色稀粪（右）

图 7-78 临床症状（二）

慢性型霍乱公鸡的肉垂肿胀、变硬（左）；头部下颌肿胀（中）；精神沉郁，呼吸困难，关节肿大，不愿走动（右）

（2）病理变化　最急性型病变不明显。急性型心脏出血，肝脏肿大，肝表面散布有许多灰白色、针头大的坏死点（具有特征性病变）（图7-79）。病鸡腺胃与肌胃交界处有出血斑。病鸡心肌和冠状沟脂肪有出血点和出血斑。肺脏出血，卵泡出血、坏死（图7-80）。肠黏膜和脾脏也有病变（图7-81）。

图7-79 病理变化（一）

最急性型病变不明显，母鸡输卵管内有完整的蛋（左）；急性型整个心脏有弥漫性出血点及心包有多量积液（中）；肝脏肿大、质脆，呈棕色或黄棕色，有针尖大小灰白色坏死灶（右）

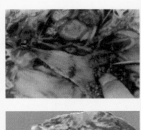 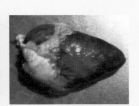

 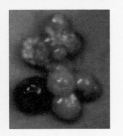

图7-80 病理变化（二）

腺胃与肌胃交界处有出血斑（左上）；心肌和冠状沟脂肪有出血点和出血斑（右上）；肺脏高度瘀血、出血和水肿（左下）；病鸡卵泡出血、坏死（右下）

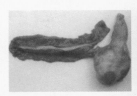 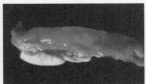 

图7-81 病理变化（三）

鸡小肠黏膜肿胀及有多量出血点（左）；肠壁增厚，弥漫性出血（中）；脾脏肿大、坏死（右）

（3）诊断 取病鸡血涂片，肝脾触片经美蓝、瑞氏或姬姆萨染色，如见到大量两极浓染的短小杆菌，有助于诊断。进一步诊断须经细菌的分离培养及生化反应。注意与新城疫（只感染鸡，用抗菌药物治疗无效果）鉴别诊断。

（4）防制

① 预防措施。加强饲养管理，严格隔离、卫生和消毒制度；每吨饲料中添加 40 ～ 45 克喹乙醇或杆菌肽锌。

② 发病后的措施。及时采取封闭、隔离和消毒措施，加强对鸡舍和鸡群的消毒；有条件的地方应通过药敏试验选择有效药物全群给药。土霉素（0.1% ～ 0.2%）或磺胺二甲基嘧啶（0.2% ～ 0.4%）拌料，连用 3 ～ 4 天。对病鸡按每千克体重 1 万单位青霉素水剂肌内注射，每天 2 ～ 3 次。

14. 鸡曲霉菌病

鸡曲霉菌病是由曲霉菌（主要是烟曲霉，其次是黑曲霉、黄曲霉和土曲霉）引起的一种传染病。幼鸡多发且呈急性群发性，发病率和死亡率都很高，成鸡则为散发，其主要特征是在呼吸器官组织中发生炎症并形成肉芽肿结节。

（1）临床症状 雏鸡呈急性经过，初期精神沉郁，翅下垂，闭目呆立一隅，随后出现呼吸困难、喘气，病鸡头颈伸直，张口呼吸（图7-82）。后期病鸡迅速消瘦，发生下痢。若病原侵害眼睛，可能出现

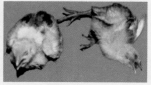

图 7-82 临床症状

病鸡精神沉郁，翅下垂，倒地，向后弯曲（左）；呼吸困难，喘气，头颈伸直，张口呼吸（右）

一侧或两侧眼睛发生灰白混浊，也可能引起一侧眼肿胀，结膜囊有干酪样物。若食道黏膜受损时，则吞咽困难。少数鸡由于病原侵害脑组织，引起共济失调、角弓反张、麻痹等神经症状。一般发病后 2 ～ 7 天死亡，慢性者可达 2 周以上，死亡率一般为 5% ～ 50%。若曲霉菌污染种蛋及种蛋孵化后，常造成孵化率下降、胚胎大批死亡。成年鸡多呈慢性经过，引起产蛋下降，病程拖延数周，死亡率不定。

（2）病理变化　特征病变主要见于肺和气囊。肺脏可见典型的霉菌结节，从粟粒大到绿豆大不等，结节呈灰白色、黄白色或黄色（图7-83）。腹膜和浆膜上有结节（图 7-84）。

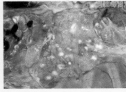

图7-83　病理变化（一）

气囊上布满白色蘑菇状霉菌结节（左）；肺脏浆膜面大小不一的结节（中）；

肺脏上霉菌病灶融合成的团块（右）

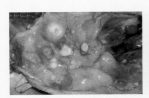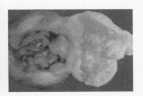

图7-84　病理变化（二）

腹膜上散布着黄白色霉菌结节（左）；内脏浆膜上散布着黄白色霉菌结节（中）；

腺胃壁增厚，乳头肿胀（右）

（3）诊断　根据发病特点（饲料、垫草的严重污染、发霉，幼鸡多发且呈急性经过）、临床特征（呼吸困难）、剖检病理变化（在肺、气囊等部位可见灰白色结节或霉菌斑块）等，作出初步诊断，确诊需进行微生物学检查和病原分离鉴定。

（4）防制

① 预防措施。应防止饲料和垫料发霉，使用清洁、干燥的垫料和无霉菌污染的饲料，避免鸡接触发霉堆放物，改善鸡舍通风和控制湿度，减少空气中霉菌孢子的含量。为了防止种蛋被污染，应及时收蛋，保持蛋库与蛋箱卫生。

② 发病后措施。及时隔离病雏，清除污染霉菌的饲料与垫料，清扫鸡舍，喷洒 1∶2000 的硫酸铜溶液，换上不发霉的垫料。严重病例扑杀淘汰，轻症者可用 1∶2000 或 1∶3000 的硫酸铜溶液饮水，连用 3～4 天，可以减少新病例的发生，有效控制本病的继续蔓延。制霉菌素，成鸡每只 15～20 毫克，雏鸡 3～5 毫克，混于饲料喂服 3～5 天，有一定疗效。病鸡用碘化钾口服治疗，每升水加碘化钾 5～10 克，具有一定疗效。

15. 葡萄球菌病

鸡葡萄球菌病是由致病性葡萄球菌（主要是金黄色葡萄球菌）引起的一种急性或慢性非接触性传染病。以 1.5～3 月龄的幼鸡多见，常呈急性败血症。育成鸡和成鸡常为慢性、局灶性感染。以雨季、潮湿季节发生较多。

（1）临床症状　根据病程可将本病分为急性型和慢性型两种，急性病例中除少数往往未见明显症状而突然发生急性败血症死亡外，多数可见精神沉郁、不食、腹泻、关节炎及关节周围炎、胸腹部皮下水肿，内含血液，外观呈紫黑色，脱毛或破溃流出血水。有时翅膀发生坏疽，或在体表各部发生大小不一的出血性坏死，形成紫黑色结痂，病程约 3～6 天。慢性者主要表现关节炎，跗关节、肘关节、趾关节等发炎肿胀，关节强硬，跛行、步态不稳，喜蹲厌动，结膜发炎，有时龙骨发生浆液性滑膜炎，食欲降低，生产性能下降，渐进性消瘦，衰竭，最后死亡。病程可达 2～3 周。康复者增重缓慢，在相当长时间内仍有跛行现象，死亡率一般在 20% 以下（图 7-85）。临诊病型有急性败血型、脐炎型、关节炎型、其他病型

（如眼球炎、骨髓炎、耳炎、浮肿性或化脓性皮炎、腱鞘炎、胸囊肿和心内膜炎等）。

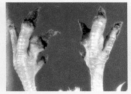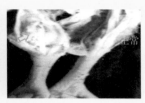

图7-85　临床症状

翅膀浮肿性皮炎，皮下出血（左）；脚尖干性坏疽（中）；腱鞘有脓性渗出物（右）

（2）病理变化

① 急性败血型。主要病变是皮下、浆膜、黏膜水肿、充血、出血或溶血，有棕黄色或黄红色胶样浸润，特别是胸骨柄处肌肉呈弥漫性出血斑或条纹状出血。实质脏器充血肿大，肝呈淡紫红色，有花纹斑。肝、脾有白色坏死点。输尿管有尿酸盐沉积。心冠状脂肪、腹腔脂肪、肌胃黏膜等出血水肿，心包有黄红色积液，个别病例有肠炎变化。肺部出血（图7-86）。

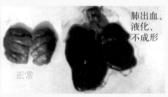

图7-86　病理变化

翅膀、胸部皮下出血、发紫、液化、溶血（左）；肺部病变（右）

② 脐炎型。脐部肿胀膨大，呈紫红或紫黑色，有暗红色水肿，时间稍久则为脓性干固坏死。肝脏有出血点，卵黄吸收不全，呈黄红

或黑灰色。

③ 关节炎型。主要表现为关节肿大（图7-87），滑膜增厚，充血、出血，关节腔内有渗出液，有时含有纤维蛋白，病程长者则发生干酪样坏死。

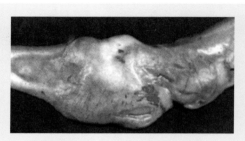

图 7-87　腓肠肌腱基部和关节肿大

④ 其它。如结膜炎或失明病例，往往在眼内有脓性或干酪样物（图7-88）。有的体表各部可见化脓性或坏疽性皮炎，若有其他鸡病混合感染时，则皮肤和眼部病变更严重。

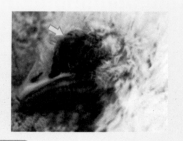

图 7-88　眼睛肿胀，有大量脓性分泌物

（3）诊断　根据本病的流行特点（有外伤因素存在、卫生条件差、管理不善等）、特征表现（败血症、皮炎、关节炎和脐炎等）及病变（皮肤、关节发炎、肿胀、化脓、坏死、结痂等）可以初步诊断。确诊则依赖于用病变部位脓汁或渗出液及血液等涂片镜检或

分离培养，并进一步作生化试验、凝固酶试验、动物试验等对病原鉴定。注意与坏疽性皮炎、病毒性关节炎、滑膜霉形体病和硒缺乏症等相区别。

（4）防制

① 加强饲养管理，建立严格的卫生制度，减少鸡体外损的发生。饲喂全价饲料，要保证适当的维生素和矿物质。鸡舍应通风、干燥，饲养密度要适宜，防止拥挤。搞好鸡舍及鸡群周围环境的清洁卫生和消毒工作，定期对鸡舍用 0.2％次氯酸钠或 0.3％过氧乙酸进行带鸡喷雾消毒。

② 免疫接种。在疫区预防本病可试用葡萄球菌多价菌苗，21～24 日龄雏鸡皮下注射 1 毫升 / 只（含菌 60 亿个 / 毫升），半个月产生免疫力，免疫期约 6 个月。

③ 发病后措施。病鸡应隔离饲养。可从病死鸡分离出病原菌后做药敏试验，选用敏感的药物对病鸡群进行治疗，无此条件时，可选择新霉素、卡那霉素或庆大霉素进行治疗。还可以采用中草药治疗。方剂 1：黄芩、黄连叶、焦大黄、黄柏、板蓝根、茜草、大蓟、车前子、神曲、甘草各等份加水煎汤，取汁拌料，按每只每天 2 克生药计算，每天一剂，连用 3 天，对急性鸡葡萄球菌病有治疗效果。方剂 2：鱼腥草、麦芽各 90 克，连翘、白及、地榆、茜草各 45 克，大黄、当归各 40 克，黄柏 50 克，知母 30 克，菊花 80 克，粉碎混匀，按每只鸡每天 3.5 克拌料，4 天为一疗程，对鸡葡萄球菌病有很好的疗效。

二、寄生虫病

1. 球虫病

鸡球虫病是一种或多种球虫寄生于鸡肠道黏膜上皮细胞内引起的一种急性流行性原虫病。雏鸡的发病率和致死率均较高。病愈的雏鸡生长受阻，增重缓慢；成年鸡多为带虫者，影响增重和产蛋。球虫病的生活史见图 7-89。

寄生虫进入鸡的
肠细胞,且成
倍增殖

寄生虫持续增殖

增殖

鸡球虫的
生活史

有性
繁殖

感染

转化

雌雄寄生虫
生成新的卵囊

感染鸡只传播卵囊
或者保护性的包含
寄生虫的卵囊

卵囊进入另
一个家禽
体内

卵囊"孢子化或者在
湿垫料上具有感染性"

图 7-89 球虫病的生活史

（1）临床症状　急性型病程多为 2～3 周，多见于雏鸡。病雏初期精神沉郁，羽毛松乱，缩颈闭眼，不喜活动，食欲减退，嗉囊内充满液体，病鸡常排红色胡萝卜样粪便，若感染柔嫩艾美耳球虫，开始时粪便为咖啡色，以后变为完全的血粪。贫血，可视黏膜、鸡冠、肉垂苍白。雏鸡死亡率在 50% 以上，恢复者生长缓慢；慢性多见于 2～4月龄的青年鸡或成年鸡，临床症状不明显，只表现为轻微腹泻，粪中常有较多未消化的饲料颗粒。病程可至数周或数月，足和翅常发生轻瘫，间歇性下痢，偶有血便，但死亡较少。临床症状见图 7-90 和图 7-91。

（2）病理变化　病鸡小肠壁增厚，肠内有大量血凝块，肿胀，外表可见大量出血点（图 7-92），病鸡盲肠肿胀、臌气，肠壁有大量出血点，内出血严重，慢性球虫病肠壁增厚，苍白，内有脓性内容物（图 7-93）。

（3）诊断　生前用饱和盐水漂浮法或粪便涂片法查到球虫卵囊，或死后取肠黏膜触片或刮取肠黏膜涂片查到裂殖体、裂殖子或配子体，均可确诊为球虫感染，但由于鸡的带虫现象极为普遍，因此，是不是由球虫引起的发病和死亡，应根据临诊症状、流行病学、病理剖检情况和病原检查结果进行综合判断。

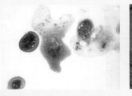

图 7-90　临床症状（一）

急性型病雏鸡初期精神沉郁，羽毛松乱，缩颈闭眼（左）；发病中期出现带血粪便（中）；发病后期，运动失调，翅膀轻瘫，食欲废绝，冠、髯及可视黏膜苍白（右）

图 7-91　临床症状（二）

泄殖腔周围血便污染（左）；发病后期排棕红色肉状血便（中）；慢性球虫病病鸡粪中常有较多未消化的饲料颗粒（右）

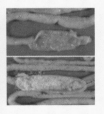

图 7-92　病理变化（一）

毒害艾美耳球虫主要侵害小肠中端，病鸡小肠高度肿胀、表面有大量出血点（左）；毒害艾美耳球虫引起小肠壁增厚，内有大量血凝块（中）；巨型艾美耳球虫主要侵害小肠中段，引起肠管扩张、肠壁增厚，肠内容物呈淡灰色、淡褐色或淡红色，有时混有小血块。内有特征性的大卵囊（右）

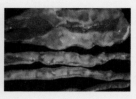

图 7-93 病理变化（二）

柔嫩艾美耳球虫致病力最强，引起盲肠肿胀、臌气，肠壁有大量出血点（左）；柔嫩艾美耳球虫引起肠壁内出血严重，有大量血液（中）；慢性球虫病肠壁增厚（右）

（4）防制

① 加强饲养管理　保持鸡舍干燥、通风和鸡场卫生，定期清除粪便，堆放、发酵以杀灭卵囊。定期对设备、用具消毒。补充足够的维生素 K 和给予 3 ～ 7 倍推荐量的维生素 A 可加速病鸡的康复。成鸡与雏鸡分开喂养，以免带虫的成年鸡散播病原导致雏鸡暴发球虫病。

② 药物防治。治疗球虫病的时间越早越好，因球虫的危害在裂殖期，若不晚于感染后 96 小时治疗，则可降低雏鸡的死亡率。磺胺间二甲氧嘧啶，按 0.1% 混于水中，连用 2 天；或按 0.05% 混于水中，连用 4 天，休药期为 1 天。或氨丙啉，按 0.03% 混于水中，连用 3 天，休药期为 5 天。或磺胺氯吡嗪，按 0.012% ～ 0.024% 混入饮水，连用 3 天，无休药期。或百球清，2.5% 溶液，按 0.0025% 混入饮水，在后备鸡群中混饲或混饮 3 天。或球痢灵（3,5- 二硝基邻甲基苯甲酰胺），每千克饲料中加入 0.2 克，或配成 0.02% 的水溶液，饮水 3 ～ 4 天。或磺胺 -6- 甲氧嘧啶（SMM）和抗菌增效剂（三甲氧苄胺嘧啶或二甲氧苄胺嘧啶），将上述两种药剂按 5：1 混合后，以 0.02% 的浓度混于饲料中，连用不得超过 7 天。或甲基三嗪酮口服液，2.5% 口服液做 1000 倍稀释，饮水 1 ～ 2 天效果较好。或抗球王（1% 马杜霉素胺），每吨饲料应用 500 克（饲料中马杜霉素不得高于 5 毫克／千克），逐级混匀饲喂，产蛋期禁用。

【注意】药物预防是防治球虫病的重要手段。最优秀的药物预防方案是确保鸡群免于暴发球虫病，又使球虫感染处于低水平，使鸡体产生免疫力。球虫病的预防用药程序是：雏鸡从 13 ～ 15 日龄开始，在饲料或饮水中加入预防用量的抗球虫药物，一直用到上笼后 2 ～ 3 周停止，选择 3 ～ 5 种药物交替使用，效果良好。

2. 组织滴虫病

组织滴虫病是由组织滴虫感染引起的鸡和火鸡的一种原虫病，以肝的坏死和盲肠溃疡为特征，易发生在温暖潮湿的夏秋季节。2 ～ 17 周龄的鸡最易感，成年鸡也可感染，但呈隐性感染，成为带虫者。鸡群过分拥挤、鸡舍和运动场不清洁、饲料中缺乏营养，尤其是缺乏维生素 A，都可诱发和加重本病。组织滴虫的生活史见图7-94。

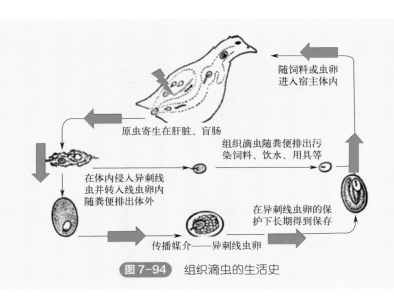

随饲料或虫卵进入宿主体内

原虫寄生在肝脏、盲肠

组织滴虫随粪便排出污染饲料、饮水、用具等

在体内侵入异刺线虫并转入线虫卵内随粪便排出体外

在异刺线虫卵的保护下长期得到保存

传播媒介——异刺线虫卵

图 7-94 组织滴虫的生活史

（1）临床症状　本病的潜伏期一般为 15 ～ 20 天，最短为 3 天。病鸡精神委顿，食欲不振，缩头，羽毛松乱，翅膀下垂，身体蜷缩，畏寒怕冷，腹泻，排出淡黄色或淡绿色稀粪。急性严重病鸡，排出的

粪便带血或完全是血液。有些鸡的头皮常呈紫蓝色或黑色（图7-95）。本病的病程一般为1～3周，3～12周的小鸡死亡率高达50%。康复鸡的粪便中仍然含有原虫。5～6月龄以上的成年鸡很少出现临诊症状。

（2）病理变化　组织滴虫病的损害常限于盲肠和肝脏。盲肠的一侧或两侧发炎、坏死，肠壁增厚或形成溃疡，有时盲肠穿孔，引起全身性腹膜炎。盲肠表面覆盖有黄色或黄灰绿色渗出物，并有特殊恶臭。有时这种黄灰绿色干硬的干酪样物充塞盲肠腔，呈多层的栓子样（图7-96），外观呈明显的肿胀和混杂有红灰黄等颜色。有的慢性病例，这些盲肠栓子可能已被排出体外。肝脏表面形成一种圆形或不规则形、稍有凹陷的坏死病灶，通常呈黄灰色，或淡绿色。溃疡灶的大小不等，但一般为1～2厘米的环形病灶，也可能相互融合成大片的溃疡区（纽扣状坏死灶，图7-97）。大多数感染群，通常只有剖检足够数量的病死鸡只，才能发现典型病理变化。

图7-95　临床症状

病鸡精神委顿（左上）；下痢便血（右上）；排黄白色
石灰水样粪便（左下）；冠、髯蓝紫色（右下）

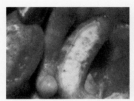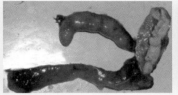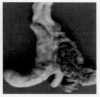

图7-96 病理变化

盲肠增粗、肿胀（左），内有白色干酪样栓塞（中），穿孔（右）

图7-97 肝脏的纽扣状坏死灶

（3）诊断　根据肝脏和盲肠典型病理变化可以初步诊断。从剖检的鸡只取病理组织边缘刮落物作涂片，能够检出其中的病原体或在染色处理较好的肝病理变化组织切片中，通常可以发现组织滴虫，从而可以确诊。

（4）防制

① 预防措施。在进鸡前，必须清除鸡舍杂物并用水冲洗干净，严格消毒。严格做好鸡群的卫生管理，饲养用具不得混用，饲养人员不能串舍，以免互相传播疾病。及时检修供水器，定期移动饲槽和饮水器的位置，以避免这些地区湿度过高和减少粪便堆积。用驱虫净定期驱除异刺线虫，每千克体重用药 40 ～ 50 毫克，直到 6 周龄为止。

② 发病后措施。可用二甲硝基咪唑（达美素）按每天 40 ～ 50 毫克 / 千克体重投药，如为片剂、胶囊剂可直接投喂；如为粉剂可混料，连续 3 ～ 5 天，之后剂量改为 25 ～ 30 毫克 / 千克体重，连喂 2 周；或卡巴砷，预防浓度 150 ～ 200 毫克 / 千克混料，治疗浓度为

400 ～ 800 毫克 / 千克混料，7 天一个疗程；或 4- 硝基苯砷酸，预防浓度 187.5 毫克 / 千克混料，治疗浓度为 400 ～ 800 毫克 / 千克混料；或甲硝基羟乙唑（灭滴灵）按 0.05% 浓度混水，连用 7 天，停药 3 天后再用 7 天；或呋喃唑酮 400 毫克 / 千克混料，连喂 7 天为一疗程。

【注意】治疗时应补充维生素 K_3，以阻止盲肠出血；补充维生素 A，促进盲肠和肝组织的恢复。

3. 鸡住白细胞原虫病

鸡住白细胞原虫病是血孢子虫亚目的住白细胞原虫引起的急性或慢性血孢子虫病，又叫鸡白冠病、鸡出血性病。南方 4 ～ 10 月份，北方 7 ～ 9 月份多发，3 ～ 6 周龄的雏鸡危害严重，育成鸡发病后死亡率较低，产蛋鸡出现一定死亡率。

（1）临床症状　病鸡精神沉郁，食欲消失，伏地不动，鸡体消瘦，鸡冠苍白，感染一段时间后会出现咳血（图 7-98），腹泻，粪便青绿色。脚软或轻瘫。大多数鸡病死前抽搐和痉挛，个别鸡死亡前口流黏液或口鼻出血；产蛋鸡产蛋减少或停产，病程可长达 1 个月。

图 7-98　临床症状

精神差，冠白（左上）；病鸡冠发白，有鲜红色或暗红色针尖大出血点（右上）；病鸡白冠，感染多日后从肺部咳出血液（左下）；下痢粪便呈绿色或黑褐色（右下）

（2）病理变化　病鸡血液稀薄，颜色较淡，不易凝固；肌肉色泽苍白，胸腿肌肉、胰脏、肠管外表面，心、肝、脾脏表面及腹部皮下脂肪表面有许多粟粒大小的出血小结节，界限明显。肝脏肿大，有时出现白色小结节。脾脏肿大2～4倍，有出血斑点、灰白色小结节，并与周围组织界限清楚；有的病死鸡腹腔有血凝块或黄色浑浊的腹水。见图7-99～图7-101。

图 7-99　病理变化（一）

腿肌出血（左）；胸肌出血（中）；肾脏广泛出血，形成血肿（右）

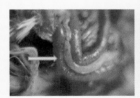

图 7-100　病理变化（二）

裂殖体在鸡的胰脏和十二指肠表面引起的小点状突起（左）；
病鸡肝脏点状出血和腹膜内出血（中）；心脏形成的肉芽肿（右）

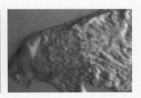

图 7-101　病理变化（三）

卡氏白细胞原虫引起胰脏出血、坏死（左）；卡氏白细胞原虫引起
肌胃脂肪点状、隆起状出血（中）；卡氏白细胞原虫引起输卵管壁水肿（右）

（3）诊断　用血液和肝脏制成涂片，经瑞氏或姬姆萨染色，显微镜检查，可以见到一些血细胞内含有住白细胞原虫的配子体，这些细胞形态改变；肝、脑组织的病理切片发现巨型裂殖体或小的裂殖体。

（4）防制

① 预防措施。一是杀灭媒介昆虫。在 6～10 月份流行季节对鸡舍内外喷药消毒，如用 0.03% 的蝇毒磷进行喷雾杀虫。也可先喷洒 0.05% 除虫菊酯，再喷洒 0.05% 百毒杀，既能抑杀病原微生物，又能杀灭库蠓等有害昆虫。消毒时间一般选在傍晚 6:00～8:00，因为库蠓在这一段时间最为活跃。如鸡舍靠近池塘，屋前、屋后杂草、矮树较多，且通风不良时，库蠓繁殖较快，因此建议在 6 月份之前在鸡舍周围喷洒草甘膦除草，或铲除鸡舍周围杂草。同时要加强鸡舍通风。鸡舍门可安装门帘，窗户和进气口安装纱窗。纱窗上喷洒 6%～7% 的马拉硫磷或 5% 的 DDT 等药物，可杀灭库蠓等吸血昆虫，经处理过的纱窗能连续杀死库蠓 3 周以上。二是药物预防。鸡住白细胞原虫的发育史为 22～27 天，因此可在发病季节前 1 个月左右，开始用有效药物进行预防，一般每隔 5 天投药 5 天，坚持 3～5 个疗程，这样比发病后再治疗能起到事半功倍的效果。常用有效药物有：复方泰灭净 30～50 毫克／千克混饲；痢特灵粉 100 毫克／千克拌料；乙胺嘧啶 1 毫克／千克混饲；磺胺喹噁啉 50 毫克／千克混饲或混水；可爱丹 125 毫克／千克混饲。三是增强鸡体抵抗力。加强鸡舍的通风换气，降低饲养密度和舍内温度；适当提高饲料的营养浓度，增加维生素用量；添加抗应激剂；做好夏季易发生的传染病和其它寄生虫病的综合防制。

② 发病后措施。选用复方泰灭净，按 100 毫克／千克混水或按 500 毫克／千克混料，连用 5～7 天；或血虫净，按 100 毫克／千克混水，连用 5 天，有效率 100%，治愈率 99.6%；或克球粉，按 250 毫克／千克混料，连用 5 天；或氯本胍，按 66 毫克／千克混料，连用 3～5 天。选用上述药物治疗时，病情稳定后可按预防量继续添加一段时间，以彻底杀灭鸡体的住白细胞虫体。

【提示】可采取综合用药。鸡群发病时，水溶性泰灭净通过饮水投服，按 0.05% 的浓度，连用 3～5 天，此药特效且对产蛋无不良影响。

同时在饲料中拌入复方敌菌净，60~120毫克/千克，用3~5天；对严重的病鸡，肌注复方磺胺嘧啶，每只鸡0.05~0.10克，同时投服敌菌净30~50毫克/只。然后把鸡放到安静的环境中让其自由活动。用药3天后病情得到了控制，5天停止死亡，8天恢复正常。

【注意】药物治疗同时，在饲料中加入添加维生素C以减少应激，促进伤口愈合，加入维生素K以维持鸡体正常的凝血功能，加入维生素A以维持鸡体内管道等上皮组织的完好性，还可添加硫酸铜、硫酸亚铁和维生素E，添加量是正常需要量的2~4倍，能提高治疗效果。

4. 鸡蛔虫病

鸡蛔虫病是由鸡蛔虫（鸡蛔虫是鸡线虫中最大的一种，虫体黄白色，雌虫大于雄虫）（图7-102）寄生于小肠内所引起的鸡的一种线虫病。主要侵害小鸡，成年鸡成为带虫者。感染源为受感染性虫卵污染的饲料、饮水或蚯蚓。感染性虫卵抵抗力较强，土壤中可存活6~6.5个月，阳光直射1~1.5小时死亡。当饲料缺乏维生素A或B族维生素时易患蛔虫病，尤其潮湿温暖季节容易感染。

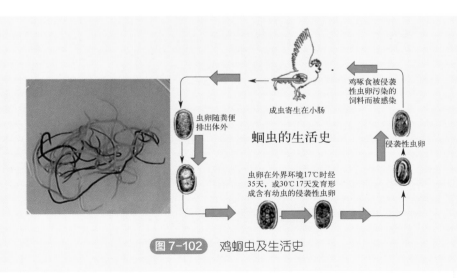

图7-102　鸡蛔虫及生活史

（1）临床症状　感染鸡生长不良，精神萎靡，行动迟缓，羽毛松乱，贫血，食欲减退，异嗜、泻痢，粪中常见蛔虫排出（图 7-103）。

图 7-103　临床症状

线虫引起雏鸡营养不良、羽毛蓬乱（左）；病鸡精神不振（中）；粪便中有线虫（右）

（2）病理变化　剖检时，小肠内见有许多淡黄色豆芽梗样的线虫，雄虫长约 50 ～ 76 毫米，雌虫长约 65 ～ 110 毫米（图 7-104）。粪便检查可发现蛔虫卵。

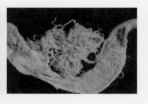

图 7-104　病理变化

蛔虫侵害鸡的肠管（左）；蛔虫堵塞鸡的肠管（中）；病鸡肠管中的线虫（右）

（3）防治措施

① 预防措施。同一鸡舍内不得同时饲养雏鸡和大鸡，并且使用各自的运动场；鸡舍和运动场应每天清扫、更换垫料，料槽和饮水器每隔 1 ～ 2 周应以开水消毒 1 次；在蛔虫病流行的鸡场，每年应定期进行 2 ～ 3 次预防性驱虫。雏鸡到 2 月龄时进行第一次驱虫，以后每 4 个月驱虫一次。

② 发病后措施。阿苯达唑、奥芬达唑、芬苯达唑、甲苯达唑、

氟苯达唑、左旋咪唑、伊维菌素、阿维菌素等药物均有疗效，拌入饲料中混饲，或溶于水混饮。伊维菌素预混剂（按伊维菌素计）200～300微克/千克体重，全群拌料混饲，1次/天，连用5～7天。或阿苯达唑预混剂（按阿苯达唑计）10～20毫克/（千克体重·次），全群拌料混饲，必要时可隔1天再内服1次。或盐酸左旋咪唑可溶性粉（按盐酸左旋咪唑计）25毫克/（千克体重·次），全群加水混饮。一般1次即可，重症者4周后再给药1次。或伊维菌素注射液200～300微克/千克体重，颈部皮下注射。用药1次即可，必要时1周后再给药1次。

5. 鸡绦虫病

鸡绦虫（最为常见的鸡绦虫是四角赖利绦虫、棘盘赖利绦虫、有轮赖利绦虫和节片戴文绦虫）寄生在鸡的小肠，主要是十二指肠内。鸡大量感染绦虫后，常表现贫血、消瘦、下痢、产蛋减少甚至停止，幼鸡即使轻度感染，亦易诱发其他疾病造成死亡。

（1）临床症状　轻度感染可能没有临床症状。严重感染呈现消化障碍，粪便稀薄或混有淡黄色血样黏液，有时发生便秘。病鸡精神不振，黏膜苍白，而后变蓝色。呼吸困难，产蛋量减少甚至停止。雏鸡生长发育迟缓，常致死亡。节片戴文绦虫病的病程在幼鸡很短，在成年鸡较长，可持续数周至数月之久。病鸡感染后8天，便开始出现精神萎靡、行动迟缓、呼吸加快、羽毛蓬乱的症状（图7-105）。

图7-105 临床症状

精神不振，食欲减退，不喜运动，两翅下垂，羽毛蓬乱，黏膜苍白

（2）病理变化　剖检时除发现虫体外，还可见尸体消瘦，肠黏膜肥厚，有时肠黏膜上有出血点，肠管内有许多黏液，常发恶臭。可视黏膜贫血和黄疸。棘盘赖利绦虫病鸡解剖后，可见十二指肠黏膜由于幼小虫体寄生所形成的结节，在结节的中央有黍粒大小、火山口状凹陷，凹陷内可找到虫体或黄褐色疣状凝乳样栓塞物，以后此类凹陷变成大的疣状溃疡（图7-106）。

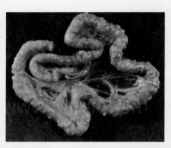

图 7-106　赖利绦虫引起鸡肠道黄色结节和溃疡

（3）防制

① 预防措施。预防雏鸡感染该病，可将雏鸡单独放入清洁的禽舍和运动场饲养，对新购入的鸡也应事先进行隔离检查，如有该病存在，必须驱虫后经 3 ～ 7 天再合群。注意不使雏鸡与中间宿主接触，并防止中间宿主吞食绦虫卵。在鸡舍附近，主要是在运动场上应填塞蚁穴，定期用敌百虫进行舍内外灭蝇、灭虫，翻耕运动场，并撒布草木灰等。在鸡绦虫流行的地区，应根据各种病原发育史的不同，进行定期预防性成虫期前驱虫。雏鸡应当饲养在未放过鸡的牧场。

② 发病后措施。硫双二氯酚（别丁）按 150 ～ 200 毫克 / 千克体重，混于饲料中喂给，小鸡可酌减。丙硫苯咪唑按 20 毫克 / 千克体重拌料饲喂。吡喹酮按 10 毫克 / 千克体重，一次口服，为首选药物。

三、中毒病

1. 磺胺类药物中毒

（1）病因　鸡对磺胺类药物比较敏感，剂量过大或疗程过长等可引起中毒，4周龄以下雏鸡较为敏感，采食含0.25%～1.5%磺胺嘧啶的饲料1周或口服0.5克磺胺类药物后，即可呈现中毒表现。

（2）临床症状　急性中毒主要表现为兴奋不安、厌食、腹泻、痉挛、共济失调、肌肉颤抖、惊厥，呼吸加快，短时间内死亡。慢性中毒（多见于用药时间太长）表现为食欲减退，鸡冠苍白，羽毛松乱，渴欲增加；有的病鸡头面部呈局部性肿胀，皮肤蓝紫色；时而便秘，时而下痢，粪呈酱色，产蛋鸡产蛋量下降，有的产薄壳蛋、软壳蛋，蛋壳粗糙、色泽变淡。

（3）病理变化　主要器官均有不同程度的出血，皮下、冠、眼睑有大小不等的斑状出血。胸肌是弥漫性斑点状或涂刷状出血，肌肉苍白或呈透明样淡黄色，大腿肌肉散在鲜红色出血斑；血液稀薄，凝固不良；肝肿大、淤血，呈紫红或黄褐色，表面可见少量出血斑点或针头大的坏死灶，坏死灶中央凹陷呈深红，周围灰色；肾肿大、土黄色，表面有紫红色出血斑。输尿管变粗，充满白色尿酸盐；腺胃和肌胃交界处黏膜有陈旧的紫红色或条状出血，腺胃黏膜和肌胃角质膜下有出血点等（图7-107）。

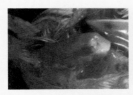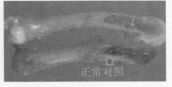

正常对照

图7-107　磺胺类药物中毒

腿部出血斑（左）；病鸡骨髓褐色黄染（右）

（4）诊断　根据用药史，结合临床症状，病理剖检见出血性病理变化可作出诊断，如需要可对病鸡血样进行定性、定量分析（偶氮化偶合比色测定），即可确诊。

（5）防治措施

① 预防措施。严格掌握用药剂量及时间，一般用药不超过1周。拌料要均匀，可配以等量碳酸氢钠，同时注意供给充足饮水；1周龄以内雏鸡、体质弱的鸡和即将开产的蛋鸡应慎用；临床上应选用含有增效剂的磺胺类药物（如复方敌菌净、复方新诺明等），其用量小，毒性也较低。

② 发现中毒。应立即停药并供给充足饮水，口服或饮用1%～5%碳酸氢钠溶液，可配合维生素C制剂和维生素K_3进行治疗。中毒严重的鸡可肌注维生素B_{12}1～2微克或叶酸50～100微克。

2. 马杜霉素（杜球、抗球王）中毒

（1）原因　饲料混合不均匀；联合使用药物，如马杜霉素与红霉素、泰妙菌素、磺胺二甲氧嘧啶、磺胺喹噁啉、磺胺氯哒嗪合用等；重复用药等。

（2）临床症状　病初精神不振，吃料减少，羽毛松乱，饮水量增加，排水样稀粪，蹲卧或站立，走路不稳，继之症状加重，鸡冠、肉髯发绀或紫黑色。精神高度沉郁或昏迷，脚软瘫痪，匍匐在地或侧卧，两腿向后直伸，排黄白色水样稀粪增多，明显失水消瘦，部分鸡死前发生全身性痉挛。

（3）病理变化　剖检死鸡肌肉明显失水，肝脏暗红色或黑红色，无明显肿大，胆囊多充满黑绿色胆汁，心外膜有小出血斑点，腺胃黏膜充血、水肿，肠道水肿、出血，尤以十二指肠为重，肾肿大、瘀血，有的有尿酸盐沉积。

（4）诊断　根据饲料中含马杜霉素浓度大大超过4.5～6毫克/千克的安全有效量，结合中毒症状可确诊。

（5）防治

① 预防措施。马杜霉素和饲料混合时，采用粉料配药、逐级稀释法混合，使马杜霉素和饲料充分混匀；查明所用抗球虫药的主要成分，避免重复用药或与其他聚醚类药物同时使用，造成中毒；购买饲

料时要查询饲料中是否加有马杜霉素；使用马杜霉素治疗球虫病时，严格按照说明书上的使用方法及用量，不要随意加大使用剂量；在使用溶液剂饮水给药时，要注意热天鸡只的饮水量大，适当降低饮水中的药物浓度，以免造成摄入过量而引起中毒。

② 治疗措施。立即停喂含有马杜霉素的饲料，饮服水溶性多维电解质溶液，并按 5% 浓度加入葡萄糖及 0.05% 维生素粉，对排出毒物、减轻症状、提高鸡的抗病力有一定效果。用绿豆、甘草、金银花、车前草等煎水，供中毒家禽自由饮用。中毒严重的鸡只隔离饲养，在口服给药的同时，每只皮下注射含 50 毫克维生素 C 的 5% 葡萄糖生理盐水 5 ～ 10 毫升，每日 2 次。但中毒严重者仍不免有死亡。

3. 黄曲霉毒素中毒

黄曲霉毒素中毒是鸡的一种常见的中毒病，该病由发霉饲料中霉菌产生的毒素引起。主要危害肝脏，影响肝功能，特征为肝脏变性、出血和坏死，腹水，脾肿大及消化障碍等，并有致癌作用。

（1）病因　黄曲霉菌是一种真菌，广泛存在于自然界，在温暖潮湿的环境中最易生长繁殖，其中有些毒株可产生毒力很强的黄曲霉毒素。当各种饲料成分（谷物、饼类等）或混合好的饲料污染这种霉菌后，便可引起发霉变质，并产生大量黄曲霉毒素。鸡食入这种饲料可引起中毒，其中以幼龄鸡，特别是 2 ～ 6 周龄的雏鸡最为敏感，饲料中只要含有微量毒素，即可引起中毒，且发病后较为严重。

（2）临床症状和病理变化　2 ～ 6 周龄雏鸡敏感，表现沉郁，嗜眠，食欲不振，消瘦，贫血，鸡冠苍白，羽毛生长不良，虚弱，尖叫，排淡绿色稀粪，有时带血，腿软不能站立，翅下垂。成鸡耐受性稍高，多为慢性中毒，症状与雏鸡相似，但病程较长，病情和缓，产蛋减少或开产时间推迟，个别可发生肝癌，呈极度消瘦的恶病质而死亡。

急性中毒，剖检可见肝充血、肿大、出血及坏死，色变淡呈灰白色，胆囊充盈（图 7-108）。肾苍白肿大。法氏囊和胸腺重降低，胸部皮下、肌肉有时出血。慢性中毒时，常见肝硬变，体积缩小，颜色发黄，并有白色点状或结节状病灶。个别可见肝癌结节，伴有腹水。心肌色淡，心包积水。胃和嗉囊有溃疡，肠道充血、出血。

图 7-108 肝脏病变

中间为正常肝脏，右边是采食 0.02% 黄曲霉毒素的苍白肝脏，
左边是采食少量毒素的肝

（3）诊断　根据本病的症状和病变特点，结合病鸡有食入霉败饲料史，可作出初步诊断。确诊需要依靠实验室检查，即检测饲料、死鸡肠内容物中的毒素或分离出饲料中的霉菌。

（4）防治　平时搞好饲料保管，注意通风，防止发霉。不用霉变饲料喂鸡。为防止发霉，可用福尔马林对饲料进行熏蒸消毒。

目前对本病还无特效解毒药，发病后应立即停喂霉变饲料，更换新料，饮服 5% 葡萄糖水。用 2% 次氯酸钠对鸡舍内外进行彻底消毒。中毒死鸡要销毁或深埋，不能食用。鸡粪便中也含有毒素，应集中处理，防止污染饲料、饮水和环境。

4.鸡有机磷农药中毒

有机磷农药除不仅广泛用于杀灭农作物害虫，也用于畜禽的驱虫和灭虱等。按其毒性强弱分为剧毒（对硫磷、内吸磷、甲拌磷等）、中毒（敌敌畏、乐果、倍硫磷等）、弱毒（敌百虫、马拉硫磷等）三类。禽类对这些农药特别敏感，比哺乳动物更易发生中毒。临床上以流泪、流涎、腹泻、神经机能紊乱为特征。

（1）病因　采食了被有机磷农药污染的饲料、饮水、拌药的作物种子及其杀死的昆虫；禽舍用有机磷农药灭螨、蚊、虱、蝇时，用药过量而引起中毒；鸡舍附近喷洒有机磷农药，通过空气吸入而中毒；放养地喷洒有机磷农药或被有机磷农药污染等。

（2）临床症状和病理变化　急性中毒者，常常见不到任何症状，突然死亡。中毒较严重的病禽，主要表现不安、不食、从口角流出多量黏液，并频频作吞咽动作，有的呼吸困难，站立不稳，冠髯呈青紫色，有的流泪、便血、下痢。最终多因中枢机能障碍或呼吸麻痹而死亡，死前多有抽搐、昏迷等现象。剖检可见胃肠黏膜出血、溃疡，有的黏膜脱落，胃内容物有特殊蒜臭味；气管内充满大量泡沫状白色液体，肺瘀血、水肿，切面有多量泡沫状液体流出；肝、肾肿大、质脆和脂肪变性。

（3）诊断　根据病史，有与农药接触或误食被农药污染的饲料等情况。发病鸡口流涎多量而且症状明显，瞳孔明显缩小，肌肉震颤痉挛等。胃内容物有异味，一般可初步诊断。必要时进行实验室诊断，做有机磷定性试验。

（4）防治　防止有机磷农药污染饲料和饮水。饲料（草料或青菜等）在收获前或饲喂前20天禁止施用农药，饲养场附近和放养地禁止使用有机磷农药。禽舍驱虫、灭蚊可选用除虫菊一类的低毒药物。消灭禽体表的寄生虫时，应尽可能避免使用敌百虫等。

一旦发生中毒，应立即消除毒源，并根据具体情况，迅速采取措施：①氯磷定和阿托品为特效药物，成年鸡立即肌内注射0.2～0.5毫升（每毫升含解磷定40毫克），只要抢救及时，注射后数分钟症状即有所缓解。也可配合肌内注射硫酸阿托品注射液（每毫升含硫酸阿托品0.5毫克）0.2～0.5毫升，以后每隔30分钟服用1片阿托品，一般喂服2～3次；雏禽可内服阿托品1/3～1/2片，以后按每只1/10片的剂量溶于水饮服，每隔30分钟1次，连用2～3次。②灌服1%～2%石灰水的澄清液，成年鸡3～6毫升，可使1605等农药很快分解，失去毒性，但对敌百虫中毒不能应用，因其遇碱性即生成敌敌畏，毒性更强。石灰水只能在消化道内起解毒作用，如果中毒时间较长，毒物已吸收入血，或毒物是由呼吸道、皮肤进入体内而导致中毒的，则石灰水也无作用。可用绿豆水或浓茶水灌服。③也可灌服2%硫酸铜溶液10～30毫升，或0.1%～0.2%高锰酸钾液20～40

毫升。硫酸铜进入胃肠内可分解成铜和硫酸,将磷氧化成无毒物质,铜也可使磷不再被吸收而解毒。但 1605 中毒时禁用高锰酸钾等氧化剂。

四、普通病

1. 痛风

鸡痛风是一种蛋白质代谢障碍引起的高尿酸血症,其病理特征为血液尿酸水平增高,尿酸盐在关节囊、关节软骨、内脏、肾小管及输尿管中沉积。

(1)临床症状与病理变化 病鸡主要表现精神不振,有时突然发惊、鸣叫,食欲减退或废绝,腹泻,排白色黏液状稀便。病鸡行走困难,不能站立,膝关节肿大,趾部肿胀变形(图7-109)。内脏型痛风在胸膜、腹膜、肺、心包、肝、脾、肾、肠及肠系膜的表面散布许多石灰样白色尖屑状或絮状物质(尿酸钠结晶)(图7-110)。关节型痛风切开肿胀关节,可流出浓厚、白色黏稠的滑液,滑液含有大量由尿酸、尿酸铵、尿酸钙形成的结晶,沉着物常常形成一种所谓"痛风石"。

(2)防治

① 预防措施。加强饲料管理,防止饲料霉变;饲料中蛋白质和钙含量适宜;科学用药和加强饲养管理,减少疾病发生。

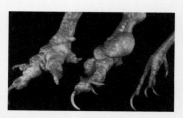

图7-109 病鸡趾部肿胀变形(右侧为正常对照)

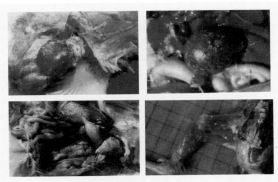

图 7-110 病理变化

心脏、肝脏、腹腔等表面有白色石灰样物质附着（左上）；脾脏有白色灶状结节（右上）；肌肉内沉积有灰白色尿酸盐（左下）；胸膜、腹膜、肠系膜等处有灰白色尿酸盐（右下）

② 发病后措施。鸡群发生痛风后，首先要降低饲料中蛋白质含量，适当给予青绿饲料。并立即投以肾肿解毒药，按说明书进行饮水投服，连用 3 ～ 5 天，严重者可增加一个疗程。

2. 鸡异嗜癖症

异嗜癖是由于代谢机能紊乱和营养物质缺乏引起的一种非常复杂的味觉异常综合征。

（1）临床表现　表现为啄肛癖、啄卵癖、啄羽癖、啄趾癖和啄头癖。啄肛癖危害最大，表现为啄食肛门或肛门以下几厘米的腹部。肛门被啄出血后，常常致被啄者死亡；啄羽癖表现为翅部羽毛被啄，皮肤受损出血（图 7-111）。

（2）防治

① 预防为主，及时断啄；加强饲养管理，供给全价饲料，保持适宜的饲养密度和光照强度；安装鸡鼻环（图 7-112）适用于成鸡，发生恶食癖时，给全部鸡戴上，便可防止啄肛发生。

②鸡群发生异嗜癖后，应尽快查明发生原因并使其消除。被啄鸡及时隔离、单独饲养。在饲料中添加羽毛粉、蛋氨酸、啄肛灵、硫酸亚铁、核黄素和生石膏等。其中以生石膏效果较好，按 2% ～ 3% 加

入饲料喂半月左右即可。

图 7-111　啄肛癖（左）；啄羽癖（右）

图 7-112　鸡鼻环

山林果园散养土鸡新技术（彩色图解＋视频升级版）

第八章
山林果园散养土鸡的经营管理

土鸡场的经营管理就是通过对鸡场的人、财、物等生产要素和资源进行合理的配置、组织、使用，以最少的消耗获得尽可能多的产品产出和最大的经济效益。

第一节　经营决策

经营决策就是土鸡场为了确定远期和近期的经营目标及实现这些目标对有关一些重大问题作出最优的选择和决断过程。土鸡场经营决策的内容很多，如生产经营方向、经营目标、远景规划、规章制度制定、生产活动安排等，鸡场饲养管理人员每时每刻都在决策。决策的正确与否，直接影响经营效果。有时一次重大的决策失误就可能导致鸡场亏损，甚至倒闭。正确的决策是建立在科学预测的基础上的，只有通过收集大量有关信息，进行科学预测后，才能进行决策。正确的决策必须遵循一定的决策程序，采用科学的方法。

一、决策的程序

决策程序见图8-1。

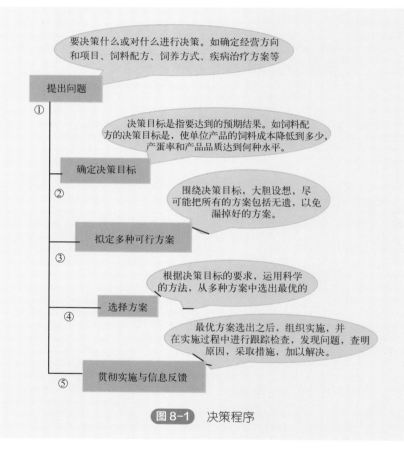

要决策什么或对什么进行决策。如确定经营方向和项目、饲料配方、饲养方式、疾病治疗方案等

提出问题

①

决策目标是指要达到的预期结果。如饲料配方的决策目标是，使单位产品的饲料成本降低到多少，产蛋率和产品品质达到何种水平。

确定决策目标

②

围绕决策目标，大胆设想，尽可能把所有的方案包括无遗，以免漏掉好的方案。

拟定多种可行方案

③

根据决策目标的要求，运用科学的方法，从多种方案中选出最优的

选择方案

④

最优方案选出之后，组织实施，并在实施过程中进行跟踪检查，发现问题，查明原因，采取措施，加以解决。

贯彻实施与信息反馈

⑤

图 8-1 决策程序

二、常用的决策方法

常用的决策方法见图8-2。

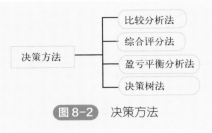

图 8-2　决策方法

第二节　计划管理

　　计划是决策的具体化，计划管理是经营管理的重要职能。计划管理就是根据鸡场确定的目标，制定各种计划，用以组织协调全部的生产经营活动，达到预期的目的和效果。生产经营计划是鸡场计划体系中的一个核心计划，土鸡场应制定详尽的生产经营计划。

一、土鸡场的生产周期

　　土鸡场要制定计划，必须了解土鸡场的生产周期。
　　土鸡场的生产周期见图 8-3。

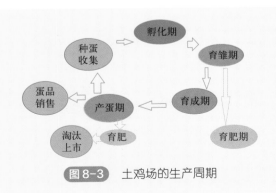

图 8-3　土鸡场的生产周期

二、鸡场的计划制定

1. 鸡群周转计划制定

鸡群周转计划是制定其它各项计划的基础，只有制定好周转计划，才能制定饲料计划、产品计划和引种计划。制订鸡群周转计划，应综合考虑鸡舍、设备、人力、成活率、鸡群的淘汰和转群移舍时间、数量等，保证各鸡群的增减和周转能够完成规定的生产任务，又最大限度地降低各种劳动消耗。

鸡群周转计划见图 8-4。

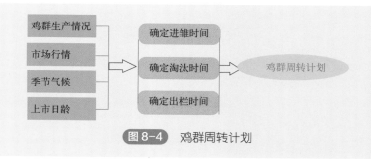

图 8-4 鸡群周转计划

2. 鸡场生产计划制定

鸡场生产计划见图 8-5。

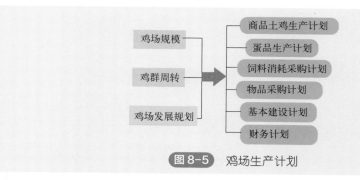

图 8-5 鸡场生产计划

第三节　组织管理

一、精简高效的生产组织

生产组织与鸡场规模大小有密切关系，规模越大，生产组织就越重要。规模化土鸡场可以设置行政、生产技术、供销财务和生产班组等组织部门。部门设置和人员安排尽量精简，提高直接从事养鸡生产的人员比例，最大限度地降低生产成本。

二、合理的人员安排

土鸡养殖是一项脏、苦而又专业性强的工作，所以必须根据工作性质来合理安排人员，知人善用，充分调动饲养管理人员的劳动积极性，不断提高专业技术水平。

三、岗位责任制的健全

岗位责任制规定了鸡场每一个人的工作任务、工作目标和标准。完成者奖励，完不成者被罚，不仅可以保证鸡场各项工作顺利完成，而且能够充分调动劳动者的积极性，使生产完成得更好、生产的产品更多、各种消耗更少。

四、规章制度的制定完善

有了完善的规章制度，可以作到有章可循，规范鸡场员工行为，保证各项工作有序进行。

五、技术操作规程的制定

鸡场的技术规程，即日常工作的技术规范，从技术层面上制定鸡不同生产阶段的各项饲养管理技术规程、兽医卫生和防疫制度等。

第四节　记录管理

记录管理就是将土鸡场生产经营活动中的人、财、物等消耗情况及有关事情记录在案，并进行规范、计算和分析。记录可以反映土鸡场生产经营活动的状况，是经济核算的基础，是提高土鸡场管理水平和效益的保证，所以，土鸡场必须加强记录管理。

一、土鸡场记录的原则

记录的原则见图8-6。

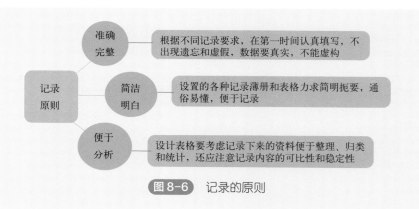

图8-6 记录的原则

二、土鸡场的记录表格

记录表格见表8-1～表8-8。

表8-1　兼用型土鸡产蛋和饲料消耗记录

品种_____　　　鸡舍栋号_____　　　填表人_____

日期	日龄	鸡数/只	死亡淘汰/只	饲料消耗/千克		产蛋量				饲养管理情况	其他情况
				总耗量	只耗量	数量/枚	重量/千克	破蛋率/%	只日产蛋量/克		

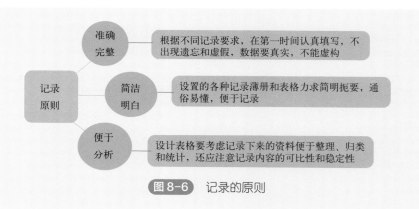

296

表 8-2 商品土鸡和饲料消耗记录

品种_____   鸡舍栋号_____   填表人_____

日期	日龄	鸡数/只	死亡淘汰/只	饲料消耗/千克		饲养管理情况	其他情况
				总耗量	只耗量		

表 8-3 疫苗药品购、领记录表

填表人：

购入日期	疫苗（药品）名称	规格	生产厂家	批准文号	生产批号	来源（经销点）	购入数量	发出数量	结存数量

表 8-4 疫苗免疫记录表

填表人：

免疫日期	疫苗名称	生产厂	免疫动物批次日龄	栋号	免疫数/只	免疫次数	存栏数/只	免疫方法	免疫剂量（毫升/只）	责任兽医

表 8-5 消毒记录表

填表人：

消毒日期	消毒药名称	生产厂家	消毒场所	配制浓度	消毒方式	操作者

表 8-6 购买饲料原料记录表

日期	饲料品种	货主	级别	单价	数量	金额	化验结果	化验员	经手人	备注

表 8-7 产品销售记录表

日期	产品名称	单价	数量	金额	经手人	备注

表 8-8 收支记录表

收入		支出		备注
项目	金额/元	项目	金额/元	
合计				

第五节　土鸡场的资产管理

一、流动资产管理

　　流动资产是指可以在一年内或者超过一年的一个营业周期内变现或者运用的资产。流动资产周转状况影响产品的成本，只有加快流动资产周转，提高流动资产利用率，才能降低产品成本（图8-7）。

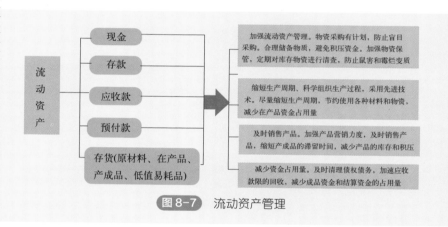

图 8-7　流动资产管理

二、固定资产管理

　　固定资产是指使用年限在1年以上，单位价值在规定的标准以上，并且在使用中长期保持其实物形态的各项资产。鸡场的固定资产主要包括建筑物、道路、种用土鸡以及其他与生产经营有关的设备、器具、工具等。

1. 固定资产的折旧

　　固定资产在长期使用中，在物质上要受到磨损，在价值上要发生损耗。使用过程中由于损耗而发生的价值转移，称为折旧，由于固定资产损耗而转移到产品中去的那部分价值叫折旧费或折旧额，用于固

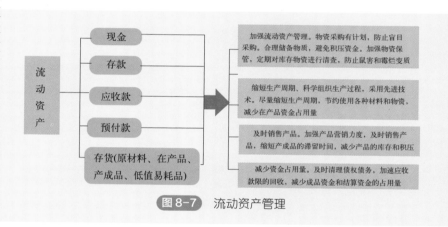

山林果园散养土鸡新技术（彩色图解＋视频升级版）

定资产的更新改造。一般采用平均年限法和工作量法进行计算。

（1）平均年限法 它是根据固定资产的使用年限，平均计算各个时期的折旧额，因此也称直线法。其计算公式：

$$固定资产年折旧额 = \frac{[固定资产原值 - （预计残值 - 清理费用）]}{固定资产预计使用年限}$$

$$固定资产年折旧率 = \frac{（固定资产年折旧额）}{固定资产原值} \times 100\%$$

$$= \frac{（1 - 净残值率）}{折旧年限} \times 100\%$$

（2）工作量法 它是按照使用某项固定资产所提供的工作量，计算出单位工作量平均应计提折旧额后，再按各期使用固定资产所实际完成的工作量，计算应计提的折旧额。这种折旧计算方法，适用于一些机械等专用设备。其计算公式为：

单位工作量（单位里程或每工作小时）折旧额

$$= \frac{（固定资产原值 - 预计净残值）}{总工作量（总行使里程或总工作小时）}$$

2. 提高固定资产利用效果的途径

一是根据轻重缓急，合理购置和建设固定资产，把资金使用在经济效益最大而且在生产中迫切需要的项目上；二是购置和建造固定资产要量力而行，做到与单位的生产规模和财力相适应；三是各类固定资产务求配套完备，注意加强设备的通用性和适用性，使固定资产能充分发挥效用；四是建立严格的使用、保养和管理制度，对不需用的固定资产应及时采取措施，以免浪费，注意提高机器设备的时间利用强度和它的生产能力的利用程度。

第六节　土鸡场的成本核算

产品的生产过程，同时也是生产的耗费过程。企业要生产产品，就是发生各种生产耗费。生产过程的耗费包括劳动对象（如饲料）的耗费、劳动手段（如生产工具）的耗费以及劳动力的耗费等。企业为生产一定数量和种类的产品而发生的直接材料费（包括直接用于产品生产的原材料、燃料动力费等）、直接人工费用（直接参加产品生产的工人工资以及福利费）和间接制造费用的总和构成产品成本。

一、成本核算的作用

产品成本是一项综合性很强的经济指标，它反映了企业的技术实力和整个经营状况。鸡场通过成本和费用核算，可发现成本升降原因，降低成本耗费，提高盈利能力。

二、做好成本核算的基础工作

1. 建立健全各项原始记录

原始记录是计算产品成本的依据，直接影响着产品成本计算的准确性。如原始记录不实，就不能正确反映生产耗费和生产成果，成本核算就失去了意义。

2. 建立健全各项定额管理制度

鸡场要制定各项生产要素的耗费标准（定额）。不管是饲料、燃料动力，还是费用工时、资金占用等，都应制定比较先进、切实可行的定额。

3. 加强财产物质的计量、验收、保管、收发和盘点制度

财产物资的实物核算是其价值核算的基础。做好各种物资的计量、收集和保管工作，是加强成本管理、正确计算产品成本的前提条件。

三、土鸡场成本的构成

土鸡场成本主要由八项构成（图8-8）。从构成成本比重来看，饲料费、雏鸡或育成鸡费、人工费、折旧费利息五项价额较大，是成本

项目构成的主要部分，应当重点控制。

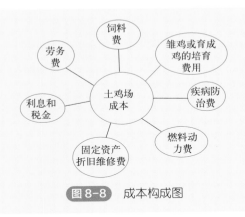

图8-8 成本构成图

四、成本计算方法

1. 每个种蛋成本（元／枚）

每个种蛋成本＝［期初存栏蛋鸡价值＋购入土种鸡价值＋本期土种鸡饲养费用－期末土种鸡存栏价值－淘汰出售土种鸡价值－鸡粪收入］（元）／本期出售种蛋数（枚）

2. 每千克鸡蛋成本（元／千克）

每千克鸡蛋成本＝［期初存栏兼用型土鸡价值＋购入兼用型土鸡价值＋本期兼用型土鸡饲养费用－期末兼用型土鸡存栏价值－淘汰出售兼用型土鸡价值－鸡粪收入］（元）／本期产蛋总重量（千克）。

3. 每千克商品土鸡成本（元／千克）

每千克商品土鸡成本＝［商品土鸡雏鸡价值＋购入商品土鸡价值＋本期商品土鸡饲养费用－期末商品土鸡存栏价值－淘汰出售商品土鸡价值－鸡粪收入］（元）／本期商品土鸡总重量（千克）

第七节 土鸡场的销售管理

土鸡场的销售管理包括销售市场调查、销售预测和决策、营销策略及计划的制定、促销措施的落实、市场的开拓、产品售后服务等。市场营销需要研究消费者的需求状况及其变化趋势，在保证产品产量和质量并不断提高的前提下，利用各种机会、各种渠道刺激消费、推销产品。品牌建设和拓宽销售渠道是促进销售的基本工作。

一、建立品牌

"品牌"是一种无形资产，"品牌"有利于提升企业的信誉度和生产产品的档次，可以极大促进产品销售。企业品牌的建设，首先要以诚信为先，没有诚信则"品牌"无从谈起，其次要以产品质量和产品特色为核心，才能培育消费者的信誉认知度，企业产品才有市场占有率和经济效益。

1. 产品形象设计

消费者在看到企业出售的土鸡产品时，最先看到的是其形象包装，有没有一种让人想要尝的感觉非常重要，因此需要对土鸡产品进行全方位的形象策划包装。土鸡产品品牌形象包装首先要从自身的企业总部开始进行形象设计，对企业的标志形象、外包装袋和包装盒等进行全方位形象设计。在品牌图形、文字、色彩等的选择上要有辨识度，能够让消费者印象深刻。

2. 品牌宣传

品牌建设的关键在于品牌的营销运营，提升土鸡产品的品牌知名度，这就需要对该品牌进行全面的宣传。要让更多消费者知道有这个优质的土鸡产品，就需要对该产品品牌进行全面的宣传。在如今的互联网时代，土鸡产品企业若要快速提升品牌知名度，必须借助互联网进行土鸡产品品牌快速传播。比如，可以通过与知名的美食公众号、旅行公众号等进行合作，发布土鸡产品以及品牌的相关信息，包括如何养殖、如何加工制作、与其他同类产品的差异性等，通过这种方式能够进一步提升土鸡产品品牌的知名度。

3. 品牌形象维护

在销售土鸡产品的同时，给予消费者意料之外的贴心服务，也是很好的品牌宣传。比如设计产品生产相关的明信片、赠送一些新产品或者其他小赠品，耐心了解消费者的需求，适时安排一些产品的促销活动，提升消费者的满意度，加深消费者对品牌的了解和认可。坚决制定和执行肉品市场准入等规章制度，严防假冒伪劣产品在市场上流通和破坏市场运行秩序的行为等。

4. 品牌提升

现如今行业更新迭代的速度非常快，必须注重土鸡产品品牌的提升，比如推广先进饲养管理技术，保证土鸡产品绿色健康，研发新型特色土鸡产品等，提升产品质量。

二、拓宽销售渠道

1. 线下直销

直接销售给周边的消费者或开一间专卖店进行销售，虽然销量有限，但有利于产品宣传、打响招牌；可以和附近市场的商贩或各大酒店、商场的采购部门达成合作销售的协议，也可以选择和一些比较热门的农村旅游项目合作，给他们提供一个和土鸡近距离接触的游玩项目，甚至可以现场烹宰食用。

2. 网络直销

网络销售是充分利用现代网络通信技术和信息交换技术，以近乎面对面交流的方式，更方便迅捷地在网络空间里完成市场交易的各项过程。如通过打造 IP 的方式，在网上注册账号或利用微信群，把自己养土鸡的所有过程通过短视频和小视频的方式拍下来，上传到相关网站，借助网络的力量，让更多的人来认识和了解你饲养的土鸡，然后下单购买你生产的土鸡产品。

3. 电子商务销售

规模化企业可以利用电子商务平台进行销售。电子商务平台应同时具备禽产品质量监控、检测以及销售的功能，需要生产销售方、第三方检测机构和大型卖场等多方联合。

电子商务平台一般包含两大功能：一是生产环节的质量监控。对于养殖和用药环节的监管就是要让大众可以通过登录电子平台，查询平台联盟企业的土鸡养殖及用药的情况；二是销售功能。电子平台的目的是让消费者能够通过查询土鸡养殖参数及产品的药残指标，可以安心购买，同时，平台联合大型卖场，让消费者足不出户就可以进行线上下单，与平台合作的物流公司送货到家，方便快捷。

注意电子商务平台的运营维护：一是平台内合作的企业要建立统一的监控标准和检测标准。二是电子商务物流管理。对平台上所流通产品的分类、包装、运输等环节进行协调，监控和发布相关产品的物流信息，构成完整的流通链。三是交易信用管理。用于电子平台上的用户管理，记录好用户的购物记录并进行有效分析，保护消费者的交易信息，确保在线交易的安全。

附　录

附录 1　禽肉及组织中规定最大残留限量的兽药

见附表 1。

附表 1　禽肉及组织中规定最大残留限量的兽药

药物类别与名称	动物种类	靶组织	GB 31650—2019 残留限量 / （微克 / 千克）	农业农村部 235 公告残留限量 / （微克 / 千克）
抗线虫药				
阿苯达唑	所有食品动物	肌肉 / 脂肪	100	—
		肝 / 肾	5000	—
越霉素 A	鸡	可食组织	2000	2000
非班太尔 / 芬苯达唑 / 奥芬达唑	家禽	肌肉 / 皮＋脂 / 肾	50（仅芬苯达唑）	—
		肝	500（仅芬苯达唑）	—
氟苯达唑	家禽	肌肉	200	200
		肝	500	500

药物类别与名称	动物种类	靶组织	GB 31650—2019 残留限量/（微克/千克）	农业农村部 235 公告残留限量/（微克/千克）
抗线虫药				
左旋咪唑	家禽（产蛋期禁用）	肌肉/脂肪/肾	10	10
		肝	100	100
抗球虫药				
氨丙啉	鸡/火鸡	肌肉	500	—
		肝/肾	1000	—
氯羟吡啶	鸡/火鸡	肌肉	5000	5000
		肝/肾	15000	15000
癸氧喹酯	鸡	肌肉	1000	皮+肉：1000
		可食组织	2000	2000
地克珠利	家禽（产蛋期禁用）	肌肉	500	500
		皮+脂	1000	脂：1000
		肝	3000	3000
		肾	2000	2000
二硝托胺	鸡	肌肉	3000	3000
		脂肪	2000	2000
		肝/肾	6000	6000
	火鸡	肌肉/肝	3000	3000
乙氧酰胺苯甲酯	鸡	肌肉	500	家禽：500
		肝/肾	1500	家禽：1500
常山酮	鸡/火鸡	肌肉	100	100
		皮+脂	200	200
		肝	130	130
拉沙洛西	鸡	皮+脂	1200	1200
		肝	400	400
	火鸡	皮+脂/肝	400	400
马度米星铵	鸡	肌肉	240	240
		脂肪/皮	480	480
		肝	720	720
莫能菌素	鸡/火鸡/鹌鹑	肌肉/肝/肾	10	鸡/火鸡：肌肉 1500、皮+脂 3000、肝 4500
		脂肪	100	
甲基盐霉素	鸡	肌肉/肾	15	600

药物类别与名称	动物种类	靶组织	GB 31650—2019 残留限量 /（微克 / 千克）	农业农村部 235 公告残留限量 /（微克 / 千克）
抗线虫药				
尼卡巴嗪	鸡	皮＋脂 / 肝	50	1200/1800
		肌肉 / 肝 / 肾 / 皮＋脂	200	200/200/200/ 皮 / 脂：200
氯苯胍	鸡	皮＋脂	200	皮 / 脂：200
		其他可食组织	100	100
盐霉素	鸡	肌肉	600	600
		皮＋脂	1200	皮 / 脂：1200
		肝	1800	1800
赛杜霉素	鸡	肌肉	130	130
		肝	400	400
托曲珠利	家禽（产蛋期禁用）	肌肉	100	鸡 / 火鸡：100
		皮＋脂	200	鸡 / 火鸡：200
		肝	600	鸡 / 火鸡：600
		肾	400	鸡 / 火鸡：400
β- 内酰胺类抗生素				
阿莫西林	所有食品动物（产蛋期禁用）	肌肉 / 脂肪 / 肝 / 肾	50	50
氨苄西林	所有食品动物（产蛋期禁用）	肌肉 / 脂肪 / 肝 / 肾	50	50
青霉素 / 普鲁卡因青霉素	家禽（产蛋期禁用）	肌肉 / / 肝 / 肾	50	50
氯唑西林	所有食品动物（产蛋期禁用）	肌肉 / 脂肪 / 肝 / 肾	300	300
苯唑西林	所有食品动物（产蛋期禁用）	肌肉 / 脂肪 / 肝 / 肾	300	300
喹诺酮类合成抗菌药				
达氟沙星	家禽（产蛋期禁用）	肌肉	200	200
		脂肪	100	皮＋脂：100
		肝 / 肾	400	400
二氟沙星	家禽（产蛋期禁用）	肌肉	300	300
		皮＋脂	400	400
		肝	1900	1900
		肾	600	600

药物类别与名称	动物种类	靶组织	GB 31650—2019 残留限量 /（微克 / 千克）	农业农村部 235 公告残留限量 /（微克 / 千克）
喹诺酮类合成抗菌药				
恩诺沙星	家禽（产蛋期禁用）	肌肉 / 皮＋脂	100	100
		肝	200	200
		肾	300	300
氟甲喹	鸡（产蛋期禁用）	肌肉 / 肝	500	500
		皮＋脂	1000	1000
		肾	3000	3000
沙拉沙星	鸡 / 火鸡（产蛋期禁用）	肌肉	10	10
		脂肪	20	20
		肝 / 肾	80	80
噁喹酸	鸡（产蛋期禁用）	肌肉	100	100
		脂肪	50	50
		肝 / 肾	150	150
四环素类抗生素				
多西环素	家禽（产蛋期禁用）	肌肉	100	100
		皮＋脂 / 肝	300	300
		肾	600	600
土霉素 / 金霉素 / 四环素	家禽	肌肉	200	200
		肝	600	600
		肾	1200	1200
大环内酯类抗生素				
红霉素	鸡 / 火鸡	肌肉 / 脂肪 / 肝 / 肾	100	
吉他霉素	家禽	肌肉 / 肝 / 肾 / 可食下水	200	200
螺旋霉素	鸡	肌肉	200	—
		脂肪	300	—
		肝	600	—
		肾	800	—
替米考星	鸡（产蛋期禁用）	肌肉	150	75
		皮＋脂	250	75
		肝	2400	1000
		肾	600	250

药物类别与名称	动物种类	靶组织	GB 31650—2019 残留限量 /（微克 / 千克）	农业农村部 235 公告残留限量 /（微克 / 千克）
大环内酯类抗生素				
替米考星	火鸡	肌肉	100	—
		皮＋脂	250	—
		肝	1400	—
		肾	1200	—
泰乐菌素	鸡 / 火鸡	肌肉 / 脂肪 / 肝 / 肾	100	200
泰万菌素	家禽	皮＋脂 / 肝	50	
酰胺醇类抗生素				
氟苯尼考	家禽（产蛋期禁用）	肌肉	100	100
		皮＋脂	200	200
		肝	2500	2500
		肾	750	750
甲砜霉素	家禽（产蛋期禁用）	肌肉 / 皮＋脂	50	鸡：50
氨基糖苷类抗生素				
庆大霉素	鸡 / 火鸡	可食组织	100	100
卡那霉素	所有食品动物（产蛋期禁用，不包括鱼）	肌肉 / 皮＋脂	100	—
		肝	600	—
		肾	2500	—
		奶	150	—
新霉素	所有食品动物	肌肉 / 脂肪	500	鸡 / 火鸡 / 鸭：500
		肝	5500	鸡 / 火鸡 / 鸭：500
		肾	9000	鸡 / 火鸡 / 鸭：1000
大观霉素	鸡	肌肉	500	500
		脂肪 / 肝	2000	2000
		肾	5000	5000
链霉素 / 双氢链霉素	鸡	肌肉 / 脂肪 / 肝	600	600
		肾	1000	1000

药物类别 与名称	动物种类	靶组织	GB 31650— 2019 残留限量 / （微克 / 千克）	农业农村部 235 公告残留限量 / （微克 / 千克）
林可胺类抗生素				
林可霉素	家禽	肌肉	200	100
		脂肪	100	100
		肝 / 肾	500	500/1500
磺胺类合成抗菌药				
磺胺二甲嘧啶	所有食品动物 （产蛋期禁用）	肌肉 / 脂肪 / 肝 / 肾	100	—
磺胺类	所有食品动物 （产蛋期禁用）	肌肉 / 脂肪 / 肝 / 肾	100	100
寡糖类抗生素				
阿维拉霉素	鸡 / 火鸡（产 蛋期禁用）	肌肉 / 皮 + 脂 / 肾	200	—
		肝	300	
多肽类抗生素				
杆菌肽	家禽	可食组织	500	—
黏菌素	鸡 / 火鸡	肌肉 / 皮 + 脂 / 肝	150	鸡：150
		肾	200	鸡：200
维吉尼亚霉素	家禽	肌肉	100	100
		皮 + 脂 / 肾	400	皮 / 脂：200
		肝	300	300
合成抗菌药				
氨苯胂酸 / 洛 克沙胂	鸡 / 火鸡	肌肉 / 副产品	500	500
双萜烯类抗生素				
泰妙菌素	鸡	肌肉 / 皮 + 脂	100	100
		肝	1000	1000
	火鸡	肌肉 / 皮 + 脂	100	100
		肝	300	300
杀虫药				
环丙氨嗪	家禽	肌肉 / 脂肪 / 副产品	50	50
溴氰菊酯	鸡	肌肉	30	30
		皮 + 脂	500	500
		肝 / 肾	50	50
倍硫磷	家禽	肌肉 / 脂肪 / 副产品	100	100

山林果园散养土鸡新技术（彩色图解 + 视频升级版）

药物类别与名称	动物种类	靶组织	GB 31650—2019 残留限量 / （微克 / 千克）	农业农村部 235 公告残留限量 / （微克 / 千克）
杀虫药				
氟胺氰菊酯	所有食品动物	肌肉 / 脂肪 / 副产品	10	-
马拉硫磷	家禽	肌肉 / 脂肪 / 副产品	4000	4000
抗菌增效剂				
甲氧苄啶	家禽（产蛋期禁用）	肌肉 / 皮＋脂 / 肝 / 肾	50	50

附录

附录 2　禽蛋中规定最大残留限量的兽药

见附表 2。

附表 2　禽蛋中规定最大残留限量的兽药

药物类别与名称	动物种类	靶组织	GB31650-2019 残留限量 / （微克 / 千克）	农业农村部 235 公告残留限量 / （微克 / 千克）
抗线虫药				
非班太尔 / 芬苯达唑 / 奥芬达唑	家禽	蛋	1300（仅奥芬达唑）	——
氟苯达唑	家禽	蛋	400	——
哌嗪	鸡	蛋	2000	2000
抗球虫药				
氨丙啉	鸡 / 火鸡	蛋	4000	——
大环内酯类抗生素				
红霉素	鸡	蛋	50	150
泰乐菌素	鸡	蛋	300	200
泰万菌素	家禽	蛋	200	
林可胺类抗生素				
林可霉素	鸡	蛋	50	50
氨基糖苷类抗生素				
新霉素	所有食品动物	蛋	500	500
大观霉素	鸡	蛋	2000	2000

药物类别与名称	动物种类	靶组织	GB31650-2019 残留限量 /（微克 / 千克）	农业农村部 235 公告残留限量 /（微克 / 千克）
四环素类抗生素				
土霉素 / 金霉素 / 四环素	家禽	蛋	400	200
双萜烯类抗生素				
泰妙菌素	鸡	蛋	1000	1000
合成抗菌药				
氨苯胂酸 / 洛克沙胂	鸡 / 火鸡	蛋	500	500
多肽类抗生素				
杆菌肽	家禽	蛋	500	500
黏菌素	鸡	蛋	300	300
溴氰菊酯	鸡	蛋	30	30

附录 3 不需要制定休药期的兽药品种

见附表 3。

附表 3 不需要制定休药期的兽药品种

序号	药物名称	标准来源	序号	药物名称	标准来源
1	乙酰胺注射液	兽药典 2000 版	8	马来酸氯苯那敏片	兽药典 2000 版
2	二甲硅油	兽药典 2000 版	9	马来酸氯苯那敏注射液	兽药典 2000 版
3	二巯丙磺钠注射液	兽药典 2000 版	10	双氢氯噻嗪片	兽药规范 78 版
4	三氯异氰脲酸粉	部颁标准	11	月苄三甲氯铵溶液	部颁标准
5	大黄碳酸氢钠片	兽药规范 92 版	12	止血敏注射液	兽药规范 78 版
6	山梨醇注射液	兽药典 2000 版	13	水杨酸软膏	兽药规范 65 版
7	马来酸麦角新碱注射液	兽药典 2000 版	14	丙酸睾酮注射液	兽药典 2000 版

序号	药物名称	标准来源	序号	药物名称	标准来源
15	右旋糖酐铁钴注射液（铁钴针注射液）	兽药规范78版	35	注射用血促性素	兽药规范92版
16	右旋糖酐40氯化钠注射液	兽药典2000版	36	注射用抗血促性素血清	部颁标准
17	右旋糖酐40葡萄糖注射液	兽药典2000版	37	注射用垂体促黄体素	兽药规范78版
18	右旋糖酐70氯化钠注射液	兽药典2000版	38	注射用促黄体素释放激素A2	部颁标准
19	叶酸片	兽药典2000版	39	注射用促黄体素释放激素A3	部颁标准
20	四环素醋酸可的松眼膏	兽药规范78版	40	注射用绒促性素	兽药典2000版
21	对乙酰氨基酚片	兽药典2000版	41	注射用硫代硫酸钠	兽药规范65版
22	对乙酰氨基酚注射液	兽药典2000版	42	注射用解磷定	兽药规范65版
23	尼可刹米注射液	兽药典2000版	43	苯扎溴铵溶液	兽药典2000版
24	甘露醇注射液	兽药典2000版	44	青蒿琥酯片	部颁标准
25	甲基硫酸新斯的明注射液	兽药规范65版	45	鱼石脂软膏	兽药规范78版
26	亚硝酸钠注射液	兽药典2000版	46	复方氯化钠注射液	兽药典2000版
27	安络血注射液	兽药规范92版	47	复方氯胺酮注射液	部颁标准
28	次硝酸铋（碱式硝酸铋）	兽药典2000版	48	复方磺胺噻唑软膏	兽药规范78版
29	次碳酸铋（碱式碳酸铋）	兽药典2000版	49	复合维生素B注射液	兽药规范78版
30	呋塞米片	兽药典2000版	50	宫炎清溶液	部颁标准
31	呋塞米注射液	兽药典2000版	51	枸橼酸钠注射液	兽药规范92版
32	辛氨乙甘酸溶液	部颁标准	52	毒毛花苷K注射液	兽药典2000版
33	乳酸钠注射液	兽药典2000版	53	氢氯噻嗪片	兽药典2000版
34	注射用异戊巴比妥钠	兽药典2000版	54	洋地黄毒甙注射液	兽药规范78版

序号	药物名称	标准来源	序号	药物名称	标准来源
55	浓氯化钠注射液	兽药典2000版	73	氯甲酚溶液	部颁标准
56	重酒石酸去甲肾上腺素注射液	兽药典2000版	74	硫代硫酸钠注射液	兽药典2000版
57	烟酰胺片	兽药典2000版	75	硫酸新霉素软膏	兽药规范78版
58	烟酰胺注射液	兽药典2000版	76	硫酸镁注射液	兽药典2000版
59	烟酸片	兽药典2000版	77	葡萄糖酸钙注射液	兽药典2000版
60	盐酸利多卡因注射液	兽药典2000版	78	溴化钙注射液	兽药规范78版
61	盐酸肾上腺素注射液	兽药规范78版	79	碘化钾片	兽药典2000版
62	盐酸甜菜碱预混剂	部颁标准	80	碱式碳酸铋片	兽药典2000版
63	盐酸麻黄碱注射液	兽药规范78版	81	碳酸氢钠片	兽药典2000版
64	萘普生注射液	兽药典2000版	82	碳酸氢钠注射液	兽药典2000版
65	酚磺乙胺注射液	兽药典2000版	83	醋酸泼尼松眼膏	兽药典2000版
66	黄体酮注射液	兽药典2000版	84	醋酸氟轻松软膏	兽药典2000版
67	氯化胆碱溶液	部颁标准	85	硼葡萄糖酸钙注射液	部颁标准
68	氯化钙注射液	兽药典2000版	86	输血用枸橼酸钠注射液	兽药规范78版
69	氯化钙葡萄糖注射液	兽药典2000版	87	硝酸士的宁注射液	兽药典2000版
70	氯化氨甲酰甲胆碱注射液	兽药典2000版	88	醋酸可的松注射液	兽药典2000版
71	氯化钾注射液	兽药典2000版	89	碘解磷定注射液	兽药典2000版
72	氯化琥珀胆碱注射液	兽药典2000版	90	中药及中药成分制剂、维生素类、微量元素类、兽用消毒剂、生物制品类等五类产品（产品质量标准中有除外）	

附录 4 兽药停药期的规定

见附表 4。

附表 4 兽药停药期的规定

序号	药物名称	执行标准	停药期
1	乙酰甲喹片	兽药规范 92 版	牛、猪 35 日
2	二氢吡啶	部颁标准	牛、肉鸡 7 日，弃奶期 7 日
3	二硝托胺预混剂	兽药典 2000 版	鸡 3 日，产蛋期禁用
4	土霉素片	兽药典 2000 版	牛、羊、猪 7 日，禽 5 日，弃蛋期 2 日，弃奶期 3 日
5	土霉素注射液	部颁标准	牛、羊、猪 28 日，弃奶期 7 日
6	马杜霉素预混剂	部颁标准	鸡 5 日，产蛋期禁用
7	双甲脒溶液	兽药典 2000 版	牛、羊 21 日，猪 8 日，弃奶期 48 小时，禁用于产奶羊
8	巴胺磷溶液	部颁标准	羊 14 日
9	水杨酸钠注射液	兽药规范 65 版	牛 0 日，弃奶期 48 小时
10	四环素片	兽药典 90 版	牛 12 日、猪 10 日、鸡 4 日，产蛋期禁用，产奶期禁用
11	甲砜霉素片	部颁标准	28 日，弃奶期 7 日
12	甲砜霉素散	部颁标准	28 日，弃奶期 7 日，鱼 500 度日
13	甲基前列腺素 F_{2a} 注射液	部颁标准	牛 1 日，猪 1 日，羊 1 日
14	甲硝唑片	兽药典 2000 版	牛 28 日
15	甲磺酸达氟沙星注射液	部颁标准	猪 25 日
16	甲磺酸达氟沙星粉	部颁标准	鸡 5 日，产蛋鸡禁用
17	甲磺酸达氟沙星溶液	部颁标准	鸡 5 日，产蛋鸡禁用
18	甲磺酸培氟沙星可溶性粉（禁用）	部颁标准	28 日，产蛋鸡禁用
19	甲磺酸培氟沙星注射液（禁用）	部颁标准	28 日，产蛋鸡禁用
20	甲磺酸培氟沙星颗粒（禁用）	部颁标准	28 日，产蛋鸡禁用
21	亚硒酸钠维生素 E 注射液	兽药典 2000 版	牛、羊、猪 28 日
22	亚硒酸钠维生素 E 预混剂	兽药典 2000 版	牛、羊、猪 28 日

序号	药物名称	执行标准	停药期
23	亚硫酸氢钠甲萘醌注射液	兽药典 2000 版	0 日
24	伊维菌素注射液	兽药典 2000 版	牛、羊 35 日，猪 28 日，泌乳期禁用
25	吉他霉素片	兽药典 2000 版	猪、鸡 7 日，产蛋期禁用
26	吉他霉素预混剂	部颁标准	猪、鸡 7 日，产蛋期禁用
27	地西泮注射液	兽药典 2000 版	28 日
28	地克珠利预混剂	部颁标准	鸡 5 日，产蛋期禁用
29	地克珠利溶液	部颁标准	鸡 5 日，产蛋期禁用
30	地美硝唑预混剂	兽药典 2000 版	猪、鸡 28 日，产蛋期禁用
31	地塞米松磷酸钠注射液	兽药典 2000 版	牛、羊、猪 21 日，弃奶期 3 日
32	安乃近片	兽药典 2000 版	牛、羊、猪 28 日，弃奶期 7 日
33	安乃近注射液	兽药典 2000 版	牛、羊、猪 28 日，弃奶期 7 日
34	安钠咖注射液	兽药典 2000 版	牛、羊、猪 28 日，弃奶期 7 日
35	那西肽预混剂	部颁标准	鸡 7 日，产蛋期禁用
36	吡喹酮片	兽药典 2000 版	28 日，弃奶期 7 日
37	芬苯哒唑片	兽药典 2000 版	牛、羊 21 日，猪 3 日，弃奶期 7 日
	芬苯哒唑粉（苯硫苯咪唑粉剂）	兽药典 2000 版	牛、羊 14 日，猪 3 日，弃奶期 5 日
38	苄星邻氯青霉素注射液	部颁标准	牛 28 日，产犊后 4 天禁用，泌乳期禁用
39	阿司匹林片	兽药典 2000 版	0 日
40	阿苯达唑片	兽药典 2000 版	牛 14 日，羊 4 日，猪 7 日，禽 4 日，弃奶期 60 小时
41	阿莫西林可溶性粉	部颁标准	鸡 7 日，产蛋鸡禁用
42	阿维菌素片	部颁标准	羊 35 日，猪 28 日，泌乳期禁用
43	阿维菌素注射液	部颁标准	羊 35 日，猪 28 日，泌乳期禁用
44	阿维菌素粉	部颁标准	羊 35 日，猪 28 日，泌乳期禁用
45	阿维菌素胶囊	部颁标准	羊 35 日，猪 28 日，泌乳期禁用
46	阿维菌素透皮溶液	部颁标准	牛、猪 42 日，泌乳期禁用
47	乳酸环丙沙星可溶性粉	部颁标准	禽 8 日，产蛋鸡禁用
48	乳酸环丙沙星注射液	部颁标准	牛 14 日，猪 10 日，禽 28 日，弃奶期 84 小时

山林果园散养土鸡新技术（彩色图解＋视频升级版）

序号	药物名称	执行标准	停药期
49	乳酸诺氟沙星可溶性粉（禁用）	部颁标准	禽 8 日，产蛋鸡禁用
50	注射用三氮脒	兽药典 2000 版	28 日，弃奶期 7 日
51	注射用苄星青霉素（注射用苄星青霉素 G）	兽药规范 78 版	牛、羊 4 日，猪 5 日，弃奶期 3 日
52	注射用乳糖酸红霉素	兽药典 2000 版	牛 14 日，羊 3 日，猪 7 日，弃奶期 3 日
53	注射用苯巴比妥钠	兽药典 2000 版	28 日，弃奶期 7 日
54	注射用苯唑西林钠	兽药典 2000 版	牛、羊 14 日，猪 5 日，弃奶期 3 日
55	注射用青霉素钠	兽药典 2000 版	0 日，弃奶期 3 日
56	注射用青霉素钾	兽药典 2000 版	0 日，弃奶期 3 日
57	注射用氨苄青霉素钠	兽药典 2000 版	牛 6 日，猪 15 日，弃奶期 48 小时
58	注射用盐酸土霉素	兽药典 2000 版	牛、羊、猪 8 日，弃奶期 48 小时
59	注射用盐酸四环素	兽药典 2000 版	牛、羊、猪 8 日，弃奶期 48 小时
60	注射用酒石酸泰乐菌素	部颁标准	牛 28 日，猪 21 日，弃奶期 96 小时
61	注射用喹嘧胺	兽药典 2000 版	28 日，弃奶期 7 日
62	注射用氯唑西林钠	兽药典 2000 版	牛 10 日，弃奶期 2 日
63	注射用硫酸双氢链霉素	兽药典 90 版	牛、羊、猪 18 日，弃奶期 72 小时
64	注射用硫酸卡那霉素	兽药典 2000 版	28 日，弃奶期 7 日
65	注射用硫酸链霉素	兽药典 2000 版	牛、羊、猪 18 日，弃奶期 72 小时
66	环丙氨嗪预混剂（1%）	部颁标准	鸡 3 日
67	苯丙酸诺龙注射液	兽药典 2000 版	28 日，弃奶期 7 日
68	苯甲酸雌二醇注射液	兽药典 2000 版	28 日，弃奶期 7 日
69	复方水杨酸钠注射液	兽药规范 78 版	28 日，弃奶期 7 日
70	复方甲苯咪唑粉	部颁标准	鳗 150 度日
71	复方阿莫西林粉	部颁标准	鸡 7 日，产蛋期禁用
72	复方氨苄西林片	部颁标准	鸡 7 日，产蛋期禁用
73	复方氨苄西林粉	部颁标准	鸡 7 日，产蛋期禁用
74	复方氨基比林注射液	兽药典 2000 版	28 日，弃奶期 7 日

附录

序号	药物名称	执行标准	停药期
75	复方磺胺对甲氧嘧啶片	兽药典 2000 版	28 日，弃奶期 7 日
76	复方磺胺对甲氧嘧啶钠注射液	兽药典 2000 版	28 日，弃奶期 7 日
77	复方磺胺甲噁唑片	兽药典 2000 版	28 日，弃奶期 7 日
78	复方磺胺氯哒嗪钠粉	部颁标准	猪 4 日，鸡 2 日，产蛋期禁用
79	复方磺胺嘧啶钠注射液	兽药典 2000 版	牛、羊 12 日，猪 20 日，弃奶期 48 小时
80	枸橼酸乙胺嗪片	兽药典 2000 版	28 日，弃奶期 7 日
81	枸橼酸哌嗪片	兽药典 2000 版	牛、羊 28 日，猪 21 日，禽 14 日
82	氟苯尼考注射液	部颁标准	猪 14 日，鸡 28 日，鱼 375 度日
83	氟苯尼考粉	部颁标准	猪 20 日，鸡 5 日，鱼 375 度日
84	氟苯尼考溶液	部颁标准	鸡 5 日，产蛋期禁用
85	氟胺氰菊酯条	部颁标准	流蜜期禁用
86	氢化可的松注射液	兽药典 2000 版	0 日
87	氢溴酸东莨菪碱注射液	兽药典 2000 版	28 日，弃奶期 7 日
88	洛克沙胂预混剂	部颁标准	5 日，产蛋期禁用
89	恩诺沙星片	兽药典 2000 版	鸡 8 日，产蛋鸡禁用
90	恩诺沙星可溶性粉	部颁标准	鸡 8 日，产蛋鸡禁用
91	恩诺沙星注射液	兽药典 2000 版	牛、羊 14 日，猪 10 日，兔 14 日
92	恩诺沙星溶液	兽药典 2000 版	禽 8 日，产蛋鸡禁用
93	氧阿苯达唑片	部颁标准	羊 4 日
94	氧氟沙星片 58（禁用）	部颁标准	28 日，产蛋鸡禁用
95	氨苯胂酸预混剂	部颁标准	5 日，产蛋鸡禁用
96	氨茶碱注射液	兽药典 2000 版	28 日，弃奶期 7 日
97	海南霉素钠预混剂	部颁标准	鸡 7 日，产蛋期禁用
98	烟酸诺氟沙星可溶性粉（禁用）	部颁标准	28 日，产蛋鸡禁用
99	烟酸诺氟沙星注射液（禁用）	部颁标准	28 日
100	烟酸诺氟沙星溶液（禁用）	部颁标准	28 日，产蛋鸡禁用
111	盐酸二氟沙星片	部颁标准	鸡 1 日
112	盐酸二氟沙星注射液	部颁标准	猪 45 日
113	盐酸二氟沙星粉	部颁标准	鸡 1 日
114	盐酸二氟沙星溶液	部颁标准	鸡 1 日

序号	药物名称	执行标准	停药期
115	盐酸大观霉素可溶性粉	兽药典 2000 版	鸡 5 日，产蛋期禁用
116	盐酸左旋咪唑	兽药典 2000 版	牛 2 日，羊 3 日，猪 3 日，禽 28 日，泌乳期禁用
117	盐酸左旋咪唑注射液	兽药典 2000 版	牛 14 日，羊 28 日，猪 28 日，泌乳期禁用
118	盐酸多西环素片	兽药典 2000 版	28 日
119	盐酸异丙嗪片	兽药典 2000 版	28 日
120	盐酸异丙嗪注射液	兽药典 2000 版	28 日，弃奶期 7 日
121	盐酸沙拉沙星注射液	部颁标准	猪 0 日，鸡 0 日，产蛋期禁用
122	盐酸沙拉沙星溶液	部颁标准	鸡 0 日，产蛋期禁用
123	盐酸沙拉沙星片	部颁标准	鸡 0 日，产蛋期禁用
124	盐酸林可霉素片	兽药典 2000 版	猪 6 日
125	盐酸林可霉素注射液	兽药典 2000 版	猪 2 日
126	盐酸环丙沙星、盐酸小檗碱预混剂	部颁标准	500 度日
127	盐酸环丙沙星可溶性粉	部颁标准	28 日，产蛋鸡禁用
128	盐酸环丙沙星注射液	部颁标准	28 日，产蛋鸡禁用
129	盐酸苯海拉明注射液	兽药典 2000 版	28 日，弃奶期 7 日
130	盐酸洛美沙星片（禁用）	部颁标准	28 日，弃奶期 7 日，产蛋鸡禁用
131	盐酸洛美沙星可溶性粉（禁用）	部颁标准	28 日，产蛋鸡禁用
132	盐酸洛美沙星注射液（禁用）	部颁标准	28 日，弃奶期 7 日
133	盐酸氨丙啉、乙氧酰胺苯甲酯、磺胺喹噁啉预混剂	兽药典 2000 版	鸡 10 日，产蛋鸡禁用
134	盐酸氨丙啉、乙氧酰胺苯甲酯预混剂	兽药典 2000 版	鸡 3 日，产蛋期禁用
135	盐酸氯丙嗪片	兽药典 2000 版	28 日，弃奶期 7 日
136	盐酸氯丙嗪注射液	兽药典 2000 版	28 日，弃奶期 7 日
137	盐酸氯苯胍片	兽药典 2000 版	鸡 5 日，兔 7 日，产蛋期禁用
138	盐酸氯苯胍预混剂	兽药典 2000 版	鸡 5 日，兔 7 日，产蛋期禁用
139	盐酸氯胺酮注射液	兽药典 2000 版	28 日，弃奶期 7 日
140	盐酸赛拉唑注射液	兽药典 2000 版	28 日，弃奶期 7 日
141	盐酸赛拉嗪注射液	兽药典 2000 版	牛、羊 14 日，鹿 15 日

附录

319

序号	药物名称	执行标准	停药期
142	盐霉素钠预混剂	兽药典 2000 版	鸡 5 日，产蛋期禁用
143	诺氟沙星（禁用）、盐酸小檗碱预混剂	部颁标准	500 度日
144	酒石酸吉他霉素可溶性粉	兽药典 2000 版	鸡 7 日，产蛋期禁用
145	酒石酸泰乐菌素可溶性粉	兽药典 2000 版	鸡 1 日，产蛋期禁用
146	维生素 B_{12} 注射液	兽药典 2000 版	0 日
147	维生素 B_1 片	兽药典 2000 版	0 日
148	维生素 B_1 注射液	兽药典 2000 版	0 日
149	维生素 B_2 片	兽药典 2000 版	0 日
150	维生素 B_2 注射液	兽药典 2000 版	0 日
151	维生素 B_6 片	兽药典 2000 版	0 日
152	维生素 B_6 注射液	兽药典 2000 版	0 日
153	维生素 C 片	兽药典 2000 版	0 日
154	维生素 C 注射液	兽药典 2000 版	0 日
155	维生素 C 磷酸酯镁、盐酸环丙沙星预混剂	部颁标准	500 度日
156	维生素 D_3 注射液	兽药典 2000 版	28 日，弃奶期 7 日
157	维生素 E 注射液	兽药典 2000 版	牛、羊、猪 28 日
158	维生素 K_1 注射液	兽药典 2000 版	0 日
159	喹乙醇预混剂	兽药典 2000 版	猪 35 日，禁用于禽、鱼、35kg 以上的猪
160	奥芬达唑片（苯亚砜哒唑）	兽药典 2000 版	牛、羊、猪 7 日，产奶期禁用
161	普鲁卡因青霉素注射液	兽药典 2000 版	牛 10 日，羊 9 日，猪 7 日，弃奶期 48 小时
162	氯羟吡啶预混剂	兽药典 2000 版	鸡 5 日，兔 5 日，产蛋期禁用
163	氯氰碘柳胺钠注射液	部颁标准	28 日，弃奶期 28 日
164	氯硝柳胺片	兽药典 2000 版	牛、羊 28 日
165	氰戊菊酯溶液	部颁标准	28 日
166	硝氯酚片	兽药典 2000 版	28 日
167	硝碘酚腈注射液（克虫清）	部颁标准	羊 30 日，弃奶期 5 日
168	硫氰酸红霉素可溶性粉	兽药典 2000 版	鸡 3 日，产蛋期禁用
169	硫酸卡那霉素注射液（单硫酸盐）	兽药典 2000 版	28 日

山林果园散养土鸡新技术（彩色图解＋视频升级版）

序号	药物名称	执行标准	停药期
170	硫酸安普霉素可溶性粉	部颁标准	猪21日，鸡7日，产蛋期禁用
171	硫酸安普霉素预混剂	部颁标准	猪21日
172	硫酸庆大-小诺霉素注射液	部颁标准	猪、鸡40日
173	硫酸庆大霉素注射液	兽药典2000版	猪40日
174	硫酸黏菌素可溶性粉（禁用）	部颁标准	7日，产蛋期禁用
175	硫酸黏菌素预混剂（禁用）	部颁标准	7日，产蛋期禁用
176	硫酸新霉素可溶性粉	兽药典2000版	鸡5日，火鸡14日，产蛋期禁用
177	越霉素A预混剂	部颁标准	猪15日，鸡3日，产蛋期禁用
178	碘硝酚注射液	部颁标准	羊90日，弃奶期90日
179	碘醚柳胺混悬液	兽药典2000版	牛、羊60日，泌乳期禁用
180	精制马拉硫磷溶液	部颁标准	28日
181	精制敌百虫片	兽药规范92版	28日
182	蝇毒磷溶液	部颁标准	28日
183	醋酸地塞米松片	兽药典2000版	马、牛0日
184	醋酸泼尼松片	兽药典2000版	0日
185	醋酸氟孕酮阴道海绵	部颁标准	羊30日，泌乳期禁用
186	醋酸氢化可的松注射液	兽药典2000版	0日
187	磺胺二甲嘧啶片	兽药典2000版	牛10日，猪15日，禽10日
188	磺胺二甲嘧啶钠注射液	兽药典2000版	28日
189	磺胺对甲氧嘧啶、二甲氧苄氨嘧啶片	兽药规范92版	28日
190	磺胺对甲氧嘧啶、二甲氧苄氨嘧啶预混剂	兽药典90版	28日，产蛋期禁用
191	磺胺对甲氧嘧啶片	兽药典2000版	28日
192	磺胺甲噁唑片	兽药典2000版	28日
193	磺胺间甲氧嘧啶片	兽药典2000版	28日
194	磺胺间甲氧嘧啶钠注射液	兽药典2000版	28日
195	磺胺脒片	兽药典2000版	28日
196	磺胺喹噁啉、二甲氧苄氨嘧啶预混剂	兽药典2000版	鸡10日，产蛋期禁用
197	磺胺喹噁啉钠可溶性粉	兽药典2000版	鸡10日，产蛋期禁用
198	磺胺氯吡嗪钠可溶性粉	部颁标准	火鸡4日、肉鸡1日，产蛋期禁用

序号	药物名称	执行标准	停药期
199	磺胺嘧啶片	兽药典 2000 版	牛 28 日
200	磺胺嘧啶钠注射液	兽药典 2000 版	牛 10 日，羊 18 日，猪 10 日，弃奶期 3 日
201	磺胺噻唑片	兽药典 2000 版	28 日
202	磺胺噻唑钠注射液	兽药典 2000 版	28 日
203	磷酸左旋咪唑片	兽药典 90 版	牛 2 日，羊 3 日，猪 3 日，禽 28 日，泌乳期禁用
204	磷酸左旋咪唑注射液	兽药典 90 版	牛 14 日，羊 28 日，猪 28 日，泌乳期禁用
205	磷酸哌嗪片（驱蛔灵片）	兽药典 2000 版	牛、羊 28 日、猪 21 日，禽 14 日
206	磷酸泰乐菌素预混剂	部颁标准	鸡、猪 5 日

附录 5　地方标准：土鸡生态放养技术操作规程（BD4107/421—2018）

1. 范围

本规程规定了生态放养土鸡饲养管理、饲料营养、疫病防制、出栏、运输、蛋品处理等方面的技术要求。

本规程适用于新乡市生态放养的土鸡。

2. 规范性引用文件

下列文件对于本文件的应用是必不可少的。凡是注日期的引用文件，仅所注日期的版本适用于本文件。凡是不注日期的引用文件，其最新版本（包括所有的修改单）适用于本文件。

GB 13078—2006　饲料卫生标准

GB 16548—2006　畜禽病害肉尸及其产品无害化处理规范

GB 18596—2001　畜禽养殖业污染物排放标准

GB 16549—1996　畜禽产地检疫规范

GB/T 32148—2015　家禽健康养殖规范

山林果园散养土鸡新技术（彩色图解＋视频升级版）

NY/T 388—1999　畜禽场环境质量标准

NY 5027—2008 无公害食品　畜禽饮用水水质

NY 5030—2006 无公害食品　畜禽饲养兽药使用准则

NY 5032—2006 无公害食品　畜禽饲料和饲料添加剂使用准则

NY/T 5339—2006 无公害食品　畜禽饲养兽医防疫准则

NY 5037—2001　无公害食品　肉鸡饲养饲料使用准则

DB41/T 498—2007　无公害鲜鸡蛋生产技术规范

中华人民共和国动物防疫法

3. 术语和定义

下列术语和定义适用于本文件。

3.1 土鸡

土鸡是指我国传统的地方品种（标准品种）鸡或利用我国地方品种相互杂交的后代（也叫草鸡或笨鸡）。土鸡的羽毛色泽有"黑、红、黄、白、麻"等，脚的皮肤有黄色、黑色、灰白色等。具有耐粗饲、易饲养、肉质好（骨细肉厚、皮薄、肉质嫩滑、味香浓郁、营养全面）、鸡蛋味道鲜美等特点。

3.2 土鸡生态放养

土鸡生态放养是指土鸡育雏期在舍内饲养，育成、育肥期和产蛋期在外界隔离条件良好，无污染的林地、坡地、荒地和果园等地方散放饲养，主要依靠野生饲料资源（如牧草、青菜、昆虫等），再适量补充全价配合饲料，利用山泉水或人工供给的清洁饮水。在养殖过程中，不使用任何对人体有害的激素、色素、抗生素等。

3.3 饲养期划分

3.3.1 育雏期

土鸡0～6周龄（根据室外气温及天气情况适当调整）。

3.3.2 育肥期

土鸡6周龄至上市（18～22周龄）。

3.3.3 育成期

育雏结束至开产（25周龄左右）。

3.3.4 产蛋期

育成结束到淘汰（62～65周龄）。产蛋期又分为产蛋前期（产

323

蛋率5%～80%)、产蛋高峰期(产蛋率80%以上)和产蛋后期(产蛋率降到80%以下)三个阶段。

4. 育雏期的饲养管理

4.1 育雏前准备

4.1.1 育雏舍

育雏舍应隔离卫生、地势高燥、保温、通风良好、环境安静、便于冲洗消毒等,门口设置消毒池,池内放置消毒药液,并每周更换1～2次。

育雏舍面积依据育雏方式、饲养密度和育雏数量确定,育雏期末,网上平养饲养密度为20～25只/米^2,地面平养饲养密度10～15只/米^2,笼养饲养密度为每平方米笼底面积20～25只。

4.1.2 设备用具

准备好加温、照明、通风等设备以及开食盘(纸)、料桶(槽)、饮水器、清扫消毒用具、兽医器械、温度计等,数量满足饲养需要,并进行清洁消毒。

4.1.3 消毒

进雏前2周,对育雏舍进行彻底的清洁消毒。消毒程序:第一步,清理、清扫、清洗。清扫和清理顶棚、墙体、地面和设备用具的污染物质(为避免产生灰尘,可以先使用消毒药物喷雾),高压水枪冲洗墙体和地面,待干燥后用消毒药物进行喷洒消毒;第二步,地面、墙壁和设备用具的消毒。育雏舍的墙壁可用8%石灰乳加3%火碱溶液抹白,新建育雏舍可用5%的火碱溶液或5%的福尔马林溶液喷洒。地面用5%的火碱溶液喷洒。把移出的设备、用具,如料盘、料桶、饮水器等清洗干净,然后用5%的福尔马林溶液喷洒或在消毒池内浸泡3～5小时,移入育雏舍;第三步,熏蒸消毒。应将育雏的所有用具,如鸡笼、饲料桶、饮水器等放入育雏舍内,密闭门窗。按每立方米空间用福尔马林40毫升、高锰酸钾20克,将高锰酸钾倒入福尔马林中,使甲醛蒸发进行熏蒸消毒,消毒24小时。打开窗户换气24小时,便可进雏。育雏舍经过消毒后,严格禁止未经消毒的用具和非饲养管理人员进入,以免重新污染;第四步,舍外环境消毒。清除育雏舍外所有的垃圾废物、杂草。对路面和鸡舍周围5米以内的环境用酸或碱消毒剂冲洗消毒。进鸡前 1 ～ 2 周和进鸡前 2 天各进行消毒一次。

4.1.4 备好饲料

雏鸡对饲料的要求是营养浓度高一些，营养全面，并且容易消化些。土鸡雏鸡的饲料消耗量，因品种和阶段划分上的差异而不同，一般情况下，0 ～ 7 周龄其耗料量约为 1.5 千克 / 只左右。进雏前要准备 1 周的饲料量。

4.1.5 水质要求

饮用水要符合 NY5027—2008 要求。

4.1.6 药品准备

育雏前需准备维生素 C 和多种维生素、葡萄糖、消毒药物、常用抗生素和疫苗等。

4.1.7 提前加温

加热方式有火炉、热风炉、保姆伞、水暖管道加热等，无论采用何种取暖方式，在雏鸡进入育雏舍前 24 小时都要开始加温升温，使舍内育雏温度达到 33 ～ 34℃。加温时必须注意将产生的烟、废弃物排出舍外。

4.2 饲养管理

4.2.1 雏鸡来源

雏鸡或种蛋来源于具有种禽种蛋生产经营许可证和工商营业执照的单位，并经产地检疫合格。

4.2.2 雏鸡选择

选择健康雏鸡。其表现：活泼好动，眼亮有神，反应灵敏，叫声清脆响亮；绒毛光亮，长短适中；两腿粗壮，腿脚结实，站立稳健；腹部平坦、柔软，卵黄吸收良好（不是大肚子鸡），羽毛覆盖整个腹部，肚脐干燥，愈合良好；肛门附近干净，没有白色粪便粘着；雏体大小一致，握在手中感到饱满有劲，挣扎有力。如脐部有出血痕迹或发红呈黑色、棕色，或为脐疗者，腿和喙、眼有残疾、畸形以及不符合品种要求的均要淘汰。

4.2.3 雏鸡入舍分群

雏鸡入舍后时进行点数，并将弱雏放在单独的围栏内，利于管理。

4.2.4 饮水

雏鸡入舍前 2 ～ 3 小时将育雏舍内的饮水器灌满洁净的凉开水（水温 20℃左右）；雏鸡入舍后要立刻诱导雏鸡学会饮水（雏鸡出壳 24 ～ 36 小时要饮到水），保证每只雏鸡都会饮水；水中添加 5% 的葡萄糖或白糖、0.1% 维生素 C，以缓解运输途中的疲劳，增加营养。

每只雏鸡要有 1 ～ 3 厘米的饮水位置，饮水器的边缘高度与雏鸡背高度一致。每天清洗消毒一次饮水器，保持饮水器清洁卫生。育雏期间保证饮水器内不得断水（饮水免疫需要除外），饮水器设有随时灌注装置。

4.2.5 喂料

饮水后可以立即"开食"（雏鸡的第一次饲喂），开食越早越有利于雏鸡消化器官发育和以后生长。可将开食饲料（将雏鸡全价配合饲料用凉开水拌湿，手握成团，一松手即散开）撒在消毒的黄纸、开食盘、料桶底盘上，厚度为 1 厘米左右，让雏鸡有充足的采食空间以便都能吃到育雏饲料，让雏鸡尽早学会采食。

1 日龄饲喂 10 ～ 12 次 / 天，2 ～ 14 日龄饲喂 5 ～ 6 次 / 天，以后饲喂 4 次 / 天。每只雏鸡有 3 ～ 5 厘米的采食位置，并调节料桶（槽）边缘高度与鸡背高度一致。

育雏期间自由采食。

4.2.6 环境条件

第一周龄育雏温度 34 ～ 36℃，以后每周下降 2 ～ 3℃，直至 18 ～ 20℃。温度要平稳，切忌忽高忽低；10 日龄以内，育雏舍内相对湿度 70% ～ 65%，10 ～ 20 日龄 60% ～ 65%，3 周以后 55% ～ 50% 为宜；饲养密度，地面平养为 0 ～ 2 周龄 40 ～ 50 只 / 米^2，3 ～ 4 周龄 20 ～ 30 只 / 米^2，5 周龄以后 15 ～ 20 只 / 米^2。网上平养饲养密度比地面平养提高 10% 左右；雏鸡 0 ～ 3 日龄 23 小时照明（白天自然光照，晚上人工补光），1 小时黑暗。4 日龄以后每天减少 1 小时光照，直至自然光照。0 ～ 2 周龄光照强度 20 勒克斯左右，3 周龄以后光照强度 8 ～ 10 勒克斯。光源采用普通白炽灯或荧光灯，设置灯罩，并保持光源清洁，提高光照效果；0～2周龄每天可分数次通风10～30分钟，以排出废气和调节舍内温湿度。3周龄以后加强通风，控制舍内氨气浓度在25毫升/米^{3}以下。通风时避免冷风直吹雏鸡，风速不要超过0.2米/秒；注意雏鸡舍卫生管理，每天清扫舍内灰尘污物，及时清理潮湿的垫料（地面平养）和粪便（网上平养），保持饮水和饲料新鲜卫生；保持育雏舍安静。严禁闲杂人员进入鸡舍，严防猫、狗及鼠害、兽害。

4.2.7 调教

调教是指在特定环境下给予特殊信号或指令，使之逐渐形成条件反射或产生习惯性行为。喂鸡时给固定信号，如吹哨、敲盆等，声音一定要轻，以防炸群，久而久之，鸡就建立起条件反射，每当鸡听到信号就会过来，为以后放养做准备。

4.2.8 档案

应做好日常记录，包括喂料、饮水、死淘、免疫、用药、销售情况等，建立完整的生产档案。

5. 育成、育肥期的饲养管理

5.1 放养方式

土鸡育成育肥期以放养方式为主。放养是指土鸡白天在林地、坡地、草场、荒地和果园等适宜的放养场地自由觅食野生饲料资源，晚归鸡舍，适时、适量补喂饲料来满足营养需要的生产方式。开始放养日龄一般夏季30日龄，春秋季30～40日龄，冬季40～50日龄。从育雏舍转往放养地的转群时间最好选择在晴天早晨，并实行公母分群饲养。放养开始几天对鸡群情况加强观察。

5.2 放养地选择

放养地选在地势高燥、通风向阳、环境安静、水源方便、无污染、无兽害的园地（竹园、茶园、果园、桑园）、林地、坡地、荒地、草场等地。放养地确定后，周围打水泥柱，用耐雨淋和不生锈的尼龙网或塑料网筑起1.5米高的围栏。根据放养数量隔成几个区域。园地放养要注意避开重要的生产季节。

放养场地应符合产地环境质量标准NY/T388-1999要求。

5.3 鸡舍搭建

放养鸡鸡舍的类型有棚舍、开放舍和塑料大棚舍。对鸡舍要求是防寒、挡风、避雨、遮阳、简便和经济。每个鸡舍容纳土鸡300～500只。鸡舍内地面平整，高出舍外地面30厘米，设置栖息架（每只鸡所占栖架的位置不低于17～20厘米）。鸡舍外设置排水沟。在鸡舍周围放置足够数量的补料桶（槽）和饮水器。

5.4 放养密度

一次性放养80～100只/亩（667米²）；长期放养15～20只/亩（667米²）。放养规模以每群1000～1500只左右为宜。最好将一个地块用围网分成若干小区（一般3个左右），使鸡轮流在3个区域内采食，即分区轮牧，每个小区放牧1～2周，使土地生息结合，可以有利于资源开发和提高资源利用效率。

5.5 放养训练

5.5.1 消化机能训练

放牧前1～3周，可在育雏料中添加一定的青草和青菜，有条件的鸡场还可加入一定的动物性饲料，特别是虫体饲料（如蝇蛆、蚯蚓、黄粉虫等），使土鸡的消化机能得到应有的训练，减少放养后的饲料应激。青绿饲料的添加量，要由少到多逐渐添加，防止一次性增加过多而造成消化不良性或腹泻。

5.5.2 适应气温训练

在育雏后期（放养前1～2周），应逐渐降低育雏室的温度，使舍内温度与外界气温一致。可适当进行较低温度和小范围变温的训练，使小土鸡具有一定的抗外界环境温度变化的能力，以便适应室外放养的气候条件，将有利于提高放养初期的成活率。

5.5.3 归舍训练

放养鸡群活动范围大，容易出现夜晚不归舍的鸡，这些鸡得不到补饲，也容易被雨淋或野生食肉动物捕食。开始放养的前几天要进行放养训练，使鸡群在天黑前全部回到鸡舍。训练方法：一人在鸡舍门口吹哨或敲盆，并向鸡群抛撒玉米、碎米或小麦颗粒，同时饲养员在放养场地用竹竿或树枝驱赶不回去的鸡只，反复数日，即可形成条件反射，在傍晚或天气不好时，鸡都能及时被召回舍内。

5.6 补饲

1～5 天内仍按舍饲喂量给料，日喂 3 次；5 天后要限制饲料喂量。分两步递减饲料：放养 5～10 天内饲料喂平常舍饲日粮的 70%；放养 10 天后直到育成或出栏，只喂平常各生长阶段舍饲日粮的 30%～50%（补料量应根据放养密度、放养地的野生饲料资源量确定），日喂 1 次（天气不好时喂 2 次）。傍晚补料时吹口哨或敲击金属物品，让放养的土鸡归舍采食。饲槽数量充足，每只土鸡应有 8～10 厘米的采食位置。

5.7 饮水

放养地安装供水系统，包括水源、水塔、输水管道、供水器（饮水器）等，根据放养地面积大小设置一定的饮水区域，在饮水区内设置饮水器，饮水器的数量满足鸡的需要，保证每只土鸡有 3～5 厘米的饮水区域。

5.8 诱虫

昆虫虫体不仅富含蛋白质和各种必需氨基酸，还含有抗菌肽及多种未知生长因子，有利于土鸡生长。可以在鸡舍外安装高压电网、黑光灯诱杀昆虫。

5.9 鸡群巡视

生态放养土鸡要定期进行巡视，目的是检查鸡群状态，及时发现病弱残鸡并隔离，防止猛禽、野兽伤害鸡群。

5.10 育肥期其他管理

5.10.1 阉割

作为阉鸡上市的公鸡一般在 40～60 日龄进行阉割。

5.10.2 夜间照明

育肥鸡舍要保持 14～15 小时光照时间（光照强度 8～10 勒克斯）。晚上关灯后可留几个小灯泡，使舍内有些弱光，避免惊群，防止野生动物晚上靠近鸡舍，夏季昆虫较多时可以诱虫，供给采食。

5.10.3 后期育肥

放养土鸡上市前 20～30 天，限制放养范围，缩短每天的放养时间，敞开供料，并适当提高饲料能量水平。

5.11 育成期其他管理

5.11.1 公母分群

育雏结束，公母分群，公鸡育肥，母鸡育成。

5.11.2 控制体重

从育成期开始至 25 周龄，每周或每 2 周抽测体重一次。随机取样，样品数量为群体数量的 2% ～ 5%。根据称测体重情况适当调整补饲量，使育成母鸡的体重符合标准体重。

5.11.3 光照管理

从 21 ～ 23 周龄产蛋母鸡开始增加光照，每周增加 20 分钟，直至 15 ～ 16 小时恒定。光照强度 20 ～ 25 勒克斯。育肥土鸡不增加光照，不补光。

6. 产蛋期的饲养管理

6.1 做好开产前的准备

开始产蛋的前一周，将产蛋箱准备好，让土鸡适应环境。每 4 ～ 5 只鸡准备 1 个产蛋箱，产蛋箱放置在较暗的地方，产蛋箱中铺些垫草，并放上假蛋；并根据鸡群的免疫程序要求和抗体水平接种疫苗；安装好产蛋期需要的各种设备；进行全面彻底的消毒。

6.2 补料

放养地的饲料资源有限，不能完全满足土鸡产蛋的营养需要，需要补充饲喂。由于放养土鸡采食的饲料种类和数量难以确定，补料量没有一个绝对数值，实际生产中应根据体重、蛋重、产蛋率、蛋形、产蛋时间分布、采食情况和行为表现灵活掌握。一般补料量为舍饲采食量的 60% ～ 70% 为宜。

6.3 饲料更换

19 周龄饲料中钙的水平提高到 1.75%，21 ～ 23 周龄提高到 3%。当产蛋率达到 25% 以上时，应该将育成料更换为蛋鸡料。饲料更换要有 5 ～ 7 天的过渡期。

6.4 光照控制

一般产蛋高峰期光照时间应控制在 15 ～ 16 小时，如果日自然光照时间不足时需要人工光照补足。光照强度要达到 20 ～ 25 勒克斯。

6.5 沙浴

鸡场要准备一些沙土让鸡沙浴。

6.6 饮水

放养地和鸡舍周围运动场要设置饮水器，保证洁净、充足的饮水供应。

6.7 捡蛋

捡蛋时间、次数要制度化。每天捡蛋 3 ～ 4 次，捡蛋前用 0.1％ 的新洁尔灭洗手消毒，持经消毒的清洁蛋盘捡蛋。捡蛋时要净、污蛋分开，薄、厚蛋分开，完好蛋和破损蛋分开，将那些表面有垫料、鸡粪、血污的蛋和地面蛋以及薄壳蛋、破蛋单独放置。在最后 1 次收集蛋后要将窝内鸡只抱出。

6.8 淘汰

产蛋期除随时淘汰发现的低产鸡和停产鸡外，应在产蛋高峰初期（25 ～ 30 周龄）和产蛋高峰过后（45 ～ 48 周龄）集中安排淘汰 2 次，以提高生产效益。65 周龄以后，根据产蛋情况和市场情况，确定对产蛋鸡群进行全群淘汰或强制换羽。

7. 饲料营养

7.1 饲料质量

应符合 NY 5037—2001 和 GB 13078.1—2001 要求。

7.2 药物性添加剂使用

应按照 NY 5030—2006 执行。

7.3 营养水平

饲料营养水平应满足不同类型、不同生长阶段土鸡的营养需要。育雏期饲喂雏鸡用全价配合饲料；育成育肥期补充育成育肥期全价配合饲料，产蛋期补喂产蛋鸡饲料。参考营养需要量见附录 A 和附录 B。

饲料中不添加含有影响肉质、肉色、风味和蛋品品质的原料，饲料中不得含对人体有害的激素、色素、抗生素等，确保生产出的土鸡及土鸡蛋无有毒有害物质残留。

8. 疫病防控

8.1 隔离

8.1.1 实行"全进全出"的饲养制度。

8.1.2 严禁闲杂人员、车辆、其他动物和禽产品进入养鸡生产区。

8.1.3 防止污染的垫料、器具和饲料进场。

8.1.4 发现病鸡及时隔离治疗，病死鸡及其粪便按照 GB 16548—2001 规定作深埋等无害化处理。

8.1.5 定期使用抗凝血类灭鼠剂进行灭鼠。

8.2 消毒

8.2.1 消毒药品

应选择对人、土鸡和环境安全，没有残留毒性，对设备没有损害的消毒剂。选用的消毒药品应符合 NY 5035—2006 的规定。选用的消毒剂有二氧化氯、季铵盐类、过氧乙酸、有机碘络合物、高锰酸钾、酒精、生石灰、氢氧化钠、次氯酸盐等。

8.2.2 具体对象消毒

8.2.2.1 车辆消毒

车辆进入鸡场，车轮应经过消毒池消毒（消毒池内放置 3%～5% 氢氧化钠溶液，每周要更换 1 次）；车身和车底盘应进行喷雾消毒。

8.2.2.2 环境消毒

鸡场周围环境、道路，每周应消毒 1 次；鸡场周围及场内污水池、排粪口和下水道出口，每月消毒 1 次；放牧过的大田和林地等应翻土，撒施生石灰，带鸡消毒用 0.3% 过氧乙酸或 0.005%～0.01% 百毒杀或 1210。

8.2.2.3 人员消毒

饲养管理人员进入生产区应采取淋浴或喷雾等方法进行消毒。

严格控制外来人员进入生产区域，必须进入时，要经过淋浴或喷雾消毒后，更换生产区的工作服和工作鞋，并遵守生产区内防疫制度，按指定路线出入。

8.2.2.4 鸡舍消毒

进鸡前对鸡舍进行清理、清扫和高压水枪冲洗（发酵床地面禁用），然后进行喷洒和熏蒸消毒。药液要喷湿屋顶、墙体和地面的表面，熏蒸时间不少于 24 小时。空舍 1～2 周后方可使用；进鸡后定期进行带鸡喷雾消毒，一般每周 1 次，喷雾雾粒直径以 80～120 微米为宜。喷雾时按由上至下、由内至外的顺序进行，选用二氧化氯、季铵盐类、过氧乙酸、次氯酸钠等消毒剂。

8.2.2.5 设备用具消毒

应定期对设备用具如饲喂系统、饮水系统、通风系统、照明系统等设备进行清洁消毒；对防治和免疫用的器具等在使用前彻底清洁消毒。

8.2.2.6 饮水消毒

放养期间，定期在饮水中投放一些高效、广谱、无毒的消毒剂，以控制降低水中有害菌的数量，防止疫病的传播。

8.3 免疫

8.3.1 疫苗

选购的疫苗必须有相应批准文号、执行标准、制造日期、有效期、使用范围以及用法用量等。疫苗应严格按要求保存、避免混淆。运输过程中有冷藏箱或保温瓶，严防日光暴晒。

8.3.2 免疫程序

鸡场应根据《中华人民共和国动物防疫法》及其配套的法规要求，结合当地实际情况，制定适合本场的免疫程序，有选择地进行疫病的预防接种工作。参考免疫程序见本书第七章第二节免疫接种部分（表7-5）。

8.3.3 免疫管理

免疫接种方法（途径）有点眼滴鼻、饮水、注射、刺种等，根据不同疫苗要求选择最适宜的方法，并做到免疫确切。饮水免疫时疫苗稀释应用蒸馏水，如用自来水，应煮沸后放凉使用，最好在稀释液中加入 0.2%～0.5% 的脱脂奶粉或山梨糖醇。

为减轻免疫过程中的应激反应，在免疫的前后 3 天内在饲料或饮水中添加维生素 C 或速溶性多种维生素。

8.4 用药

8.4.1 动物用药

兽药使用应符合 NY 5030—2006 无公害食品畜禽饲养兽药使用准则，宜使用中药预防和治疗各种疾病。规范用药，用量及休药期按照 NY 5030—2006 的规定执行。

8.4.2 农药

放牧地果树及其它经济林木允许使用菊酯类杀虫剂杀虫。喷洒农药后 1 个月内不能放鸡。

8.5. 常见病防治

8.5.1 细菌病

鸡沙门菌病（鸡白痢、鸡伤寒、鸡副伤寒）和大肠杆菌病，在 1～15 日龄用新霉素、庆大霉素、丁胺卡那霉素交替使用。

8.5.2 寄生虫病

鸡体外寄生虫的种类有很多（危害大的主要有鸡皮刺螨、羽螨、鸡虱子、臭虫、跳蚤和鸡软蜱等）。此病一年四季均可发生，但夏秋高温高湿季节发病率更高。使用双甲脒 200 毫克 / 千克或溴氰菊酯 50～100 毫克 / 千克对鸡舍墙壁、地面、设备和用具进行喷雾，杀灭病原。伊维菌素或阿维菌素制剂拌料驱虫。

鸡球虫病和盲肠肝炎，在 20～60 日龄，用地克珠利、莫能霉素、盐霉素等药物交替使用；鸡蛔虫病、绦虫病、组织滴虫病等定期驱虫，8～9 周每只鸡 0.5 片驱虫净（四咪唑），研磨拌料，一次投服。17～18 周龄，每只鸡 1 片左旋咪唑，一次投服，连用两次。驱虫后注意及时清理粪便进行堆积发酵处理。

8.5.3 多发传染病

对禽流感、新城疫、传染性法氏囊病、传染性支气管炎、慢性呼吸道病、鸡痘等传染病，要严格按照免疫程序及抗体水平选择使用疫苗进行预防接种。

8.6. 排泄物处理

8.6.1 垫料和粪便

在固定地点进行堆肥处理。堆肥地点地面硬化不渗水，周围设置矮墙，上有顶棚。粪便堆积发酵后可做农业肥料。按照 GB 18596—2001 的规定执行。

8.6.2 污水

污水经过处理达到 GB 18596—2001 的要求后再向外排放。

9. 土鸡出栏和运输

9.1 出栏

土鸡的类型不同，出栏日龄不同。根据不同土鸡类型特点和市场需求，在达到适宜日龄和体重时可以出栏。

土鸡出售前按 GB 16549—1996 进行产地检疫，检疫合格后方可上市，残次鸡另行处置。

严禁已出场的商品土鸡返场饲养。

9.2 运输

土鸡出栏前 6 小时停喂饲料，抓鸡、装笼、搬运、装卸中动作要轻，以防挤压和碰伤。运输设备要清洁，无粪便和化学品遗弃物。

10. 蛋品处理

将脏蛋、破壳蛋、沙壳蛋、钢皮蛋、皱纹蛋、畸形蛋，以及过大、过小、过扁、过圆、双黄和碎蛋挑出，单独放置。对污染的鸡蛋（脏蛋），先用细纱布将污物轻轻拭去，并对污染处用 0.1% 百毒杀进行消毒处理（不能用湿毛巾擦洗，以免破坏鸡蛋的表面保护膜，使鸡蛋难以保存）。

蛋品符合 DB41/T 498—2007 要求方可出售。

11. 记录管理

建立完整的生产记录档案，包括引种记录，饲料、添加剂和药品的采购和使用记录，免疫、消毒、用药、检疫、疫病诊断和检测、病死鸡无害化处理记录以及鸡群变化、死亡、淘汰和销售记录等；记录要准确，具有可追溯性；记录保存时间不少于 2 年。

附录 A （资料性附录）

生态放养蛋鸡参考营养需要量

营养成分	后备鸡周龄			产蛋鸡及种鸡产蛋率 /%		
	0 ~ 6	7 ~ 14	15 ~ 20	>80	65 ~ 80	<65
代谢能 /（兆焦 / 千克）	11.92	11.72	11.30	11.50	11.50	11.50
粗蛋白质 /%	18.00	16.00	12.00	16.50	15.00	15.00
钙 /%	0.80	0.70	0.60	3.50	3.40	3.40
总磷 /%	0.70	0.60	0.50	0.60	0.60	0.60
赖氨酸 /%	0.85	0.64	0.45	0.73	0.66	0.62
蛋氨酸 /%	0.30	0.27	0.20	0.36	0.33	0.31
色氨酸 /%	0.17	0.15	0.11	0.16	0.14	0.14

附录 B （资料性附录）

生态放养商品土鸡参考营养需要量

营养成分	0 ~ 5 周龄	6 ~ 13 周龄	14 周龄以上
代谢能 /（兆焦 / 千克）	11.72 ~ 12.13	12.13 ~ 12.34	13.35 ~ 12.55
粗蛋白质 /%	19 ~ 21	17.5 ~ 18	15 ~ 16
赖氨酸 /%	1 ~ 1.07	0.85 ~ 0.95	0.8 ~ 0.9
含硫氨基酸 /%	0.78 ~ 0.82	0.6 ~ 0.7	0.6 ~ 0.7
钙 /%	0.95	0.85	0.82
磷 /%	0.44	0.44	0.32

参考文献

[1] 魏刚才. 土鸡高效养殖技术 [M]. 北京：化学工业出版社，2010.

[2] 李英，谷子林. 规模化生态放养鸡 [M]. 北京：中国农业出版社，2010.

[3] 魏刚才. 果园林地生态养鸡 [M]. 北京：机械工业出版社，2012.

[4] 刘益平. 果园林地生态养鸡技术 [M]. 北京：金盾出版社，2005.

[5] 魏刚才. 养殖场消毒技术 [M]. 北京：化学工业出版社，2007.

[6] 赵丽娜，罗杰，肖成林，等. 日粮中添加亚麻籽和双低菜籽混合原料提高鸡蛋中 N-3PUFA 含量的研究 [J]. 中国粮油学报，2008，03: 35-38.

[7] 曹盛丰. 用高铁高硒饲喂蛋鸡好 [J]. 农村新技术. 2001，9: 30-31.

[8] 时留成. 果园养鸡一举两得 [J]. 河南林业，1995，8: 18-19

[9] 颜生林，苏庆义，吉汉忠，等. 牧鸡防治草原蝗虫效果试验 [J]. 青海草业，2004，6: 23-24

[10] 哈文光. 新疆天然草地蝗害发生及治理对策 [J] 新疆畜牧业，2000，2: 28-29